市政工程技术与项目管理

李　鹏　罗天贵　江世荣　主编

中国建材工业出版社

北　京

图书在版编目（CIP）数据

市政工程技术与项目管理/李鹏，罗天贵，江世荣主编．--北京：中国建材工业出版社，2024.3
ISBN 978-7-5160-3991-5

Ⅰ.①市… Ⅱ.①李… ②罗… ③江… Ⅲ.①市政工程—工程技术②市政工程—工程项目管理 Ⅳ.①TU990.05

中国国家版本馆 CIP 数据核字（2023）第 249420 号

市政工程技术与项目管理
SHIZHENG GONGCHENG JISHU YU XIANGMU GUANLI
李　鹏　罗天贵　江世荣　主编

出版发行：中国建材工业出版社
地　　址：北京市海淀区三里河路 11 号
邮　　编：100831
经　　销：全国各地新华书店
印　　刷：北京雁林吉兆印刷有限公司
开　　本：787mm×1092mm　1/16
印　　张：15.75
字　　数：400 千字
版　　次：2024 年 3 月第 1 版
印　　次：2024 年 3 月第 1 次
定　　价：**78.00 元**

前　　言

市政工程（Municipal Engineering）是指市政基础设施建设工程，不仅为城市和居民提供服务，还有助于当地经济的提升与社会的发展。在市政工程数量增多、规模扩大的同时，一些新型技术出现在大众视野，并被应用到市政工程施工和项目管理当中，提高了市政工程施工质量和管理水平。

市政工程的质量直接关系着工程项目投入使用后的具体效率，也在一定程度上关系着人们的生命和财产安全。因此，市政工程施工相关工作人员需要在综合采用国内外先进施工技术的同时，提高自主研发能力，进一步研发新型技术，提升市政工程精细化施工水平，保护美丽生态，促进绿美城市发展。由于项目管理是确保市政工程建设质量、降低工程建设费用、加快工程建设进度的一项重要工作，市政工程管理单位需要不断完善和改进工程的管理体制，加强原材料和机械的管理、强化工程质量意识、提高施工人员的素质、充分发挥监理作用等，多措并举，双管齐下，致力打造一批市政精品工程。

本书重点阐述了一些市政工程施工新型技术，如长寿命环保型沥青路面施工技术、地下管道设施结构性离心浇筑修复技术、基于全息感知和数字孪生技术的地下管网安全性能评估及智能运维关键技术、基于人工智能的盐碱土壤理化特性多尺度感知技术等，可供市政工程相关专业高校学生和市政工程施工和管理相关单位人员参考。全书总共8章：第1章绪论，第2章市政道路工程施工技术，第3章市政桥梁工程施工技术，第4章市政给排水管道工程施工、检测、管理技术，第5章城市水环境综合整治技术，第6章市政盐碱土壤监控与治理技术，第7章市政工程项目进度管理，第8章市政工程项目质量管理。

由于编者专业水平所限，错误和疏漏在所难免，敬请读者给予批评指正。

主编
2023 年 12 月

目　　录

第1章 绪 论

1.1 市政工程技术概述

1.1.1 市政工程的概念和内容

1. 市政工程的概念

城市公共基础设施建设工程，简称市政工程。市政工程按照专业不同，主要包括道路工程、桥涵工程、隧道工程、管网工程、水处理工程、生活垃圾处理工程、路灯工程等。市政工程属于建筑行业范畴，是国家工程建设的重要组成部分，也是城市发展和建设水平的一个衡量标准。在新建、扩建的城市中，如果没有相应配套的市政基础设施，城市居民是无法生活和工作的。

2. 市政工程的内容

市政工程一般包括道路工程、桥涵工程、市政给水工程、市政排水工程、市政燃气输配工程、市政供热管网工程、路灯工程及地铁工程等。

（1）道路工程

道路是指供各种车辆和行人通行的工程设施。按其作用和特点，道路可分为公路、城市道路、厂矿道路、林区道路和乡村道路等。

城市道路是指建在城市范围内，供车辆和行人通行的具备一定技术条件和设施的道路。按照城市道路在道路网中的地位、交通功能以及沿线建筑物的服务功能等，我国将城市道路分为快速路、主干路、次干路及支路4类。

城市道路工程是市政工程建设的重要组成部分。它不仅是城市交通运输的基础，而且也为街道绿化、地上杆线、地下管网及其他附属设施提供容纳空间。此外，城市道路工程还把城市的土地按不同的功能进行分区，为城市生产、通风、采光、绿化和居民居住、休憩提供环境空间，并为城市防火、抗震提供隔离、避难、抢救的防灾空间。

（2）桥涵工程

桥梁、涵洞是指跨越河流、铁路和其他道路等障碍物的人工构筑物。

城市桥梁是城市道路的重要组成部分。桥梁按结构体系可分为梁式桥、拱桥、刚架桥、悬索桥和斜拉桥等；按上部结构使用的材料可分为木桥、混凝土桥、钢筋混凝土桥、预应力混凝土桥、钢桥等；按上部结构的车行道位置可分为上承式桥、中承式桥和下承式桥；按跨越障碍的性质可分为跨河桥、跨线桥（立体交叉）、高架桥、地道桥等；按用途可分为公路桥、城市道路桥、铁路桥、公路（城市道路）铁路两用桥、人行桥和管线桥等。

（3）市政给水工程

市政给水工程是城市人民生活生产的生命线的物质基础，是市政基础工程中的一项重要工程，具有投资额大、施工工期长、质量要求高的特点。

（4）市政排水工程

市政排水工程是将城市的污水、降水（雨水、冰雪融化水等）用完善的管渠系统、泵站及处理厂等各种设施，有组织地加以排除和处理，保障人们的正常生产和生活的工程。市政排水工程关系到城市的生存、发展和安全，其工程特点是管线长、管径大、开挖土方量大、涉及面广、周期长、资金投放量大。

（5）市政燃气输配工程

市政燃气是指供给城市中生活、生产等使用的天然气、液化石油气、人工煤气（煤制气、重油制气）等气体燃料。市政燃气输配工程是复杂的综合设施，主要由低压、中压和高压燃气管网、燃气分配站和调压室等组成。按其功能，该系统可分为单级管网系统、两级管网系统、三级管网系统和多级管网系统。

（6）市政供热管网工程

市政供热管网工程主要承担向热用户输（配）送热媒介质，满足用户对热量的需求。

市政供热管网工程施工具有涉及面大，包含工种多，如起吊、焊接、防腐、绝热、管架制作与安装，质量要求高等特点。其管道敷设有架空敷设、地沟敷设和直埋敷设。

（7）路灯工程

路灯工程是指城市道路照明工程，包括变配电设备工程、架空线路工程、电缆工程、照明器具安装工程等。

（8）地铁工程

地铁属于城市快速轨道交通的一部分，因其运量大、快速、正点、低能耗、少污染、乘坐舒适方便等优点，常被称为"绿色交通"。地铁工程由土建工程、轨道工程、通信工程和信号工程4部分组成。

1.1.2　市政工程的特点和作用

1. 市政工程主要特点

（1）综合性。根据城市建设总体规划，市政工程建设是将平面及空间充分利用，将园林绿化、公共设施综合起来统一考虑，可减少投资、加快城市建设速度、美化城市、提高市政设施功能。

（2）多样性。在不同的地区建造，受不同地区的影响，市政设施往往表现出差异性。如有幽静的园林步道及建筑小品，有供车辆行驶的不同等级道路，有跨越河流为联系交通或架设各种管道用的桥梁，有为疏通交通、提高车速的环岛及多种形式的立交工程，有供生活生产用的上下水管道，有供热煤气、电信等的综合性管沟，有污水处理厂与再生水厂、防洪堤坝等。

（3）流动性。市政工程作业面层次多、战线长，可能全年在不同工地、不同地区辗转流动，所以流动性很强。

（4）露天作业，受自然条件影响大。市政工程施工是露天作业，受自然气候影响大。冬期需要考虑防寒措施，雨季需要制订防雨、排水计划，否则工期、质量、经济核算都将受到直接影响。

（5）协作性强。市政工程要求地上地下工程的配合，材料、供应、水源、电源、运输和交通的配合以及与工程附近工厂、市民的配合，因此需要协作支持。

（6）施工条件变化大，可变因素多。例如，自然条件（地形、地质、水文、气候等）、技术条件（结构类型、施工工艺、技术装备、材料性能）和社会条件（特效供应、运输能力、协作条件、环境等诸多因素）等，对施工的影响较大，有随时调整的可能。

2. 市政工程的作用

（1）市政工程是国家的基本建设工程，是组成城市的重要部分，又是城市基础设施和供城市生产和人民生活的公用工程。

（2）市政工程解决了城市交通运输、给排水问题，促进了工农业生产，改善了城市环境卫生，提高了城市文明程度。

（3）市政工程使得城市林荫大道成网、给排水管网成为系统，绿地成片，水源丰富，光源充足，堤防巩固，供气、供热，起到了为工农业生产服务、为人民生活服务、为交通运输服务、为城市文明建设服务的作用。

1.2 项目管理概述

1.2.1 项目的定义和特点

1. 项目的定义

项目的存在已有悠久的历史，如我国的万里长城、故宫和都江堰工程、埃及的金字塔等都是早期典型的成功项目。而如今，随着社会经济和文化的发展，项目更是被广泛地应用于各个方面，例如工程建设项目中的房屋建筑、水利水电、公路工程、铁路工程等，科学研究项目中的科技攻关等，以及社会发展项目和环境保护项目等。总之，项目已经渗入到社会的政治、经济、文化等各个领域。

项目的范围非常广泛，对项目定义的描述也并未统一，具有代表性的有以下几种。

（1）国际项目管理专业资质标准给出的定义为：项目是一个特殊的将被完成的有限任务，它是在一定时间内，满足一系列特定目标的多项相关工作的总称。

（2）《项目管理指南》（GB/T 37507—2019）给出的定义为："由一组有起止时间的、相互协调的受控活动所组成的特定过程，该过程要达到符合规定要求的目标，包括时间、成本和资源的约束条件"。

（3）德国国家标准 DIN 69901 中给出的定义为："总体上符合如下条件的具有唯一性的任务：具有预定的目标，具有时间、财务、人力和其他限制条件，具有专门的组织"。

（4）《项目管理知识体系指南（第 5 版）》（PMBOK 指南）给出的定义为："为提供某项独特的产品、服务或成果所做的临时性的努力"。

从广义上讲，在限定的资源（人力、物力、财力）、规定的时间及要求的质量等一定的约束条件下所进行的一次性的工作任务均称为项目。

2. 项目的特点

虽然不同专业领域的项目在内容上是千差万别，从各自的角度对项目定义的描述也有所不同，但项目作为一类特殊的任务，从本质上讲通常具有以下共同的特点。

（1）项目的一次性和独特性

项目的一次性也称项目的时限性或临时性，即每个项目都有自己明确的时间起点和终点，都是有始有终，而不是不断重复或周而复始的。该特征意味着项目的过程和结果都具有不可逆性，如果出现了较大失误，其损失具有不可挽回性。因此，项目管理者要研究和把握项目的内在规律，依靠科学管理保证项目的一次成功。项目的独特性又称为项目的单件性，即每个项目都有其独自的特点。即使是采用同一套设计图纸建设两栋住宅楼、两座桥梁、两条公路，也可能由于施工方法、施工时间或施工队伍的不同而归纳为两个项目。

（2）项目的目标性和约束性

项目的目标性是指任何一个项目都是为实现特定的组织目标而服务的，任何项目都具有特定的目标，这是项目最重要的特性。项目目标主要指两个方面，一是有关项目实施过程的目标，二是有关项目产出物的目标。前者是对项目工作而言，后者是对项目的结果而言的。同时，项目目标总是在一定约束条件下实现的，包括时间、费用、质量要求的限制和地区、资源、环境的约束等。

（3）项目的生命周期性

项目的一次性决定了项目的生命周期性，每一个项目都有其产生、发展、衰退和消亡的阶段。在项目生命周期的不同阶段，所需投入的资源也会有所不同，因而项目管理的形式、内容和方法也应随之改变，以保证项目目标的实现。

（4）项目的系统性

一个项目往往由多个单体组成，由多个工作单位参与，且由多项活动构成，因此项目包括资金、时间、质量、信息、管理等各种要素的目标。这些目标之间相互制约、相互作用，构成一个相对完整的系统。这就要求在项目实施过程中，必须全面动态地分析处理问题，以系统的观念指导项目参与各方的协作。

1.2.2　项目管理的定义与特点

1. 项目管理的定义

项目管理的发展历史与项目一样悠久，如今的项目管理是一种新的管理方式和管理学科的代名词，已渗透到社会生活的各个方面。一方面，项目管理是指管理活动，即有意识地按照项目的特点和规律，对项目进行组织管理的活动；另一方面，项目管理也可以指管理学科，即以项目管理活动为研究对象的一门学科，目的是探索科学组织管理项目活动的理论与方法。

项目管理是以项目为对象的系统管理方法，是指在一定的约束条件下，为了实现项目的预定目标，通过一个专门的临时组织，对项目实施所需资源的全过程、全方位的策划、组织、控制、协调与监督。项目管理的目的是保证项目目标的实现，因此项目管理的日常活动通常是围绕项目计划与组织、项目的质量管理、费用控制和进度控制等内容展开的。

2. 项目管理的特点

项目管理具有以下主要特点。

（1）复杂性

项目的构成层次多，工作内容往往涉及多个学科、多个专业，因此在项目管理过程中，需要建立一个有效的临时性的专门组织，以保证在有限的资源、成本、工期、质量等约束条件下实现项目目标，这些条件决定了项目管理的复杂性。

（2）创新性

项目的一次性和独特性的特点决定了项目管理的创新性。每一个项目的管理过程都具有探索性，由于未知因素很多，因此项目管理必须依赖于科学技术的发展，综合多种学科的成熟经验和最新研究成果，将多种技术综合起来创造性地完成项目预期的目标。

（3）整体性

项目管理是一套工作流程和管理方法体系，在项目的实施过程中，项目管理者始终要用系统的观念分析项目，以系统的理论来管理项目，最终实现项目的整体目标。

（4）动态性

在项目的生命周期内，为了保证项目目标的实现，项目管理者在项目实施过程中需采用动态控制的方法，即项目管理者要根据实际情况不断协调资源的配置，从而使项目执行的全过程处于最佳的运行状态，产生最佳的效果。

（5）建立以项目经理为核心的项目组织

项目管理涉及的专业多，各种问题可能会涉及各职能部门，并要求各部门做出迅速有效且相互关联的反应。同时，由于项目管理涉及人力、技术、设备、材料、资金等多种资源，为了更好地协调、管理和控制这些生产要素，必须实施以项目经理为核心的项目组织，以便及时处理项目实施过程中出现的各种问题。

（6）应用现代管理方法和技术手段

现代项目大多数属于先进的、涉及多学科的系统工程。要圆满地完成项目，就必须综合运用现代化的管理方法和科学技术，如决策技术、网络计划技术、价值工程、系统工程、目标管理等。

第2章 市政道路工程施工技术

2.1 道路勘测技术

勘测工作是道路工程建设的基础保障。随着数字技术的发展，数字化测量技术在道路勘测中的应用越来越广泛。数字化测量技术无论是在精度还是效率方面都明显优于传统测量技术。限于篇幅，下文主要介绍道路勘测中的数字化测量技术及其实际应用。

2.1.1 数字化测量技术

数字化测量技术主要有以下特点。

1）精度高

数字化测量技术包含数字摄影、数字化绘图等技术。在这些先进数字化技术的加持下，数字化测量技术有了质的提升，其测量精确度远高于传统测量的精确度。数字化测量技术具有非常高的点位精度，可以将误差控制在 3mm 之内。如在测量 300m 以内的图形距离时，电子测速仪可以将测定点的误差控制在 2mm 左右。而数据的输入、输出工作全程由计算机来完成，基本不会损失精度。电子测速仪还可以同时对高度、角度、间隔等多组数据进行电子化测量，并且可以通过计算机处理自动生成测量图，这样可以规避传统测量过程中出现的视距误差、展点误差等问题，保证测量精度的需求。

2）高度自动化

数字化测量技术基于计算机和算法技术，工作时可以达到高度自动化甚至全面自动化。数字化测量技术在图形绘制过程中，由计算机和算法共同控制，并进行信息识别、整合计算、信息添加和绘制等工作，这样的绘制过程非常规范，不存在人为等不确定因素，因此可以减少图形因人为因素所产生的误差。

3）图形信息丰富

通过数字化测量技术绘制的图形坐标更加精确，能显示出地点的更多属性信息，只需在图形绘制过程中，添加与属性信息相对应的编码，并调用需要使用的符号，然后计算机就会进行处理并生成图形，所有添加的属性信息直接显示在成图上。其中有两点需要注意：规范符号的使用，提高符号应用的合理性；做好图形信息的采集工作，确保坐标、坐标属性、地形属性等信息的准确性。在进行数字化图形保存过程中，不仅需要对文字进行考虑，而且需要对数字等相关信息进行保存，这样可以提高传输效率，而且在进行数据保存之后，用户可以非常顺利地共享图形中的所有信息，以此实时确定并更新地点的方位信息。此外，数字化测量技术还能够给 GIS（Geographic Information System，地理信息系统）提供更多的数据信息，从而保障查阅相关数字化图形的便利性。

4）实用高效

数字化测量技术具备实用性与高效性，包含 GPS（Global Positioning System，全球定位系统）、光电测距、高程导线测量等技术。这些技术可以帮助人们快速完成对目标地点周边地质、环境的勘测工作，对目标地点周边地质、环境的勘测工作，再利用相应算法对这些信息进行分析处理，并生成勘测图形，这有利于人们开展具体的道路勘测工作。勘测图形包含预警信息、地形信息等，这些可以帮助决策者规避风险，降低工作人员发生危险的可能性。另外，全站仪等数字化测量技术所使用的仪器，可以在道路勘测过程中进行全程测量监控，保障工程安全的同时有效提高工作效率，传统的测量方式则需要耗费大量时间。随着科学技术的快速发展，实际情况对图纸所提供的信息提出了更高的要求，如确保数据的实效性，而数字化测量技术则能够更好地满足这一特点，不仅可以有效节约时间，还可以满足很多行业的实际需求。

2.1.2　数字化测量技术在道路勘测中的应用

1）原图数字化处理

（1）降低成本

很多企业对采用数字化测量技术来降低地质工程项目的成本很感兴趣，因为数字化测量技术的工作效率很高，它不仅可以减少扫描设备的使用时间从而节约成本，还可以优化图形处理效果。因此，原图数字化处理已成为道路勘测的一种主要处理方式。

（2）提高精度

原图数字化处理在应用于紧急情况时，会使用扫描矢量化的处理方式。这种处理方式精度和效率都非常高，但是操作人员在进行矢量化扫描采集工作时可能会出现失误，这些失误会影响扫描矢量化成图的精确度，并且扫描矢量化只能显示白纸图，无法体现不同的地表结构，这极大限制了其应用。但可以使用扫描矢量化配合其他方法进行图形修正，以此提高图形精度。

（3）外业测点技术

外业测点技术可用于修复有缺陷的原图及数据，在实际应用中常和数字化缩放图技术结合使用。在检测方面，传统测量技术无法解决图形精度和图形转换等问题。使用外业测点技术，可以在提高效率的基础上，获得最佳图形，并对现有资料进行补充、完善。

（4）图层划分处理

数字化图形中的地形信息量十分庞大。对于这些涵盖信息广、较为复杂的图形，必须进行图层划分处理，对图形信息进行分层处理，这样可以保证图形与信息的完整性。此外，划分图层还可以方便工作人员快速查找信息，提升工作效率。

2）数字地球技术

数字地球是根据计算机技术，将社会发展和经济发展整合起来的一项技术。数字地球技术所涉及的范围非常广泛，具有较强的综合性，因此可以较好地满足不同部门之间的协同作业。数字地球技术可以将许多数据信息进行整合，以尽可能多地集中收集到的数据信息，以多种形式提供给道路勘测人员，这样就可以让数字化地球的内容以及相关信息变得更加完整，提高道路勘测效率。

3）地面数字测图技术

数字化测量技术应用于道路勘测中的另一种处理方式是地面数字测图。道路勘测中会存在一些传统测量方式无法应用的情况，这时可以采用地面数字测图技术对地面信息进行数字化采集，从而生成地面数字测图。在此过程中，可以使用传统测量技术进行辅助。地面数字测图在绘制时可以不受比例尺限制，还能保持图形精确度。因此，地面数字测图技术可以为要求比较严格的项目提供准确的地面数字测图，并帮助设计人员完成底图设计，减少设计阶段产生的小误差，这对于整体工程设计精度和工程项目进度有很大帮助。

4）航测数字成图技术

航测数字成图技术是利用航空摄影技术进行信息采集的数字成图技术。使用航测数字成图技术时要先建立地面模型，然后通过航空拍摄、无人机等拍摄方式获得数字影像及地籍信息，最后通过计算机分析处理出图。航测数字成图主要用来完成大范围的地质测量工作，空中俯瞰地形采集信息的直观性要比其他测量技术好，能保证成图图像信息完整均匀。航测数字成图技术的成本一般较低，并且不会受天气等因素影响。

数字化测量技术在道路勘测工作中优势明显，应用范围也非常广泛。借助这项技术，勘测人员可以弥补传统测量工作中出现的弊端和不足，还可以节约道路勘测中人力、物力，又可以提升道路勘测的效率与精度。因此应该大力发展数字化测量技术，不断进行创新，从而促进地质测量技术更好、更快的发展。

2.2　路基施工技术

路基是在地面上按路线的平面位置和纵坡要求，进行开挖或填筑成一定断面形状的土质或石质结构物。它既是道路这一线形建筑物的主体结构，又是路面结构的基础部分。

常用的路基土方机械有松土机、平土机、推土机、铲运机和挖掘机（配以汽车运土），此外还有压实机具及水力机械等。各种土方机械均可进行单机作业，例如平土机、推土机及铲运机等；以挖掘机为代表的主机，则需要配以松土、运土、平土及压实等相应机具，相互配套，综合完成路基施工任务。

选择机械种类和操作方案，是组织施工的第一步。为能最大限度发挥机械的使用效率，必须根据工程性质、施工条件、机械性能及需要与可能，择优选用。

工程实践证明，再多再好的机械设备，如果使用不当，组织管理不善，配合不协调，也无法显示机械化施工的优越性，甚至适得其反，造成浪费。

各种机具设备，均有其独特性能和操作技巧，应配有专职人员使用与保养，严格执行操作规程。从整个施工组织管理以及指挥调度方面来看，组织机械化施工，应注意以下几点。

（1）建立健全施工管理体制与相应组织机构。一般宜成立专业化的机械施工队伍，以便统一经营管理，独立经济核算。

（2）对每项路基工程，都应有严密的施工组织计划，并合理选择施工方案，在服从总的调度计划安排的前提下，各作业班组或主机，均编制具体计划。在综合机械化施工中，尤其要加强作业计划工作。

（3）在机具设备有限制的条件下，要善于抓重点，兼顾一般。所谓重点，是指工程重点，在网络计划管理中，重点是关键线路；在综合机械化作业中，重点是主机的生产效率。

（4）加强技术培训，坚持技术考核，开展劳动竞赛，鼓励技术革新，实行安全生产、文明施工，把提高劳动生产率、节省能源、减少开支等指标具体化、制度化。

2.2.1　路堤填筑主要施工工序

路基填筑施工的主要施工工序包括基底处理、土方路堤填筑、填石路堤填筑和土石路堤混填。

1）基底处理

（1）路基用地范围内的树木、灌木丛等均应在施工前砍伐或移植清理。砍伐的树木应移置于路基用地之外，进行妥善处理。

（2）路堤压实

①原地面的坑、洞、墓穴应用原地土或砂性土回填，并按规定压实。

②原地基为耕地或松土时应先清除有机土、种植土、草皮等，清除深度应达到设计要求，一般不小于 15cm。平整后按规定要求压实。

③原土强度不符合要求时，应进行换填，深度不小于 30cm，并予分层压实到规定要求。

④路堤原地基应在填筑前进行压实。当路堤填土高度小于路床厚度（80cm）时，基底的压实度不宜小于路床的压实度标准。

⑤当路堤原地基坡度大于 1∶5 时，应挖成台阶，台阶宽度不小于 1m，并夯实。

2）土方路堤填筑

（1）填筑方法

土方路堤填筑常用推土机、铲运机、平地机、挖掘机、装载机等机械。

①分层填筑法又可分为水平分层填筑法和纵向分层填筑法。

水平分层填筑法是指按照横断面全宽分成水平层次，逐层向上填筑，是路基填筑的常用方法。

纵向分层填筑法是指依路线纵坡方向分层，逐层向坡向填筑，适用于用推土机从路堑取土填筑距离较短的路堤。

②竖向填筑法是指从路基一端或两端按横断面全部高度，逐步推进填筑的方法。填土过厚，不易压实。竖向填筑法多用于无法自下而上填筑的深谷、陡坡、断岩、泥沼等机械无法进场的路堤。

③联合填筑法是指路堤下层用竖向填筑而上层用水平分层填筑的方法。联合填筑法适用于因地形限制或填筑堤身较高，不宜采用水平分层法或竖向填筑法自始至终进行填筑的情况。这种方法单机或多机作业均可，一般沿线路分段进行，每段距离以 20～40m 为宜，多在地势平坦或两侧有可利用的山地土场的场合采用。

（2）土质路堤压实施工技术要点

①压实机械对土进行碾压时，一般以慢速效果最好。除羊足碾，或凸块碾较快（羊足碾最高压实速度可达 16km/h）外，压实速度以 2～4km/h 为宜。

②碾压一段终了时，宜采取纵向退行方式继续第二遍碾压，不宜采用掉头方式，以免因机械调头时搓挤土，使压实的土被翻松，故压路机始终要以纵向进退方式进行压实作业。

③在整个全宽的填土上压实，宜纵向分行进行，直线段由两边向中间，曲线段宜由曲线的内侧向外侧。两行之间的接头一般应重叠 1/4～1/3 轮迹；对于三轮压路机则应重叠后轮的 1/2。

④纵向分段压好以后，进行第二段压实时，其在纵向接头处的碾压范围，宜重叠1～2m，以确保接头处平顺过渡。

（3）土质路堤施工技术要领

①必须根据设计断面，分层填筑、分层压实。

②路堤填土宽度每侧均应宽于填层设计宽度，压实宽度不得小于设计宽度，最后削坡。

③填筑路堤宜采用水平分层填筑法施工。如原地面不平，应由最低处分层填起，每填一层，经过压实符合规定要求之后，再填上一层。

④原地面纵坡大于12％的地段，可采用纵向分层法施工，沿纵坡分层，逐层填压密实。

⑤山坡路堤，地面横坡不大于20％且基底符合规定要求时，路堤可直接修筑在天然的土基上。地面横坡大于20％时，原地面应挖成台阶（台阶宽度不小于2m），并用小型夯实机加以夯实。填筑应由最低一层台阶填起，并分层夯实，然后逐台向上填筑，分层夯实，所有台阶填完之后，即可按平面分层填土。

⑥高速公路和一级公路，横坡陡峻地段的半填半挖路基，必须在山坡上从填方坡脚向上挖成向内倾斜的台阶。台阶宽度不应小于2m。

⑦不同土质混合填筑路堤时，以透水性较小的土填筑于路堤下层，应做成坡度为4％的双向横坡；如用于填筑上层，除干旱地区外，不应覆盖在由透水性较好的土所填筑的路堤边坡上。

⑧不同性质的土应分别填筑，不得混填。每种填料层累计总厚度不宜小于0.5m。

⑨凡不因潮湿或冻融影响而变更其体积的优良土均应填在上层，强度较小的土应填在下层。

⑩河滩路堤填土，应连同护道在内，一并分层填筑。可能受水浸淹部分的填料，应选用水稳性好的土料。

3）填石路堤填筑

（1）高等级道路和铺设高级路面的其他等级公路的填石路堤均应分层填筑，分层压实。低等级以下且铺设低级路面的道路在陡峻山坡段施工特别困难或大量爆破以挖作填时，可采用倾填方式将石料填筑于路堤下部，但倾填路堤在路床底面下不小于1.0m范围内仍应分层填筑压实。

（2）填石路堤的施工要求

填石路堤的石料强度不应小于15MPa（用于护坡的不应小于20MPa）。填石路堤的石料最大粒径不宜超过层厚的2/3。

分层松铺厚度：高等级道路都不宜大于0.5m；其他道路不宜大于1.0m。

填石路堤倾填前，路堤边坡坡脚应用硬质石料码砌。当设计无规定时，填石路堤高度小于或等于6m，其码砌厚度不应小于1m；当高度大于6m时，码砌厚度不应小于2m。

高等级道路填石路堤路床顶面以下0.5m范围内应填筑符合路床要求的土并分层压实，填料最大粒径不得大于0.1m。其他道路填石路堤路床顶面以下0.3m范围内宜填筑符合路床要求的土并压实，填料最大粒径不应超过0.15m。

4）土石路堤混填

土石路堤填筑应分层填筑，分层压实。当含石量超过70％时，整平应采用大型推土机辅以人工按填石路堤的方法进行；当含石量小于70％时，可土石混合后直接铺筑。松铺厚度控制在 0.4m 以内，接近路堤设计标高时，需改用土方填筑。

土石混合料中石料的强度大于 20MPa 时，其最大粒径不宜超过层厚的 2/3，否则应剔除。当石料的强度小于 15MPa 时，其最大粒径不宜超过压实层厚。

高等级道路土石路堤路床顶面以下 0.3～0.5m 范围内应填筑符合路床要求的土并分层压实，填料最大粒径不得大于 0.1m。其他道路土石路堤路床顶面以下 0.3m 范围内宜填筑符合路床要求的土并压实，填料最大粒径不应大于 0.15m。

2.2.2　路堑施工

路堑施工就是按设计要求进行挖掘，并把挖掘出来的土方运到路堤地段作填料，或者运到弃土地点。

根据挖方土质的不同，路堑可以分为两类：土质路堑和石质路堑。

1）土质路堑开挖

（1）开挖方法

土质路堑开挖，根据挖方数量大小及施工方法的不同，可分为全断面横挖法、纵挖法和混合式开挖法等。

①全断面横挖法是指从路堑的一端或两端按横断面全宽逐渐向前开挖的施工方法。这种开挖方法适用于较短的路堑。

②纵挖法是指沿路堑纵向将高度分成不大的层次依次开挖的施工方法。纵挖法适用于较长的路堑。

③混合式开挖法是将横挖法、通道纵挖法混合使用，先沿路堑纵向开挖纵向通道，然后沿横向开挖横向通道，再沿双通道纵横向同时掘进，每一坡面均应设一个施工小组或一台机械作业。

（2）开挖原则和注意事项

①坡顶坡面检查。对危石、裂缝或其他不稳定情况必须进行妥善处理。开挖时，首先将表层腐殖土推开弃至指定弃土场，然后将合格土调配至填方路堤段进行填土。

②开挖顺序。从上至下，由中心向两边，逐层顺坡开挖，严禁掏底开挖。开挖过程中随时进行刷坡处理，使边坡一次成型，深挖路堑还应修出降坡台阶。在岩层走向、倾角不利于边坡稳定及施工安全的地段，改成顺层开挖，不挖断岩层，采取措施减弱施工振动。在设有挡墙的上述地段，采取短开挖或马口开挖，并设临时支护等措施。

③边坡开挖。开挖时，应自上而下，逐层进行，以防边坡塌方，尤其是在地质不良地段，应分段开挖，分段支护。

在有护坡的边坡，当防护不能紧跟开挖时，暂时留一定的保护层，待作防护层时再刷坡挖够。

④弃土处理。弃土不得妨碍路基的排水和路堑边坡的稳定，同时，弃土应尽可能用于改地造田、美化环境。

⑤排水设施的开挖。应先在适当的位置开挖截水沟，并设置排水沟，以排除地面水和地下水。开挖的要求主要包括：排水沟渠的位置、断面尺寸应符合设计图纸的要求；平曲线外边沟沟底纵坡应与曲线前后的沟底相衔接；路基坡脚附近不得积水；排水沟渠应从下游出口向上游开挖。

2）石质路堑开挖

（1）开挖方法

石质路堑开挖通常采用爆破法，有条件时宜采用松土法，局部情况可采用破碎法开挖。

施工时，采用的爆破方法，要根据石方的集中程度，地质、地形条件及路基断面形状等具体条件而定。爆破法主要有综合爆破、钢钎炮爆破、深孔爆破、药壶炮爆破、猫洞炮爆破、光面爆破、预裂爆破、微差爆破、定向爆破和松动爆破。

①综合爆破。综合爆破是根据石方的集中程度，地质、地形条件，公路路基断面的形状，综合配套使用的一种比较先进的爆破方法，一般包括小炮和洞室炮两大类。小炮主要包括钢钎炮、深孔爆破等钻孔爆破；洞室炮主要包括药壶炮和猫洞炮，洞室炮则随药包性质、断面形状和地形的变化而不同。用药量 1t 以上为大炮，1t 以下为中小炮。

②钢钎炮爆破。钢钎炮主要适用于炮眼直径小于 70mm 和深度小于 5m 的情况。

③深孔爆破。深孔爆破主要适用于孔径大于 75mm、深度在 5m 以上、采用延长药包的情况。

④药壶炮爆破。药壶炮主要适用于深 2.5～3.0m 的炮眼底部用少量炸药经一次或多次烘膛的情况。使用时炮眼底呈葫芦形，将炸药集中装入药壶中进行爆破。

⑤猫洞炮爆破。猫洞炮适用于炮洞直径为 0.2～0.5m，洞穴水平或略有倾斜（台眼），深度小于 5m。使用时将药集中于炮洞中进行爆破。

⑥光面爆破。光面爆破是在开挖限界的周边，适当排列一定间隔的炮孔，在有侧向临空面的情况下，用控制抵抗线和药量的方法进行爆破，使之形成一个光滑平整的边坡。

⑦预裂爆破。预裂爆破是事先沿设计开挖轮廓线爆破轮廓炮孔，形成裂缝，在起爆轮廓范围内的炮孔爆落岩石的方法。

⑧微差爆破。微差爆破又称毫秒爆破，是一种延期时间间隔为几毫秒到几十毫秒的延期爆破。

⑨定向爆破。定向爆破是指在岩体内有计划地布置药包，将大量爆破的破碎介质按预定方向和地点抛落堆筑的爆破技术。

⑩松动爆破。松动爆破是指充分利用爆破能量，使爆破对象成为裂隙发育体，不产生抛掷现象的一种爆破技术。

（2）开挖原则和注意事项

石方开挖应根据岩石的类别、风化程度、岩层产状、岩体断裂构造、施工环境等因素确定合理的开挖方案。

在进行爆破施工前，应先查明空中缆线和地下管线的位置、开挖边界线外可能受爆破影响的建筑物结构类型、居民居住情况等，然后制定详细的爆破技术安全方案。爆破施工组织设计经专家论证后应按相关规定进行报批。

3）雨期开挖路堑

（1）在土质路堑开挖前，在路堑边坡坡顶 2m 以外开挖截水沟并接通出水口。

（2）土质路堑宜分层开挖，每挖一层均应设置排水纵横坡。挖方边坡不宜一次挖到设计标高，应沿坡面留 0.3m 厚度，待雨期过后再整修到设计坡度。以挖作填的挖方应随挖随运随填。

（3）土质路堑挖至设计标高以上 0.3～0.5m 时应停止开挖，并在两侧挖排水沟。待雨期过后再挖到路床设计标高，然后再压实。

（4）土的强度低于规定值时应按设计要求进行处理。

（5）雨期开挖岩石路堑，炮眼应尽量水平设置。边坡应按设计坡度自上而下层层刷坡，坡度应符合设计要求。

4）冬期开挖路堑

（1）当冻土层开挖到未冻土后，应连续作业，分层开挖；中间停顿时间较长时，应在表面覆雪保温，避免重复被冻。

（2）挖方边坡不应一次挖到设计线，应预留 0.3m 厚的台阶，待到正常施工季节再削去预留台阶，整理达到设计边坡。

（3）路堑挖至路床面以上 1m 时，挖好临时排水沟后，应停止开挖并在表面覆以雪或松土，待到正常施工时，再挖去其余部分。

（4）冬期开挖路堑必须从上向下开挖，严禁从下向上掏空挖"神仙土"。

（5）每日开工时先挖向阳处，气温回升后再挖背阴处；如开挖时遇地下水层，应及时挖沟排水。

（6）冬期施工开挖路堑的弃土要远离路堑边坡坡顶堆放，弃土堆高度一般不应大于 3m。弃土堆坡脚到路堑边坡顶的距离一般不得小于 3m，深路堑或松软地带应保持 5m 以上。弃土堆应摊开整平，严禁把弃土堆于路堑边坡顶上。

2.2.3　软土路基施工

习惯上常把淤泥、淤泥质土、软黏性土总称为"软土"，而把有机质含量很高的泥炭、泥炭质土称为"泥沼"。泥沼具有比软土更大的压缩性，但它的渗透性强，施加荷载后能够迅速固结，工程处理比较容易。所以本部分主要讨论天然强度低、压缩性高且透水性小软土路基施工。

软土作为地基受环境影响时又分为软土地基和湿软地基。

（1）软土地基：强度低、压缩量较高的软弱土层，多数含有一定的有机物质。由于软土强度低、沉陷量大，往往给道路工程带来很大的危害，如处理不当，会给公路的施工和使用造成很大影响。软土地基处理的常用方法有换填土层法、排水固结法、化学加固法。

（2）湿软地基：受地表长期积水和地下水位影响较大的软土地基。湿软地基处理的主要方法是排水固结法。

在实际工程中多种方法结合使用效果更好。

1）换填土层法

换填土层法就是将基础底面以下不太深的一定范围内的软弱土层挖去，然后以质地坚硬、强度较高、性能稳定、具有抗侵蚀性的砂、碎石、卵石、素土、灰土、煤渣、矿渣等材料分层充填，并以人工或机械方法分层压、夯、振动，使之达到要求的密实度，成为良好的人工地基。

换填土层法不仅适用于浅层地基处理，包括淤泥、淤泥质土、松散素填土、杂填土、已完成自重固结的吹填土等地基处理以及暗塘、暗沟等浅层处理和低洼区域的填筑；还适用于一些地域性特殊土的处理，用于膨胀土地基可消除地基土的胀缩作用，用于湿陷性黄土地基可消除黄土的湿陷性，用于山区地基可处理岩面倾斜、破碎、高低差、软硬不匀以及岩溶等，用于季节性冻土地基可消除冻胀力和防止冻胀损坏等。

按换填材料的不同，可将垫层分为砂垫层、砂卵石垫层、碎石垫层、灰土或素土垫层、煤渣垫层、矿渣垫层以及用其他性能稳定、无侵蚀性的材料做的垫层等。

换填土层法具体可分为垫层压实方法（包括机械碾压法、重锤夯实法和振动压实法）和抛石挤淤法。

（1）垫层压实方法

①机械碾压法

机械碾压法是采用各种压实机械，如压路机、羊足碾、振动碾等来压实地基土的一种压实方法。这种方法常用于大面积填土的压实、杂填土地基处理、道路工程基坑面积较大的换土垫层的分层压实。施工时，先按设计挖掉要处理的软弱土层，把基础底部土碾压密实后，再分层填土，逐层压密填土。

②重锤夯实法

重锤夯实法是利用起重设备将夯锤提升到一定高度，然后自由落锤，利用重锤自由下落时的冲击能来夯实浅层土层，重复夯打，使浅部地基土或分层填土夯实。

主要设备为起重机、夯锤、钢丝绳和吊钩等。重锤夯实法一般适用于地下水位距地表0.8m以上非饱和的黏性土、砂土、杂填土和分层填土，但在其影响深度范围内，不宜存在饱和软土层，否则可能因软土排水不畅而出现"橡皮土"现象，达不到处理的目的。

③振动压实法

振动压实法是利用振动压实机将松散土振动密实。地基土的颗粒因受振动而发生相对运动，移动至稳固位置，减小土的孔隙而压实。

此法适用于处理无黏性土或黏粒含量少、透水性较好的松散杂填土以及矿渣、碎石、砾砂、砾石、砂砾石等地基。

总体来说，垫层施工应根据不同的换填材料选择施工机械。粉质黏土、灰土宜采用平碾、振动碾和羊足碾，中小型工程也可采用蛙式打夯机、柴油夯；砂石等宜采用振动碾；粉煤灰宜用平碾、振动碾、平板式振动器、蛙式夯；矿渣宜采用平碾、振动碾、平板式振动器。

（2）抛石挤淤法

抛石挤淤法适用于常年积水的洼地，排水施工困难、表层土呈流动状态、厚度较薄、片石能沉到底部的泥沼或厚度小于3.0m的软土路段，尤其适用于石料丰富、运距较近的地区。

抛石挤淤法抛填的片石粒径宜大于300mm，且小于300mm粒径的含量不超过20%。抛填时从路堤中部开始，中部向前凸进后再渐次向两侧扩展，以使淤泥向两旁挤出。

2）排水固结法

排水固结法的基本原理是软土地基在附加荷载的作用下，逐渐排出孔隙水，使孔隙比减小，产生固结变形。在这个过程中，随着土体超静孔隙水压力的逐渐消散，土体的有效应力增加，地基抗剪强度相应增加，并使沉降提前完成或提高沉降速率。

排水固结法主要由排水和加压两部分组成。排水可以利用天然土层本身的透水性，尤其是利用软土地区多夹砂薄层的特点设置水平排水体，也可设置砂井、袋装砂井和塑料排水板等竖向排水体。加压方法主要包括地面堆载法、真空预压法和井点降水法。

排水固结法的排水系统由水平排水砂垫层和竖向排水体构成，主要起到改变地基原有排水边界条件、缩短地基孔隙水的排水距离、加速软土地基的固结过程作用。

（1）水平排水砂垫层

砂垫层厚 500mm，采用中砂或粗砂，有机质含量不大于 1%，含泥量不超过 5%，渗透系数大于 5×10^{-5} m/s。水平砂垫层应宽出两侧路基下坡脚各 1.0m，并保证排水出路的畅通。

（2）竖向排水体

竖向排水体常选用砂井和塑料排水板。

①砂井。采用洁净的中砂或粗砂，含泥量不超过 3%，大于 0.5mm 的砂其含量占总质量的 50% 以上，渗透系数不小于 5×10^{-5} m/s。砂井直径 70mm 左右，采用正三角形布置，其长度和间距通过计算确定，最大间距按井径比不大于 25 控制，一般以 1~2m 为宜。

②塑料排水板。排水板采用正三角形布置，板长和间距通过计算确定，最大间距按等效井径比不大于 25 控制，一般以 1~2m 为宜。

排水板在插入过程中导轨应垂直，钢套管不得弯曲。排水板搭接应采用滤套内平接的方法，搭接长度不小于 200mm，滤套包裹，用可靠措施固定。排水板施工过程中应防止泥土等杂物进入套管内，排水板与桩尖锚固要牢固，防止拔管时脱离将排水板带出。

（3）竖向排水体与水平砂垫层的连通

竖向排水体在施工前应先铺 300mm 厚的砂垫层，并做出坡度为 3%~4% 的横坡。对塑料排水板应沿流水方向弯折 500mm，使其与砂垫层贯通，最后铺剩余的砂垫层。

（4）排水固结法的预压系统

预压可以采用堆载预压、真空预压或堆载-真空联合预压。根据当地筑路材料的来源及工程实际情况，堆载预压可以采用等载预压、欠载预压或过载预压。堆载预压时，应逐层填筑路堤并加强沉降观测，为保证地基的稳定预压荷载应分级施加以适应地基强度的增长；荷载施加过程中要加强监测，防止施工过程中发生地基失稳。

3）化学加固法

化学加固法是指通过压力灌注或搅拌混合等措施，使化学溶液或胶结剂进入土层，使土粒胶结，从而达到加固土基的目的。所用浆液主要有：高强度硅酸盐水泥和速凝剂配制成的水泥浆液；以水玻璃为主加氯化钙配制成的水玻璃浆液；以丙烯酸氨为主的浆液；以重铬酸盐木质素浆等纸浆液为主的浆液。应用较多的是水泥浆液。纸浆液虽加固效果较好，但会污染地下水。目前常用水泥搅拌桩法和高压旋喷桩法。

（1）水泥搅拌桩法

水泥搅拌桩法是以水泥作为固化剂的主剂，通过特制的深层搅拌机械，将固化剂和地基土强制搅拌，使软土硬结成具有整体性、水稳性和一定强度的桩体的地基处理方法。

根据固化剂的不同状态，通常将深层搅拌法细分为粉体喷射搅拌法（简称粉喷法）和水泥土深层搅拌法（简称浆喷法）两种。粉喷法和浆喷法均是通过深层搅拌机械将软土和固化剂强制搅拌，固化剂采用水泥浆液时，称为水泥浆搅拌桩法或湿法；固化剂采用水泥粉时，称为粉体搅拌桩法或干法。

深层水泥搅拌桩，适用于处理正常固结的淤泥与淤泥质土、素填土、粉土、黏性土以及无流动地下水的松散砂土等土层。加固深度一般大于 5.0m。

（2）高压旋喷桩法

高压旋喷桩法即高压喷射注浆法。其原理是高压水泥浆通过钻杆由水平方向的喷嘴喷出，形成喷射流，以此切割土体并与土拌和形成水泥土加固体。利用钻机把带有喷嘴的注浆管钻至土层预定深度后，用设备使水射流（30～40MPa）从旋喷桩施工喷嘴喷射出来，冲击并破坏土体，使土颗粒从土体中剥落下来。一部分细小的土粒随浆液冒出地面，其余土粒在喷射流的冲击力和重力的作用下，与水泥浆液搅拌混合，并按一定的浆土比例和质量大小有规律地重新排列。浆液凝固后，便在土中形成一个强度较高的固结体，从而提高其强度和抵抗变形的能力。

高压喷射注浆法适用于处理淤泥、淤泥质土、黏性土、粉土、砂土、黄土、素填土和碎石土等地基。

2.3 沥青路面施工技术

2.3.1 沥青路面坑槽修补技术

坑槽是沥青路面常见的局部破损病害，其形成主要与施工、自然环境和交通荷载等因素相关。沥青路面在受到雨水冲刷、冬春季节冻融和超载等因素交互作用时，更易诱发形变开裂、沥青剥离及石料松散脱落等现象，进而形成坑槽病害。坑槽若不能及时修补，其破损面会在交通荷载作用下逐渐加大、加深并连成一片，造成维修费用的急剧增多，甚至危及乘车人员的生命安全。

现有的喷射式坑槽修补技术在修补过程中，无论是检测路面是否存在坑槽，还是规划修补路径、执行修补动作，均离不开施工人员的判断和决策，修补质量完全依赖于操作人员的经验，工人劳动强度也有待进一步降低。在全球新一轮工业化的背景下，融合新一代信息技术，向智能化方向发展，是未来路面坑槽修补技术的发展趋势。

可基于图像处理和人工智能技术对沥青路面坑槽进行修补，这一技术核心理论为：①机器视觉图像识别与聚类分析；②深度图像分析与降噪修复；③集料气力输送、力学和运动学理论；④拓扑与路径规划理论。相关理论国外已有较为充足的研究基础，国内也开展了相关理论技术的研究。

沥青路面坑槽修补技术的社会效益和经济效益主要有：降低沥青路面坑槽识别与修补的人力和物力资源成本；提升沥青路面修补的自动化、智能化水平；提升沥青路面坑槽修补效率；提升了沥青路面坑槽修补的施工质量。

1）机器视觉坑槽识别分割技术

机器视觉坑槽识别分割技术在建立坑槽图像数据库的基础上，实现坑槽识别和分割算法。

（1）机器视觉坑槽识别算法

机器视觉坑槽识别算法主要采用灰度阈值化与形态学判断方法，即先对图像进行灰度化处理，再结合形状特征辨别路面是否存在坑槽，具体步骤为：原始带坑槽图像、灰度化与初步降噪、基于灰度阈值二值化、形态学开运算、连通域筛选和识别出的坑槽。

机器视觉坑槽识别算法具体流程与实现效果主要有以下几点。

①灰度化与初步降噪。将图片灰度化，采用中值滤波进行初步平滑降噪。

②基于灰度阈值二值化。在自然光照下，路面坑槽与路面亮度不同，因此通过灰度阈值可区分坑槽内部和正常路面。通过最大类间方差法计算灰度阈值，并依据该阈值将图像转换为二值图像，即分为前景和背景。

③形态学开运算。采用形态学开运算，即先腐蚀图像、消除微小孔洞以平滑大坑槽的边界，再膨胀腐蚀后的图像、进一步填充大坑槽内部。

④连通域筛选。计算待定图像连通域（待定坑槽）的统计特征，包括与待定连通域具有相同二阶中心矩的椭圆的扁率 f、待定连通域密实度 C、待定连通域面积 A、待定连通域灰度标准差 σ，相关计算如式（2.1）和式（2.2）所示。

$$f = \frac{a-b}{a} \tag{2.1}$$

式中：a、b——分别为与待定连通域具有相同二阶中心矩的椭圆的短轴、长轴之长。

$$C = \frac{a^2}{4\pi A} \tag{2.2}$$

当满足 $\sum_i A_i < \alpha A_s, f < T_f, C > T_c, \dfrac{A_i}{\sum_i A_i} > T_A, \sigma > T_\sigma$ 时，判定待定连通域是潜在坑槽，式中 A_i 为第 i 个待定连通域的面积；A_s 为图像总面积；α 为经验系数，取 0.8；T_f、T_c、T_A、T_σ 分别为扁率、待定连通域密实度、待定连通域面积比值、待定连通域灰度标准差的阈值，分别取 0.84、0.05、0.30、0.125。

（2）机器视觉路面坑槽分割算法

机器视觉坑槽分割算法主要在识别坑槽的基础上采用基于纹理特征的聚类分析，即先计算纹理特征并利用主元分析法降维，采用模糊均值聚类（Fuzzy C-Means Algorithm，FCM）算法提取坑槽，叠加坑槽识别结果并采用 Canny 边缘检测算子（John F. Canny 于 1986 年开发出来的一个多级边缘检测算法）进行坑槽边缘提取。机器视觉路面坑槽分割算法包括纹理特征提取、聚类分析、叠加坑槽识别结果和边缘提取。

①纹理特征提取。采用灰度共生矩阵（Gray-Level Co-occurrence Matrix，GLCM）求取图像纹理特征，并利用主元分析法（Principal Component Analysis，PCA）提取主成分，即将灰度图像分为 $n \times m$ 子块，利用灰度共生矩阵统计各个子块在 0°、45°、90°、135°方向上的图像纹理信息，得到 16 维特征向量。对特征向量进行 Z 分数（Z-Score）标准化和主元分析法降维，得到 12 维特征向量。

②聚类分析。采用 FCM 算法对主成分进行聚类提取，得到坑槽前景与背景。

③叠加坑槽识别结果。在坑槽识别基础上叠加聚类分析结果，并进行形态学开运算得到最终坑槽结果。

④边缘提取。采用 Canny 边缘检测算子进行边缘坑槽提取。

2）坑槽深度图像拼接与降噪修复技术

坑槽深度图像的拼接与降噪修复技术建立在坑槽深度图像数据库的基础上，实现了坑槽深度图像的拼接、降噪与修复，具体包括坑槽深度图像拼接技术、坑槽深度图像降噪修复技术和坑槽深度图像孔洞修复技术。

（1）坑槽深度图像拼接技术

沥青路面坑槽深度图像拼接技术利用多相机深度图像，解决了实际坑槽修补作业中可能存在的相机视角被施工杆臂遮挡的问题。坑槽图像拼接方法的具体步骤为：深度相机内参与外参获取、相机畸变校正、深度图像坐标转换与拼接。

沥青路面坑槽深度图像降噪技术采用维纳（Wiener）滤波器与像素可信性判断进行联合降噪，减少深度图像的噪点，为后续智能化修补提供平滑且高质量的深度图像。

沥青路面坑槽深度图像孔洞修复技术采用整体变分（Total Variation，TV）模型和升降采样共同修复孔洞，提高图像可用性。

沥青路面坑槽深度图像拼接技术具体流程与实现效果主要有以下几点。

①获取两深度相机的内参数和外参数。内参数包括归一化焦距（f_x，f_y），图像主点坐标（u_0，v_0），畸变系数 k_i（$i=1$，2，3…，5）。通过测量获取两深度相机的外参数，即旋转和平移矩阵向量 R，T。

②校正畸变。通过两深度相机的内参数校正相机畸变。

③图像转换。1 号和 2 号深度相机图像深度分别记为 d_1（u_1，v_1）和 d_2（u_2，v_2），将 2 号深度相机的图像坐标系转变为世界坐标系记为（x_2，y_2，z_2），如式（2.3）～式（2.5）所示。

$$x_2 = \frac{d_2 (u_2, v_2)}{f_{x_2}} (u_2 - u_0) \tag{2.3}$$

$$y_2 = \frac{d_2 (u_2, v_2)}{f_{y_2}} (v_2 - v_0) \tag{2.4}$$

$$z_2 = d_2 (u_2', v_2') \tag{2.5}$$

利用外参数将 2 号深度相机世界坐标系转换成 1 号深度相机的世界坐标系（x_{12}，y_{12}，z_{12}），如式（2.6）所示。

$$\begin{bmatrix} x_{12} \\ y_{12} \\ z_{12} \end{bmatrix} = R \begin{bmatrix} x_2 \\ y_2 \\ z_2 \end{bmatrix} + T \tag{2.6}$$

最后将其转换至 1 号相机的图像坐标系，如式（2.7）～式（2.9）所示，可得到拼接后的深度相机图像像素坐标。

$$u_{12} = \frac{x_{12} f_{x_1}}{d_2 (u_1, v_1)} + u_0 \tag{2.7}$$

$$v_{12} = \frac{y_{12} f_{y_1}}{d_2 (u_1, v_1)} + v_0 \tag{2.8}$$

$$z_{12} = d_2 (u_{12}, v_{12}) \tag{2.9}$$

（2）坑槽深度图像降噪修复技术

Wiener 滤波器是一种经典的以最小平方为最优准则的线性滤波器，利用平稳随机过程的相关特性和频谱特性对混有噪声的信号进行滤波，可有效检测和去除图像噪点。Wiener 滤波模型如式（2.10）所示。

$$x (t) = g (t) \otimes [s (t) + n (t)] \tag{2.10}$$

式中：$s (t)$——待估计的原始信号；

    $n (t)$——噪声；

    $x (t)$——输出信号；

$\bigotimes$——卷积算子；

　g（t）——Wiener 滤波解。

利用 Wiener 滤波器可有效消除区域性噪声，但其余高频噪声需通过像素可信性分析予以消除。像素可信性分析通过设立可信性阈值完成降噪处理，像素可信性分析如式（2.11）所示。

$$C（x）=2\delta（x）\left(1-\frac{1}{1+e^{-\gamma G\otimes E(x)}}\right) \tag{2.11}$$

式中：C（x）——像素可信性；

　　　　x——像素位置；

　　　　δ（x）——像素值有效性；

　　　　E（x）——梯度；

　　　　G——高斯平滑算子；

　　　　$\bigotimes$——卷积算子；

　　　　γ——调节因子。

梯度 E（x）的计算如式（2.12）所示。

$$E（x）=\sqrt{[S_u\otimes d（x）]^2+[S_v\otimes d（x）]^2} \tag{2.12}$$

式中：S_u、S_v——分别为 u、v 方向的索贝尔算子；

　　　　d（x）——像素值；

　　　　$\bigotimes$——卷积算子。

经过 Wiener 滤波器和像素可信性分析联合降噪，可减少沥青路面坑槽深度图像的噪点，提升路面平滑性。

3）坑槽深度图像孔洞修复技术

沥青路面坑槽深度图像孔洞修复步骤为降采样、孔洞修复和升采样。

①降采样。对坑槽深度图像进行降采样，降低图像分辨率。

②孔洞修复。对降采样后的图像采用 TV 模型进行修复。

③升采样。对修复后的图像进行升采样，还原为原深度图像的分辨率。升采样后与原图像进行保值运算，尽量保留原图像深度值。

（1）集料喷射模型和集料平面堆积模型

①集料喷射模型

坑槽深度图像孔洞修复技术针对路面修补集料特性，基于理论分析和计算，可建立集料喷射模型和集料平面堆积模型。

集料喷射速度模型和效率模型共同构成集料喷射模型。集料喷射速度模型以倾斜直管道为气力输送管道，结合气力输送理论、力学和运动学理论，建立集料颗粒群微分运动方程，并采用变步长四阶-五阶龙格-库塔（Runge-Kutta）法求解，建立气流速度、集料-空气体积比率、管道内径和倾角等多因素影响下集料出口速度-管道输送距离的关系模型；集料喷射效率模型在气力模型基础上，研究了气力输送系统运行功耗效率。集料喷射模型认为气流速度显著提高集料出口速度，并且在功率、风机风速一定时，应尽可能提高集料-空气体积比率，以提高喷补机能量利用效率。集料填充采用直线往返填充模型，研究喷头的集料喷射半径及集料堆积厚度，并提出了相邻两条填充直线的最佳间距以获取最优重叠度。

坑槽修补机以喷射式修补为主，要求喷口处的集料达到一定的速度，即需要在有限的输送距离内达到要求的速度。因此，需要分析集料在喷口的速度和集料输送距离的影响因素。喷口处的集料速度与直管段集料速度呈正相关关系。为方便计算，取集料输送管的倾斜直管部分进行分析。

依据气力输送理论，集料颗粒群的悬浮速度如式（2.13）所示。

$$v_n = \frac{1}{\sqrt{K_s}} \sqrt{\frac{4gd_s(\rho_s - \rho)}{3C\rho}} (1 - \varphi_0)^\beta \qquad (2.13)$$

式中：v_n——集料颗粒群的悬浮速度，m/s；

　　　　d_s——集料颗粒直径，mm；

　　　　ρ_s——集料颗粒群密度，kg/m³；

　　　　ρ——空气密度（20℃、1个标准大气压下，$\rho = 1.205$kg/m²），kg/m³；

　　　　C——单颗集料粒的阻力系数；

　　　　φ_0——集料-空气体积比率；

　　　　β——与集料颗粒绕流相关的试验指数；

　　　　K_s——集料颗粒形状修正系数；

　　　　g——重力加速度，$g = 9.81$m/s²。

依据牛顿阻力公式，可推算倾斜直管内集料颗粒群运动微分方程如式（2.14）所示。

$$\frac{v_s}{g} \frac{\mathrm{d}v_s}{\mathrm{d}L} = \left(\frac{v_a - v_s}{v_n}\right)^2 - \frac{\lambda_s v_s^2}{2gD} + \sin\theta \qquad (2.14)$$

式中：L——倾斜直管的输送距离，m；

　　　　v_s——集料出口速度，m/s；

　　　　v_a——气流速度，m/s；

　　　　λ_s——与管道材料相关的阻力系数；

　　　　D——管道的直径，m；

　　　　θ——管道的倾角，°；

　　　　g——重力加速度，m/s²；

　　　　v_n——集料颗粒群的悬浮速度，m/s。

以 ROSCO 公司的 RA-400 型喷射式坑槽修补机为例，选择集料颗粒直径 $d_s = 8 \times 10^{-3}$m，颗粒群密度 $\rho_s = 2.66 \times 10^3$kg/m³ 的石灰岩作为修补集料。根据绕流雷诺数确定试验指数 $\beta = 2.3$，单颗集料粒的阻力系数 $C = 0.25$；集料颗粒形状介于不规则块状体和棱形体之间，采用集料颗粒形状修正系数 $K_s = 1.99$；以 $v_a = 35$m/s，$\lambda_s = 0.008$，$\varphi_0 = 0.02$，$D = 0.10$m，$\theta = 30°$为初始条件，对集料出口速度 v_s 进行仿真模拟试验。各因素对"集料出口速度-管道输送距离关系"影响的仿真模拟结果如图 2.1 所示。

②集料喷射效率模型

采用上述集料喷射速度模型，进一步分析其工作效率，即出口集料获得的功率与输送系统运行功率的比值 η，如式（2.15）所示。

$$\eta = \frac{m_s g v_s}{\Delta p_a Q_a} = \frac{\rho_s \varphi_0 g v_s}{\Delta p_a} = \frac{\pi}{4} \frac{\rho_s \varphi_0 g v_s v_a D^2}{P} \qquad (2.15)$$

式中：m_s——集料流质量，kg；

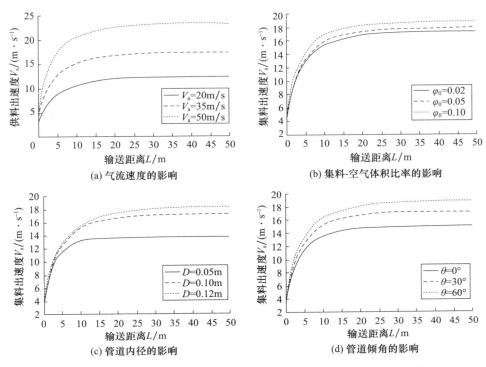

图 2.1 各因素对"集料出口速度-管道输送距离关系"影响的仿真模拟结果

Δp_a——空气压强变化，Pa；

Q_a——空气流量，m^3/s；

P——功率，W；

φ_0——集料-空气体积比率。

其余符号意义同前。

简化气流速度 v_a 与集料出口速度 v_s 关系，并考虑 10% 的最终速度损耗，则有 v_s 的计算如式（2.16）所示。

$$v_s = \frac{0.9 v_a}{1 + \sqrt{\dfrac{\lambda_s v_n}{2gD}}}$$

(2.16)

式（2.16）中符号意义同前。

采用与集料喷射速度模型相同的初始条件，仿真试验研究集料喷补机理想效率与集料-空气体积比率 φ_0、气流速度 v_a、功率 P 的关系，各因素对集料喷射效率影响的仿真模拟结果如图 2.2 所示。

③集料平面堆积模型

填充方案采用往返直线填充，填充时将坑槽视为多层有厚度的切片，从下往上按层进行喷补填充。

采用直线往返填充时，喷头的集料喷射半径及集料堆积厚度分析如式（2.17）和式（2.18）所示。

$$d = 2R = D + 2h\tan\frac{\alpha}{2}$$

(2.17)

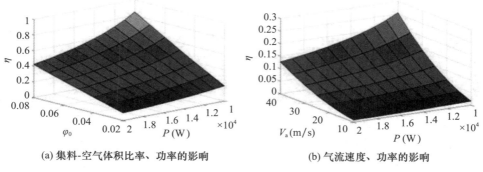

(a) 集料-空气体积比率、功率的影响   (b) 气流速度、功率的影响

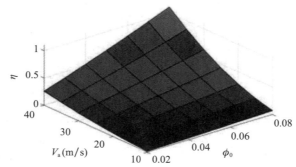

(c) 集料-空气体积比率、气流速度的影响

图 2.2　各因素对集料喷射效率影响的仿真模拟结果

式中：d——喷射直径；

R——喷射半径；

h——喷口至喷射平面的高度；

α——喷射角度；

D——喷口直径。

$$H(x,y) = \int_{t(x,y)} \frac{4Q}{\pi d^2} \mathrm{d}t = \frac{4Q}{\pi d^2} t(x,y) \tag{2.18}$$

式中：　　d——喷射直径，m；

R——喷射半径，m；

$H(x,y)$——平面 x，y 处的堆料厚度，m；

h——喷口至待喷射平面的高度，m；

α——喷射角度，°；

Q——堆料喷射流量，m^3/s；

$t(x,y)$——平面上 x，y 处的积分时长，s。

式（2.18）中 $t(x,y)$ 的相关计算如式（2.19）所示。

$$t(x,y)\begin{cases} (\sqrt{R^2-y^2}+x-R)/v & x \leqslant 2R，|y| \leqslant \sqrt{R^2-(R-x)^2} \\ 2\sqrt{R^2-y^2}/v & 2R < x < L-2R，|y| \leqslant R \\ \sqrt{R^2-y^2}-[R-(L-x)]/v & x > L-2R，|y| \leqslant \sqrt{R^2-[R-(L-x)]^2} \end{cases}$$

$$\tag{2.19}$$

式中：L——路径长度，m；

v——移动速度，m/s。

其余符号意义同前。

④平面相邻填充线重叠度分析

在实际直线往返填充作业时，为保证相邻两条线的重叠部分与路径上的堆料高度一致，需要分析最佳相邻填充线间的距离。

分析得到的重叠区及两侧厚度 $H(y)$ 的计算如式（2.20）所示。

$$H(y)\bigg|2R<x<L-2R=\frac{Q}{\pi R^2 v}\begin{cases}2\sqrt{R^2-y^2} & -R\leqslant y\leqslant R-u \\ 2(\sqrt{R^2-y^2}+\sqrt{R^2-(2R-u-y)^2}) & R-u<y<R \\ 2\sqrt{R^2-(2R-u-y)^2} & R\leqslant y\leqslant 2R-u\end{cases}$$

$$(2.20)$$

式中：u——重叠区宽度。

其余符号意义同前。

为保证填充均匀，期望实际重叠区喷补厚度与喷补区域的均值之间方差最小，构建优化函数如式（2.21）所示。

$$\min_{0<u\leqslant R}E(u)=\frac{1}{2R-u}\int_0^{2R-u}\left[H(y)-\bar{H}(y)\right]^2 \mathrm{d}y \qquad (2.21)$$

式 2.21 中符号意义同前。

求得数值解 $u_m=0.3078R$，进一步得到相邻平面填充线间的最佳间距 Δ 的计算如式（2.22）所示。

$$\Delta=2R-u_m=1.6922R=0.8461D+1.6922h\tan\frac{\alpha}{2} \qquad (2.22)$$

式（2.22）中符号意义同前。

（2）坑槽喷补路径规划技术

沥青路面坑槽喷补路径规划技术在坑槽识别分割的基础上，对深度图像处理并切片，对各切片进行往返直线喷补路径规划，并进行仿真模拟。其中，坑槽切片方案基于深度图像，利用非坑槽区与坑槽最低处高度和拟堆料层厚度确定切片深度，并对各切片进行降噪处理；在切片基础上，基于轮廓规划和一定的约束条件，规划往返直线喷补路径，并开展仿真试验。

①坑槽切片

利用深度图像计算非坑槽区域的平均深度，作为路面平面所在深度 h_0；依据坑槽部分深度图像的最大值判断坑槽最低点，深度记为 h_m。按照预设单层喷补厚度 T，将坑槽划分为 $n=\left[\dfrac{h_0-h_m}{T}\right]$ 个切片。

各层切片形成后，需采用形态学方法平滑切片边缘、减少不合理噪点，形成最终待喷补的切片，平滑降噪后的坑槽水平深度切片。

②修补路径

对于坑槽每一切片，基于其轮廓规划往返直线喷补路径，需要满足以下约束条件。

a. 切片区域的全覆盖填补，即修补路径需要覆盖坑槽切片所有主要区域。

b. 尽可能保持最佳直线间距，即保持直线间距 $\Delta = 1.6922R$。

c. 避免喷补路径超出坑槽边界，即修补规划路径需与轮廓边缘保持一定间距，以使算法适用于不同的凸集和凹集轮廓。

③仿真模拟

针对坑槽图像数据库中多组典型数据进行仿真模拟，检验算法对坑槽的识别、切片、修补路径规划的有效性。

2.3.2 功能型沥青抗裂混合料

经过近 40 年的努力，我国基本上解决了以半刚性基层沥青路面为典型结构的承载能力问题。然而，裂缝问题仍然是导致沥青路面早期损坏和大中修的主要原因之一。以广东为例，大量的路况调查数据显示，路面状况指数（Pavement Condition Index，PCI）下降的主要原因是裂缝，其比例占病害类型的 $85\% \sim 95\%$。这些裂缝又主要以近似固定间距的横向裂缝（半刚性基层反射裂缝）和少量的自上而下（Top-down）裂缝为主。道路工程界曾试图以改性沥青（上中面层）或添加纤维、橡胶等方式降低路面的开裂率，虽然增加了工程造价，由于要兼顾车辙和抗滑等问题，改善路面开裂的效果并不显著。基于上述背景，研究沥青混合料的材料构成、性能与路面结构的基础关系，通过材料与结构的一体化设计，根据结构需求开发具有优良抗裂性能的功能型沥青混合料，对于延长路面大中修周期，降低路面的养护维修成本具有重要意义。

1）沥青混合料性能概述

沥青混合料性能可从沥青混合料宏观断裂特征、沥青混合料的微观断裂特征和内聚力模型进行分析。

（1）沥青混合料宏观断裂特征

沥青混合料用作路面的中、下面层时，除考虑承受路面荷载产生的压力，承担抗车辙的功能外，还需考虑抗疲劳、抗反射裂缝的功能，其中，下面层更着重于抗反射裂缝的影响。沥青混合料的材料特性决定了当其处于温度较低的状态时材料性质更接近脆性材料，此时当沥青材料受到外拉力的作用下更容易产生开裂。沥青混合料低温破坏过程也是其内部裂缝的产生、扩展与失稳的过程，沥青混合料内部裂缝尖端的应力集中是引起混合料开裂和破坏的主要原因之一。

传统的沥青混合料强度理论均以均匀连续介质假定为基础，当沥青混合料没有出现宏观裂缝时，传统力学能有效进行强度设计和变形验算。然而，实际情况并非如此，沥青路面结构一般是带裂缝工作的，裂缝的出现并不等于路面结构发生破坏，甚至在一定荷载作用下仍处于稳定的状态。因此，当沥青混合料出现宏观裂缝，需要研究裂缝如何扩展以及沥青混合料的抗裂机理时，必然会涉及沥青混合料内部本身的微裂缝。研究微裂缝进一步扩展的行为，对优化材料选择、路面结构设计、路面养护时机及措施的决策则具有现实指导意义。此时，传统力学和传统强度理论暴露出明显的不足，需要寻找新理论，即断裂力学理论进行补充。

断裂力学理论承认结构中含有宏观裂缝，但是远离裂缝尖端的大部分区域依然被假定为均质连续体。断裂力学理论的研究对象主要是裂缝尖端局部区域的应力、位移以及表现材料抗裂性能的参数。裂缝在一定条件下失稳扩展，按照它们在荷载作用下扩展形式的不同，可以分成如图 2.3 所示的三种基本类型。

张开型裂缝，即Ⅰ型裂缝，是指在垂直于裂缝面的正应力 σ 的作用下，裂缝尖端张开，且扩展的方向与 σ 垂直，如图 2.3（a）所示。

剪切型裂缝，即Ⅱ型裂缝，是指在受到平行于裂缝面的剪应力 τ 的作用下，裂缝尖端滑开，且扩展方向与 τ 平行，如图 2.3（b）所示。

撕开型裂缝，即Ⅲ型裂缝，是指在剪应力 τ 的作用下，裂缝前后错开，沿着裂缝所在平面的原方向继续扩展，如图 2.3（c）所示。

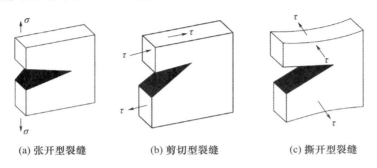

(a) 张开型裂缝　　　　　　(b) 剪切型裂缝　　　　　　(c) 撕开型裂缝

图 2.3　裂缝扩展的三种基本类型

σ—正应力；τ—剪应力

道路工作者从大量的实践中发现，在交通荷载以及温度的作用下，沥青路面涉及的裂缝类型以Ⅰ型和Ⅱ型裂缝为主。其中，温度一般引起Ⅰ型裂缝破坏，交通荷载一般引起Ⅱ型裂缝破坏，但此时Ⅰ型裂缝危险性更大。实际应用中，对于半刚性路面基层或加铺水泥混凝土的沥青面层产生的反射裂缝，当车轮荷载作用于沥青面层时，若下方半刚性基层或水泥混凝土层存在收缩缝、接缝时，沥青面层将同时产生正应力和剪应力，此时裂缝开展的类型并非单一的Ⅰ型裂缝或Ⅱ型裂缝，而是属于Ⅰ型与Ⅱ型的复合型反射裂缝。

（2）沥青混合料的微观断裂特征

根据线弹性断裂力学可知，裂缝尖端的应力场具有 $1/\sqrt{r}$ 奇异性。任何材料都无法承受无限大的应力，所以材料中的实际应力必为有限值，如此材料的裂缝尖端附近就会形成一个非线性区域。非线性区域又可以细分为两个层次：一个为紧接在裂缝尖端的称为软化区（断裂推进区），材料在这个区域内将逐渐软化，随着变形的增加应力减小；往后的一个区域则为非软化区，在这个区域内材料呈硬化塑性或纯塑性特征，如图 2.4 所示。通过分析整个非线性区域相对于构件尺寸的大小，非线性区域内的软化区（断裂推进区）和非软化区的相对大小，把材料的断裂类型分成脆性断裂、准脆性断裂和韧性断裂。

如图 2.4（a）所示，脆性断裂是指材料断裂时整个非线性区域大小与构件尺寸大小相比起来非常小，整个断裂过程几乎发生在某一点，断裂前无明显塑性变形的断裂行为。

如图 2.4（b）所示，准脆性断裂是指材料在断裂时其非线性区域几乎都是软化区（断裂推进区），有小部分为非软化区，且断裂前存在小量的塑性变形的断裂行为。此外，由于微裂缝、空隙和界面破坏等原因，随着材料的软化，断裂推进区会经受着逐步的损坏。

如图 2.4（c）所示，韧性断裂是指材料断裂时整个非线性区域的尺寸与结构尺寸相比不够小，此时软化区（断裂推进区）显得较小，断裂前会发生明显的塑性变形的断裂行为。

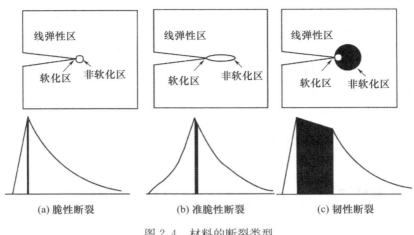

图 2.4　材料的断裂类型

σ—正应力

（3）内聚力模型

内聚力（Cohesive Traction），又称黏聚力，是指同一物质内部分子间的相互作用力，黏聚力能使物质聚集成液体或固体。内聚力模型以断裂力学为基础，是一种简化的开裂模型，能通过选取合适的参数来反映界面层物质的强度、模量等力学性能。对于沥青混合料这样的多相复合材料的断裂分析，内聚力模型具有很大的优势。

利用内聚力模型模拟材料开裂时，可认为裂缝前端存在断裂过程区，将该断裂过程区视为传递黏聚力即应力的假想裂缝。当裂缝尖端处的主拉应力等于材料的抗拉强度（材料间的黏结强度）时，裂缝开始起裂，且开裂方向与最大主应力垂直。裂缝扩展过程中内聚力随着裂缝张开位移的增大而减小。

内聚力模型为模拟预测出现在裂缝尖端前部的局部损伤提供了本构基础，该模型不仅可以描述界面位移变化和相应应力的非线性本构曲线，还可以用于模拟复杂断裂行为，如裂缝开裂及扩展现象。

2）基于离散元法的沥青混合料细观特性的断裂性能影响

（1）内聚力模型在离散元中的应用

双线性内聚力模型的 t-δ 曲线如图 2.5 所示。由于断裂能等于 t-δ 曲线下方的面积，因此根据三角形面积公式可得到断裂能的计算如式（2.23）所示。

$$G_c = \frac{1}{2} T_c \delta_f \tag{2.23}$$

式中：G_c——断裂能，J/m^2；

　　　T_c——开裂强度，MPa；

　　　δ_f——裂纹张开位移，也称为失效位移，mm。

断裂能是指单位面积上的能量。开裂强度为材料的力学强度，即抗拉强度，是内聚力所能达到的最大值，可由室内断裂性能试验获得。

内聚力模型主要由两部分组成：在初始损伤发生前（$\delta \leqslant \delta_0$）的线性关系和单元达到初始损伤后（$\delta > \delta_0$）的线性软化过程。在理论上，初始损伤处的内聚力达到 T_c 后材料出现开裂破坏。

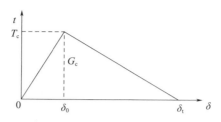

图 2.5　双线性内聚力模型曲线

注：t—内聚力，kPa；δ—裂缝面的相对位移；G_c—断裂能，J/m^2；T_c—开裂强度，MPa；δ_0—内聚力达到 T_c 时裂缝面的位移，mm；δ_t—内聚力为 0 时裂缝面的相对位移，mm。

　　假设 k_1 为双线性模型上升段的斜率，k_2 为双线性模型下降段斜率，失效位移 δ_f 的计算如式（2.24）所示。

$$\delta_f = \frac{T_c}{k_1} + \frac{T_c}{k_2} \tag{2.24}$$

式中，符号意义同前。

　　存在一个系数，能表征 k_1 与 k_2 之间的关系，该系数在离散元建模中设定为 Detacoh，计算如式（2.25）所示。通过调整 Detacoh 的大小能调整线性下降段斜率，最后计算出断裂能的大小。

$$k_2 = k_1 \times \text{Detacoh} \tag{2.25}$$

式（2.25）中符号意义同前。

　　（2）试件的形成及细观参数的选取

　　选择二维颗粒流程序（Particle Flow Code，PFC）软件进行建模及运算，一方面其对计算资源的要求较三维软件少，可使建立的虚拟试件中的颗粒级配更细，还原真实度更高；另一方面二维平面在观察裂缝发展效果及材料内部接触力的变化较三维软件更清晰，这对分析沥青混合料断裂性能极其重要。

　　沥青混合料的离散元模型试件由集料、沥青砂浆以及空隙率共同构成。粗集料的模拟，可采用较大的圆形颗粒或不规则多边形颗粒构建。由于沥青砂浆在混合料中主要起黏结作用，对骨架支撑作用较小且砂浆的细观结构特性过于复杂，当前计算机性能及运算时间有限，要精确模拟沥青砂浆中的细小颗粒难度相当大。因此大部分研究者均提出：假定沥青砂浆为一种完全均质的材料，分布于沥青混合料虚拟试件中。

　　沥青混合料离散元试件内部主要存在三种不同的接触形式，分别为相邻集料颗粒群之间的接触，沥青砂浆内部单元接触作用，沥青砂浆和集料之间的相互接触。设置接触模型需注意以下三点问题。

　　①实际中由于裂缝基本上是沿粗集料边缘开裂，并不会破碎粗集料，因此虚拟试验过程中不考虑粗集料的破碎问题，可通过对粗集料颗粒群赋予极大的刚度值来实现，且该设置方式还可减少计算时间和所需内存，降低模型对试验影响的变异性。

　　②集料存在着一定的各向异性，其表面粗糙度、纹理等各项性能均有差异，每个集料颗粒与沥青砂浆的接触模型参数也有所差别。由于目前没有很好的方法对模型参数进行测试验证，所以在选取模型时统一把各个粗集料与沥青砂浆的接触参数和沥青砂浆内部单元间接触参数视为一致，达到简化计算的目的，减小建模的难度系数。

③PFC（颗粒流程序）5.0 版本中，只允许设置一种黏结模型，因此在确定了双线性内聚力模型后，接触黏结或平行黏结等模型不能同时存在。最终生成的虚拟沥青混合料试件的内部接触模型。

虚拟半圆弯曲试验加载时对于粗集料、沥青砂浆及沥青砂浆与集料间的接触刚度，可参考已有成果拟定估算值。F_{max} 实际表示的是内聚力模型中的黏聚强度，这与室内试验的抗拉强度有直接联系，同样可参考已有成果进行估值。Detacoh 作为两段曲线斜率之间的系数，受开裂强度 T_c 与失效位移 δ_f 影响，原则上需由室内试验获取，但此处先预设 Detacoh 值。暂定细观参数后，还需反复进行模拟试算，不断调整颗粒及接触模型的细观参数，选取与现实密实型级配沥青混合料试验结果相近的一组虚拟模型细观参数。

使用 PFC 软件的 wall 命令生成尺寸为直径 150mm 的半圆形试件区域，随后根据不同级配的集料所占试件的面积分数投放颗粒。在试件下方设置距离为 120mm 的两个固定小球，在试件顶点处设置一个小球，并赋予其速度，向下加压，以模拟室内三点半圆弯曲试验。设置加载速度为 0.5×10^{-8} m/s 以匹配现实中的加载速率为 50mm/min，试件预留缝长度必须小于试件高度的 1/3，此次试验设置为 20mm，加载至竖向变形达 5mm 为止。

（3）集料特性对沥青混合料断裂性能的影响

目前普遍使用抗拉强度作为评价沥青混合料的断裂性能指标，然而在进行数值模拟分析时，仅凭抗拉强度评价细观特性对沥青混合料断裂性能的影响过于单一，无法进行完整地描述。与劈裂试验和小梁弯曲试验不一样的是，半圆弯曲试验至今还没有统一的应力计算公式，但可以确定的是其公式如式（2.26）所示。

$$\sigma = \frac{KP}{WD} \qquad (2.26)$$

式中：σ——试件底部拉应力，MPa；

    P——竖直方向荷载，N；

    W——试件宽度，mm；

    D——试件直径，mm；

    K——系数，暂时还没有统一的值。

因此就有实际上的应变能（断裂能）G_c 积分公式如式（2.27）所示。

$$G_c = \int_a^b \sigma \mathrm{d}x \qquad (2.27)$$

式中：G_c——应变能（断裂能），J/m²；

    σ——试件底部拉应力，MPa；

    x——应变；

a、b——积分区间上、下限。

（4）试件尺寸对沥青混合料断裂性能的影响

沥青路面的抗裂性能测试，往往是按照规定的尺寸在室内生成相同级配的试件或直接从路面钻芯取样后切割至规定尺寸，再进行室内试验，从而去评价路面的抗裂性能。然而，试件尺寸对材料的抗拉强度、断裂能等评价指标有着直接的影响，一般称为尺寸效应，即指材料的力学性能不再是一个常数，而是随着材料几何尺寸的变化而变化。沥青面层的厚度明显与室内制备的试件尺寸大小是不一致的，因此室内试验测得的结果一定程度上会受到尺寸效应的影响。已有研究表明，尺寸效应会随着试件尺寸与集料最大粒径比值的增大而减小，即当试件尺寸显著大于集料粒径时，尺寸效应就不太明显。因此，对于试件的尺寸，必然存在一个最佳粒径适用范围。由于此次分析采用的是直径 150mm 的半圆试件，试件高度 75mm，减去预留缝后高度为 55mm，因此在设计虚拟试验，研究集料细观特性对沥青混合料断裂性能的影响前，有必要了解该尺寸与集料公称最大粒径之间的关系。

选择以 AC-20 级配为分析对象，见表 2.1，逐档减小级配的公称最大粒径。为消除不同公称最大粒径级配之间各档集料比例不一致所带来的变化差异，设计的各组级配尽管公称最大粒径发生变化，但各档粒径集料细观组分构成比例不变，即各粒径通过质量比保持不变。

表 2.1　AC-20 级配各档集料通过率

	AC-20											
筛孔尺寸/mm	26.5	19	16	13.2	9.5	4.75	2.36	1.18	0.6	0.3	0.15	0.075
通过率/%	100	96.6	87.2	74.1	53.3	38.7	30.2	20.8	14.1	10.7	6.8	4.9

AC-20 中 16.0mm 粒径的通过率与 19.0mm 粒径通过率之比与 AC-16 中 16.0mm 粒径的通过率与 19.0mm 粒径通过率之比一致。根据这一原则，能设计出其余各档集料通过率，最终设计出的各组公称最大粒径级配，见表 2.2，并根据各级配生成半圆试件。考虑到该试验与集料的棱角性无关，因此为方便计算将集料简化作圆形颗粒表示。此外，沥青混合料集料档次较多，但能较好体现材料属性的只有粗集料。

表 2.2　各组公称最大粒径级配通过率

试件	各粒径/mm 集料通过率/%											
	26.5	19.0	16.0	13.2	9.5	4.75	2.36	1.18	0.6	0.3	0.15	0.075
AC-20	100	96.6	87.2	74.1	53.3	38.7	30.2	20.8	14.1	10.7	6.8	4.9
AC-16		100	90.3	76.7	55.2	40.1	31.3	21.5	14.6	11.1	7.0	5.1
AC-13			100	85.0	61.1	44.4	34.6	23.9	16.2	12.3	7.8	5.6
AC-10				100	71.9	52.2	40.8	28.1	19.0	14.4	9.2	6.6
AC-5					100	72.6	56.7	39.0	26.5	20.1	12.8	9.2
AC-3						100	78.0	53.7	36.4	27.6	17.6	12.7

由试件构成可发现，不同粒径集料构成的试件不一致，但其构成接近实际的沥青混合料试件，粗、细集料、沥青砂浆等细观结构一应俱全。随后对六组试件进行虚拟半圆弯曲试验，加载方式与室内试验一致，加载变形至 5mm，记录荷载变形数据，然后进行积分处理对各试件达到最大承载力时消耗能量、试件开裂全过程消耗能量与抗拉强度三项指标进行统计。各组试件试验结果如图 2.6～图 2.8 所示，以评价相同尺寸下公称最大粒径对试件断裂性能的影响。

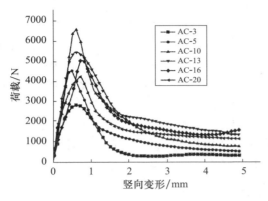

图 2.6 各组试件荷载-变形曲线　　　　图 2.7 各组试件抗拉强度

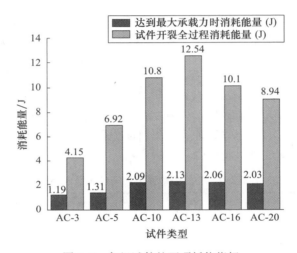

图 2.8 各组试件的两项耗能指标

在半圆弯曲试验加载过程中,各试件抗拉强度、消耗能量等指标均不一致。随着级配公称最大粒径的变小,抗拉强度达到最大承载力时消耗能量及试件开裂全过程消耗能量均呈先增大后减小的变化,表明公称最大粒径太大或太小对同一尺寸试件的强度及能量等评价指标均产生不利影响。

对比六组试件试验结果发现,抗拉强度指标最大值为 AC-10 试件,达到最大承载力时耗能与试件开裂全过程耗能两项指标的最大值则为 AC-13 试件。明显发现,该两组级配各项断裂性能指标优于其余四组试件。因此,对于该试件尺寸,选用公称最大粒径为 9.5~13.2mm 的级配能表现出较为优异的抗裂性能。

分析余下四组级配,通过对比 AC-13 与 AC-16 的抗裂性能,可以发现在抗拉强度达到最大承载力时耗能及试件开裂全过程耗能三项指标上,AC-13 比 AC-16 分别增大了 7.6%,3.4%,24.1%,增长幅度极小。同理,对比可得 AC-13 比 AC-20 在三项断裂性能指标上亦增大了 29.4%,5.0%,40.3%,增长幅度也不大,表明公称最大粒径为 16.0~19.0mm 的级配,尽管存在少量尺寸效应影响,但也可用该尺寸试件对这些级配进行断裂性能评价。再对比 AC-10、AC-5 和 AC-3 可以发现,AC-10 在三项指标上分别比 AC-5 增大了 45.4%,

59.5%，56.0%，比 AC-3 则分别增大了 2.36 倍，1.75 倍，2.60 倍。AC-3 与 AC-10 在断裂性能指标上变化幅度巨大，表明了对于公称最大粒径小于 4.75mm 的级配，当用该尺寸的试件进行断裂性能评价时，会受到较大的尺寸效应影响。

从上述的分析可知，当试件尺寸确定后，公称最大粒径太大或太小均对试件断裂性能指标产生不利影响，此时必然存在一个合理的公称最大粒径范围，使得范围内的级配在相同尺寸试件下表现出的抗裂性能最为优异。对于直径 150mm，有效高度 55mm 的半圆试件，公称最大粒径为 4.75～19.0mm 的级配，均可使用该尺寸的试件进行断裂性能试验评价，尺寸效应在该范围内影响不大，其中公称最大粒径为 9.5～13.2mm 的级配在该尺寸下表现出最为优异的抗裂性能。对于公称最大粒径小于 4.75mm 的级配，受较大的尺寸效应影响，该试件尺寸明显已不再适合。因此，对于公称最大粒径更大或更小的级配，采用试验评价其断裂性能时，试件的设计尺寸有必要相应增大或减小。

此外，根据试件尺寸与公称最大粒径的对应关系也可用来建立层厚与粒径的关系，从而根据下面层厚度推荐一个合适的级配公称最大粒径尺寸。我国的《公路沥青路面施工技术规范》（JTG F 40—2004）规定，沥青面层厚度不宜小于公称最大粒径的 2.5～3.0 倍。此处试件尺寸有效高度为 55mm，若按规范要求，试件级最大级配为 AC-25，与研究分析得出的级配公称最大粒径适用范围接近。然而，本研究分析得出抗裂性能最优的公称最大粒径分别为 9.5mm 和 13.2mm，因此，对于以抗裂功能为主的沥青面层，建议设计级配的公称最大粒径应为面层厚度的 2/11～1/4。考虑到目前我国路面常用的下面层厚度为 60～80mm，设计的级配通常选择如 AC-16、AC-20、AC-25 等均是适合的。

（5）粗集料长短轴比对沥青混合料断裂性能的影响

粗集料整体轮廓形状和扁平程度一般以长短轴比作评价指标，已有研究发现，集料的长短轴比能影响沥青混合料的宏观力学性能，但具体对于混合料的断裂性能而言它的影响起到何种作用，值得深究。采用实体试验进行集料长短轴比的研究难以实施与控制，但使用数值模拟试验，只需调整数字试件上的集料就能模拟不同长短轴比的粗集料，以研究其为试件断裂性能带来的影响。粗集料的不规则形状导致每个集料存在差异，为方便、能统一控制且准确设定集料的长短轴比大小，将集料简化为圆形颗粒进行计算，并在此基础上通过设定圆的长轴与短轴的比值作为粗集料颗粒的长短轴比，即有且只有 1:1 时长短轴一致，此时为圆形，当比值为其他时则为椭圆形。需要说明的是，对于 AC-20 级配，粗细集料的分界线为 4.75mm，因此只控制粒径（≥4.75mm）的粗集料长短轴比进行试验研究，不改变空隙率、细集料的形状及构成。根据《公路工程集料试验规程》（JTG E42—2005），沥青混合料中所用粗集料的长短轴比应小于 3:1，因此本次分析对于集料的长短轴比取值范围确定为 1:1～2:1。

分别设定粗集料的长短轴比为 1.25:1、1.5:1、1.75:1、2:1，获取 4 个数字试件。对各试件进行半圆弯曲加载试验，记录荷载变形数据并进行处理得到最大承载力时消耗能量、试件开裂全过程消耗能量与抗拉强度三项指标数值，结果如图 2.9～图 2.11 所示。

分析上述数据可得出以下几点结论：

①随着粗集料长轴增大，试件的抗拉强度呈现先增大后减小的变化，在长短轴比为 1.25:1 时增大至最大值 3.88MPa，随后随着长轴的增大，抗拉强度逐渐下降，并在长短轴比为 2:1 时接近原长短轴比为 1:1 时试件的抗拉强度。

②观察达到最大承载力时的耗能情况，随着粗集料长轴的增大，试件的能量消耗也呈现

先增后降的趋势，但在达到长短轴比为1.5：1后能量已低于长短轴比1：1的试件，随后长轴的增大对达到最大承载力时耗能影响变化不大。

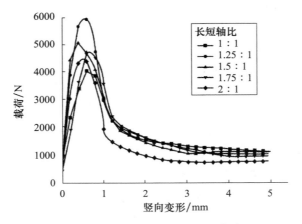

图2.9　各组试件的荷载-变形曲线

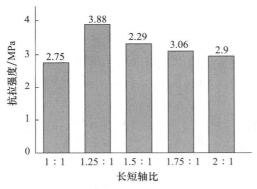

图2.10　各组试件抗拉强度

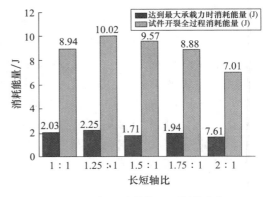

图2.11　各组试件的两项耗能指标

③试件开裂全过程耗能也随长短轴比的增大呈现先增后减的总体趋势，区别在于当长短轴比超过1.75：1时，试件开裂全过程耗能已低于长短轴比为1：1的试件。

从上述分析可知，粗集料长轴一定程度的增大能提高沥青混合料的抗裂性能，尽管仅从抗拉强度的指标去评价，似乎得出粗集料的长短轴比在取值范围为1：1～2：1时均能提高试件的抗拉强度，但该结果存在着局限性，还需从消耗能量的角度去结合分析。当粗集料的长短轴比为1.25：1时，抗拉强度与两项能量指标均为五组试件中的最大值，而当长短轴比继续增加至1.5：1时，三项指标均呈现出下降趋势，其中达到最大承载力时耗能比长短轴比1：1试件小，但其余两项指标依然高于长短轴比1：1试件。此后，当长短轴比继续增大，尽管抗拉强度仍旧高于长短轴比1：1的试件，但两项能量指标均已低于该试件。

因此，在进行沥青混合料设计时，若集料的长短轴比范围为1：1～2：1，选取长短轴比为1.25：1～1.75：1的粗集料进行试件制作，会更有利于提高试件的抗裂性能，若使用长短轴比超过1.75：1的粗集料则有可能会降低试件的抗裂性能。

（6）粗集料投放倾角对沥青混合料断裂性能的影响

若粗集料为圆形则不存在投放倾角，若粗集料为不规则多边形则同时受到棱角性的影响而并不能单纯分析投放倾角带来的影响。当粗集料为统一的椭圆形时，可以设定其统一的投放倾角来控制其位置。粗集料在混合料中的投放倾角为长轴与试件底部的水平线夹角为标准，即角度范围为 0~90°，选择长短轴比为 1.5∶1 的粗集料试件进行了四组投放倾角试验，分别为 0、30°、60°、90°，生成试件。

对生成后的试件进行半圆弯曲加载试验，记录并处理数据后三项断裂性能指标试验结果如图 2.12~图 2.14 所示。

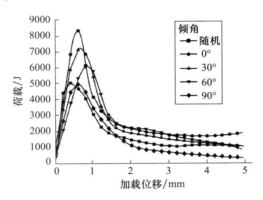

图 2.12　各组试件的荷载-变形曲线

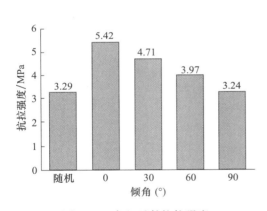

图 2.13　各组试件抗拉强度

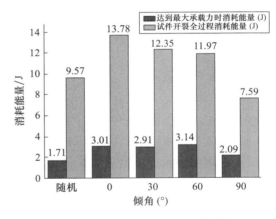

图 2.14　各组试件的两项耗能指标

分析上述数据可得出以下几点结论：

①随着粗集料投放倾角的增大，试件的抗拉强度呈现降低的趋势，试件在粗集料统一设置倾角为 0 时抗拉强度非常大，达 5.42MPa，随着投放倾角的增大抗拉强度逐渐下降，在倾角为 90°时抗拉强度低于不限定投放倾角的随机生成试件。

②随着设置的粗集料投放倾角的增加，达到最大承载力时耗能变化趋势不一，但总体呈下降趋势，前三组 0、30°、60°的倾角能量较为接近，但在倾角设置为 90°时能量较前三组大幅度下滑。

③试件开裂全过程耗能也是随着倾角的增加呈现下降的趋势，且倾角为 90°的试件其消耗能量低于角度随机生成的试件，综合对比发现，倾角为 90°的试件是五组试件里断裂性能最差的一组试件。数值模拟结果表明，粗集料在试件中的投放倾角能直接影响试件的断裂性能，长轴向与水平夹角越小越有利于提高试件的抗裂性能。分析该现象原因，一方面可能是粗集料趋

向于竖向排列时，相当于在试件的沥青砂浆内增加竖向"矿料纤维"，由于断裂应力主要为水平方向的拉应力，因此粗集料长轴与水平向夹角越大，即越趋向于竖向排列，其对断裂应力的抵抗作用越小；另一方面裂缝通常是倾向于在集料与砂浆黏结处开裂，基本上不会横穿粗集料开裂，当遇上粗集料时，往往会沿着粗集料的周边继续开裂。故当粗集料长轴向与水平夹角越小，即越趋向于横向排列时，裂缝往上发展的开裂路径就越长，必须绕开粗集料进行发展，间接增大了试件对断裂应力的抵抗作用。

因此试件的最理想状态为所有的粗集料以 0°角进行摆放，然而，这一理想状态下是难以实现的，更多的粗集料在试件成型过程中无法控制其长轴与水平夹角的大小。

上述两类虚拟试验结果表明，粗集料的长短轴比及粗集料在试件内的长轴向与水平夹角均影响着沥青混合料的断裂性能，并存在相应的变化规律。因此，研究结论可为设计抗裂功能型沥青层时，如何选择粗集料，选择哪种粗集料，甚至采取措施在面层成型时控制粗集料长轴向与水平夹角的大小等提供了重要的启示。

（7）集料不规则形状对沥青混合料断裂性能的影响

集料的形状对试件的宏观性质有显著影响，颗粒形状的合理特征化与其工程应用有着密切联系。早期的离散元分析对于颗粒形状只用简单的二维圆盘或三维球体来表示，颗粒形状过于理想化，忽略了集料棱角性对试件的力学性能带来的影响。其次，圆盘或球体外表轮廓的特性导致所形成的试件体较松散，抵抗剪切的能力较小。因此，该种建模方法可用于对集料棱角性要求不高，或集料棱角性对试验结果影响不大的虚拟试验。实际上，沥青混合料在断裂性能试验的作用下，裂缝的发展往往沿着集料的边缘绕过集料进行开裂，只有极少情况下穿过集料开裂。

因此，不能忽略集料棱角性对试件断裂性能带来的影响。集料的形状是任意不规则多面体，应用数字图像技术分析沥青混合料试件内集料的形状发现，任意沥青混合料截面上集料的形状均为多边形，即不规则多面体投影在二维平面中可以设置成多边形。因此在二维平面上进行不规则形状生成时，可以把集料看作是任意多边形，然后在极坐标系统里加以考虑。

多边形可由边数、极角和极半径确定，在极坐标上生成内接不规则多边形，具体方法如下：

①颗粒半径（粒径）的相关计算如式（2.28）所示。

$$r_i = R_1 + (R_2 - R_1)\mu \tag{2.28}$$

式中：r_i——多边形各顶点的半径坐标；

μ——区间（0，1）上的随机数；

R_1——粒径下限，

R_2——粒径上限。

②颗粒的角度计算如式（2.29）所示。

$$\theta_i = \frac{2\pi}{n} + (2\gamma - 1) \times \frac{2\pi}{n} \times \rho \tag{2.29}$$

式中：θ_i——多边形第 i 边的对角坐标；

γ——区间（0，1）上的随机数；

ρ——角度波动值；

n——多边形的边数。

由于随机数字的不可预知性，往往出现多个 θ_i 之和不等于 2π，因此为确保多边形闭合，还需要对各个 θ_i 进行数值修正，如式（2.30）所示。

$$\theta_i^* = \theta_i \times (2\pi / \sum_{i=1}^{n} \theta_i) \tag{2.30}$$

式中：θ_i^* ——修正角度。

其余符号意义同前。

③得到各顶点极坐标 $(r_{i+1}, \alpha + \sum_{j=1}^{i} \theta_j^*)$，其中，$\alpha$ 为多边形颗粒第一半径起始角坐标，为 $[0, 2/\pi]$ 上的随机数。

在极坐标上随机选点，依次连接构成随机不规则的多边形并将落入该多边形区域的颗粒黏结，即可建立随机不规则多边形颗粒簇，完成集料的构建。

二维不规则颗粒簇通常存在两种填充方式：内切圆重叠填充方式和小球连接填充方式。两种方式各有优劣，前者优点在于充分填充每个粗集料所需的球不多，较节省计算时间，且在加载过程中粗集料不会破碎，但对粗集料的棱角性模拟效果较弱；后者优点为能够充分模拟每个粗集料的棱角性效果，然而每个粗集料需填充较多小球，增加计算时间，且加载时，组成集料的小球可能呈现出散碎效果。因此，选择第一种建模方式。

实际中试件的所有集料均存在棱角性，但考虑到平衡模拟精度与计算时间的关系，试件仅针对粒径在 2.36mm 以上的粗集料进行不规则多边形设计。将粒径 0.6～2.36mm 的集料作圆形颗粒表示，粒径小于 0.6mm 的集料统一视为沥青砂浆，均以直径 0.6mm 圆形颗粒表示。在目标试件面积内，先生成具有级配特征的不规则多边形粗集料，随后生成粒径少于 2.36mm 的圆形颗粒，并编写代码检查新生成的单元，判断圆形单元与粗集料单元位置是否重叠，若重叠则删除颗粒单元，否则视为沥青砂浆或细集料单元，以实现对沥青砂浆及细集料的模拟。

（8）集料棱角性对沥青混合料断裂性能的影响

由于集料的形状在二维平面投影下均为不规则多边形，因此通过限定不规则多边形集料的边数可获得不同棱角性的试件，分别设计四边形、四至五边形（随机生成含四边形、五边形两种多边形）、四至六边形、四至七边形、四至八边形五组试件。从数学的角度分析，多边形的边数越多其形状就越接近圆，因此五组试件中棱角性最大的是四边形试件，最小的为四至八边形试件，如图 2.15 和图 2.16 所示为生成的试件。最后对五组试件进行虚拟半圆弯曲试验，得出不同多边形数组成的集料试件的试验数据，分析集料棱角性对沥青混合料断裂性能的影响。

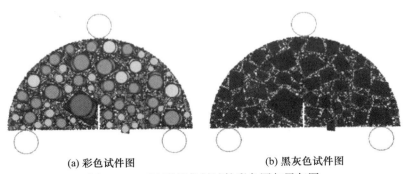

(a) 彩色试件图　　　　　　　　(b) 黑灰色试件图

图 2.15　四边形粗集料试件彩色图与黑灰图

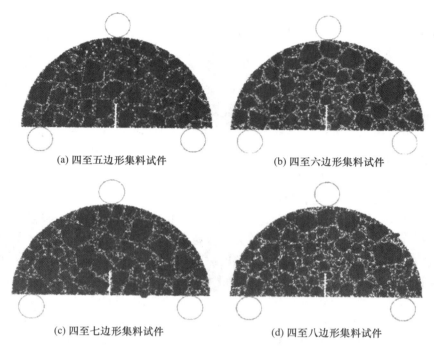

(a) 四至五边形集料试件　　　　　　　(b) 四至六边形集料试件

(c) 四至七边形集料试件　　　　　　　(d) 四至八边形集料试件

图 2.16　除四边形以外的四组多边形粗集料试件黑灰图

　　此处，由于填充方式导致了集料在彩色视觉上难以观察出其多边形，因此把粗集料与细集料统一调成黑色，沥青砂浆设置为灰色，则变成图 2.15（b）中的黑灰图。

　　各试件测试后所得的三项断裂性能指标试验结果如图 2.17～图 2.19 所示，并可得出以下几点结论：

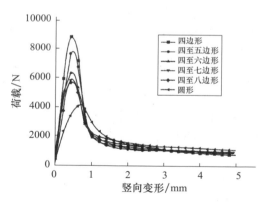

图 2.17　各组试件的荷载-变形曲线

　　①随着试件中不规则粗集料多边形数的增大，试件的抗拉强度呈现出下降的趋势，试件在粗集料统一设置为四边形时抗拉强度最大，达到 5.81MPa，随着不规则粗集料多边形边数的增加，试件的抗拉强度逐渐下降。由于集料的不规则多边形边数的增大表明其形状就越接近圆，即棱角性越小，因此五组试件的抗拉强度表明了棱角性越大的试件，其抗拉强度越高。

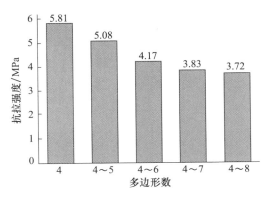

图 2.18　各组试件抗拉强度

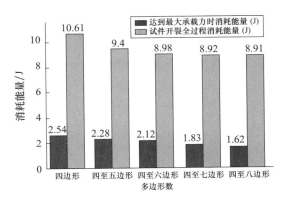

图 2.19　各组试件的两项耗能指标

②随着粗集料不规则多边形边数的增加，试件在受弯拉过程中达到最大承载力时消耗能量也逐渐降低，前三组四边形，四至五边形及四至六边形粗集料试件的达到最大承载力时耗能稳步下降，但当设置到四至七边形粗集料试件时，消耗能量开始加速下降，最终四至八边形粗集料试件的达到最大承载力时耗能降至 1.62J。对比结果表明棱角性越大的试件，其达到最大承载力时需要消耗的能量越高。

③试件开裂全过程消耗能量变化趋势与达到最大承载力时消耗能量的变化趋势一致，随着棱角性的下降呈现减小的趋势。此外，与此前的圆形颗粒集料试件结果对比，四至七边形与四至八边形的结果非常接近，三者的试件开裂总能量消耗均约 8.9J。值得注意的是，圆形集料试件的试验曲线与不规则多边形集料试件的试验曲线发展趋势有较大差异，达到最大承载力时耗能与抗拉强度也存在较大差异，表明在细观参数一致的情况下，集料形状的变化对试验曲线的变化有较大的影响。

通过上述的分析可知，粗集料的形状及棱角性能直接影响沥青混合料的断裂性能且棱角性越大越有利于提高混合料的抗裂性能。出现该现象的原因可能是沥青混合料的开裂往往是沿着粗集料的边缘进行演变，当粗集料的棱角性增大，集料的不规则形状会导致试件开裂时，开裂路径受形状的棱角影响而增长了距离，也就需要消耗更多的能量，对断裂应力的抵抗作用也增大。因此在进行抗裂型沥青混合料设计时，应尽可能地选取棱角性大的粗集料进行使用。此外，前文也提到现实中在二维平面投影下集料的不规则多边形的边数少则为 4，最多甚至能达到 10。因此后续的虚拟试验选择以四至八边形的粗集料进行建模，较符合现实中集料的不规则多边形形状。

（9）粗集料含量对沥青混合料断裂性能的影响

大量研究表明，粗集料的含量直接影响沥青混合料的宏观力学性能，沥青混合料的断裂性能也不例外。以 AC-20 型级配沥青混合料为基础，研究级配对断裂性能的影响。根据 AC-20 级配限定范围的上、下限（表 2.3），按五等分的方式设计五种类型的 AC-20 级配见表 2.4，级配曲线如图 2.20 所示。

表 2.3　AC-20 各档通过筛孔的百分率用量范围

26.5	19	16	13.2	9.5	4.75	2.36	1.18	0.6	0.3	0.15	0.075
100	90～100	74～92	62～82	50～72	26～56	16～44	12～33	8～24	5～17	4～13	3～7

表 2.4   根据通过率上下限设计出的五组 AC-20 级配   %

AC-20 类型	通过筛孔（mm）百分率											
	26.5	19	16	13.2	9.5	4.75	2.36	1.18	0.6	0.3	0.15	0.075
1	100	90	74	62	50	26	16	12	8	5	4	3
2	100	92.5	78.5	67	55.5	33.5	23	17.25	12	8	6.25	4
3	100	95	83	72	61	41	30	22.5	16	11	8.5	5
4	100	97.5	87.5	77	66.5	48.5	37	27.75	20	14	10.75	6
5	100	100	92	82	72	56	44	33	24	17	13	7

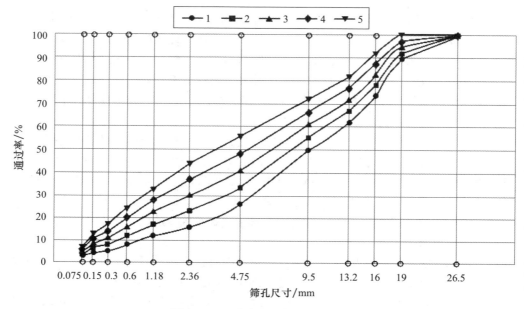

图 2.20   五种类型 AC-20 级配曲线

从级配曲线可看出，五组级配中第 1 组是规范规定的级配下限，第 3 组则为规范规定的级配中值，第 5 组为级配上限，其余的第 2 组与第 4 组则分别属于级配的偏下限与级配的偏上限，五组级配的粗集料含量见表 2.5。根据五组不同级配生成试件并进行虚拟断裂试验，得到不同粗集料含量时沥青混合料试件的耗能指标与抗拉强度数据，如图 2.21～图 2.23 所示，并可得出以下几点结论：

表 2.5   五组级配的粗集料含量

AC-20 级配类型	粗集料含量（>4.75mm）
1	74
2	66.5
3	59
4	51.5
5	44

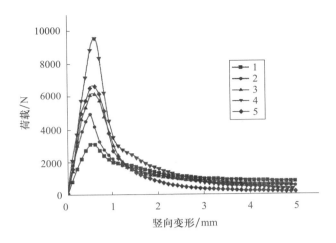

图 2.21　各组试件的荷载-变形曲线

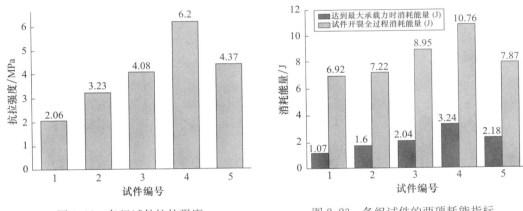

图 2.22　各组试件抗拉强度　　　　图 2.23　各组试件的两项耗能指标

①随着粗集料含量的减少,试件的抗拉强度呈先增后降的变化趋势,粗集料含量为51.5%的第 4 组试件的抗拉强度最大,达到 6.20MPa,随后粗集料含量继续下降,试件的抗拉强度反而减小,粗集料含量最少的第 5 组试件抗拉强度降为 4.37MPa,但仍高于粗集料含量≥59.0%的其余三组试件。

②两项耗能指标的变化趋势与抗拉强度变化趋势一致,随着粗集料含量减少,试件的达到最大承载力时消耗能量、开裂全过程消耗能量也呈先增后减的变化趋势,但差距幅度较抗拉强度小。

③尽管较多研究表示粗集料含量减少,试件的抗拉强度必然增大,从而确定粗集料含量的减少有利于提升沥青混合料的抗裂性能。然而,从虚拟试验结果发现却并非如此,五组试件的抗拉强度、耗能变化趋势表明粗集料含量必然存在一个临界值,使得当粗集料含量的减少超过该值时抗拉强度及耗能并不会增大反而开始减小,存在一个合理的粗集料含量范围使得抗拉强度或耗能达到最大值。

④此外,从五组试件的荷载-变形曲线中可以发现,试件的粗集料含量越少,荷载-变形曲线在达到极限荷载后(试件破坏),荷载值衰减速率越快,并在加载接近结束时,同加载

阶段的荷载值也普遍低于粗集料含量多的试件。即使是各项断裂性能指标最高的 4 号试件也符合这一变化规律，当加载至变形超过 3mm 后，所有试件遵循粗集料含量越少荷载值越低的规律。

上述变化表明，粗集料含量与沥青混合料抗裂性能的关系并非单一的线性递增或递减，两者间的关系更接近于呈现出有增有减的抛物线关系。该现象的发生，是由于当粗集料含量较多时，细集料及沥青砂浆在试件中所占比例较少，由细集料与砂浆形成的胶结料无法全方位包裹在所有粗集料的表面上，使得试件内部分粗集料与粗集料之间的界面无法形成有效黏结。考虑到在受拉的作用下，将各个粗集料连接在一起呈现黏结作用的胶结料将会起更重要的作用，试件内若存在部分粗集料之间界面无黏结作用，则在受拉过程中更容易破坏。同时，由于粗集料间的黏结强度不足，沿着粗集料与胶结料界面断裂的开裂路径所遇到的阻力会降低，裂缝开裂过程中所需要消耗的能量也会降低。在这种情况下，相应减少粗集料含量有利于提升混合料的抗裂性能。当粗集料的含量降至较低时，此时由细集料及沥青砂浆形成的胶结料在试件中所占比例较大，由于缺少粗集料，难以形成坚固的骨架结构，同时由于胶结料含量过多使得试件的刚度较低，在荷载作用下试件极易产生变形破坏，因而抗拉强度减小。此外，粗集料含量的减少也不利于阻碍裂缝的发展。当试件出现破裂后，随着加载的继续进行，裂缝会开始扩展，由于裂缝沿着粗集料边缘进行，此时若试件中粗集料较多，即大粒径集料较多，则裂缝开裂路径会变相增大，扩展受到的阻碍变大，所需消耗的能量也增大。

从如图 2.21 所示的荷载曲线变化规律中可发现，即使是各项断裂性能指标最高的 4 号试件，在其加荷载曲线达到极值后，荷载值快速衰减，最终低于其余各组粗集料含量较高的试件。

因此，沥青混合料出现开裂破坏后，粗集料能起到减缓试件的荷载值衰减速度，增大裂缝开裂能耗的作用。这一特性也是仅以抗拉强度作评价指标的传统评价方式难以发现的，实际上抗拉强度大小的影响只属于沥青混合料断裂性能的一部分，对于断裂性能的分析，不能单纯从抗拉强度去分析，还需结合能量的角度去对沥青混合料的断裂全过程进行研究。

综上所述，粗集料含量与试件的断裂性能评价指标呈现抛物线的变化关系，因此，可根据粗集料含量与各断裂性能指标绘制出散点图并进行曲线拟合，如图 2.24 所示。然后再根据曲线拟合后的函数关系式，即可求取函数式的极值，获得 AC-20 级配在各项断裂性能评价指标最大值时的粗集料含量。

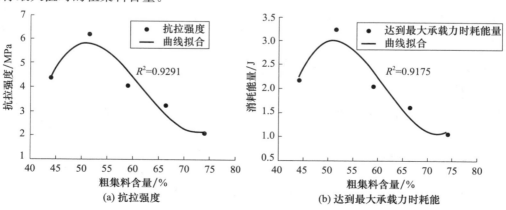

(a) 抗拉强度　　　　　　　　(b) 达到最大承载力时耗能

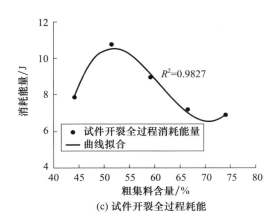

图 2.24　粗集料含量与断裂性能指标的关系
R^2—函数式的相关系数

粗集料含量（Y）与抗拉强度（X）多次项函数关系如式（2.31）所示。

$$Y = 7.1704E - 4X^3 - 1.3292E - X^2 + 7.9584X - 1.4945E + 2 \tag{2.31}$$

式中：Y——粗集料含量，%；

　　　E——试件的粗集料修正不均匀系数；

　　　X——抗拉强度，MPa。

粗集料含量与抗拉强度多次项函数关系如式（2.32）所示。

$$Y = 4.286E - 4X^3 - 7.8943E - 2X^2 + 4.7055X - 8.8486E + 1 \tag{2.32}$$

式（2.32）中符号意义同前。

粗集料含量与试件开裂全过程消耗能量多次项函数关系如式（2.33）所示。

$$Y = 1.2109E - 3X^3 - 2.2232E - X^2 + 1.3285X - 2.2935E + 2 \tag{2.33}$$

式（2.33）中符号意义同前。

值得注意的是，拟合得到的多次项函数式系数应尽量保留 4 位有效数字，否则会导致最终计算最值的结果差异较大。根据曲线拟合的结果，3 条多次项函数式的相关系数均大于 0.9，因此粗集料含量与三项评价指标的抛物线关系相关程度较高。

对式（2.31）～式（2.33）求导并计算极值，结果为当粗集料含量在 50.90% 时，AC-20 级配沥青混合料的抗拉强度有最高值；当粗集料含量在 50.93% 时，AC-20 级配沥青混合料的达到最大承载力时消耗能量有最高值；当粗集料含量在 51.79% 时，AC-20 级配沥青混合料的试件开裂全过程消耗能量有最高值。

尽管从三项评价指标的函数式计算出的三个最佳粗集料含量不完全一致，但均代表了各自的断裂性能含义。抗拉强度是根据试件的极限荷载进行计算，达到最大承载力时消耗能量则是由两个因素决定，一为极限荷载大小，另一个为达到最大荷载的竖向变形（加载变形量），变形量越大，越有利于达到最大承载力时耗能的增大。因此达到最大荷载时耗能与抗拉强度这两项指标又有着一定的关联性，主要描述的是试件开裂前的抵抗强度或达到开裂条件所需耗能。试件开裂全过程消耗能量则表征试件从开裂到完全破坏的整个过程，能代表试件的完整开裂性能，也能反映出试件在开裂后持续抵抗裂缝扩展的能力，因此三者均能在不同程度上表征沥青混合料的断裂性能。综合考虑三项指标的计算结果，最终 AC-20 级配最佳抗裂性能的粗集料含量取值范围为 $50.90\%\sim51.79\%$。

（10）集料的比表面积对沥青混合料断裂性能的影响

此外，级配组成上的变化也会引起沥青膜厚度的变化。沥青膜厚度对沥青混合料的断裂性能也有着直接联系，而常用推荐的最小的沥青膜厚度为 $6\sim8\mu m$。我国的《公路沥青路面施工技术规范》（JTG F 40—2004）也给出了沥青混合料的沥青膜厚度计算方式，如式（2.34）所示。

$$DA=\frac{P_{be}}{Y_b\times SA}\times 10 \tag{2.34}$$

式中：SA——集料的比表面积，m^2/kg；

$\quad\quad P_{be}$——有效沥青含量，$\%$；

$\quad\quad Y_b$——沥青的相对密度（25℃/25℃），无量纲；

$\quad\quad DA$——沥青膜有效厚度，μm。

实际上，对于不同沥青混合料，如果使用的集料与沥青一致，除非不同级配间的沥青含量差距较大，否则计算得出的有效沥青含量差距不大，此时，沥青膜厚度大小主要取决于比表面积的数值。因此，有必要分析比表面积对沥青混合料断裂性能的影响。

美国沥青协会提供的集料的比表面积 SA 计算公式，如式（2.35）所示。

$$SA=\sum\left(p_i\times FA_i\right) \tag{2.35}$$

式中：SA——集料的比表面积，m^2/kg；

$\quad\quad p_i$——各种粒径的通过百分率，$\%$；

$\quad\quad FA_i$——各种粒径集料的表面积系数，见表 2.6。

表 2.6　不同粒径集料表面积系数

AC-20 类型	通过筛孔尺寸（mm）百分率（%）										
	26.5	19	16	13.2	9.5	4.75	2.36	1.18	0.6	0.3	0.15	0.075
表面积系数	0.0041	—	—	—	—	0.0041	0.0082	0.0164	0.0287	0.0614	0.1229	0.3277

该表面积系数及比表面积计算方法是由加拿大工程师爱德华兹假定集料为球形，且每一个集料均需要有一个最优的油膜厚度的状态下所建立的。由于该计算方式的表面积系数是将集料视为球形的状态下推导的，且将粒径大于 4.75mm 集料的表面积系数均取相同值，存在一定不足，因此大量学者在此基础上不断提出新的比表面积计算方法。

考虑到此处采用虚拟试验作先行性理论研究，并不局限于某一类的集料，因此实测集料参数计算比表面积的方法均不合适。此外，尽管提出的各种比表面积计算方法计算所得结果与规范提供的比表面积计算结果存在一定误差，但误差不大。美国沥青协会提供的计算比表面积经验公式多年来得到了普遍的验证及认可，更具代表性与泛用性。

根据美国沥青协会提供的集料的比表面积计算公式，计算五组不同粗集料含量 AC-20 级配的比表面积大小见表 2.7。从计算结果可以发现，细集料含量较多的试件，其比表面积也越大。

表 2.7　五组不同粗集料含量 AC-20 级配的比表面积

AC-20 级配类型	比表面积 $SA/$（m^2/kg）
1	2.86
2	3.93
3	5.01
4	6.09
5	7.17

　　为了探索比表面积与沥青混合料断裂性能之间的关系，根据各级配的比表面积与断裂性能指标绘制出散点图，如图 2.25 所示。从图中可发现，随着比表面积的增大，各断裂性能指标也呈先增后减的变化趋势。同样，再对试验数据进行曲线拟合可知比表面积与试件的断裂性能也呈现抛物线的相关关系，因此，根据各曲线拟合后的函数关系式可计算 AC-20 级配在各项断裂性能评价指标最大值时的比表面积。

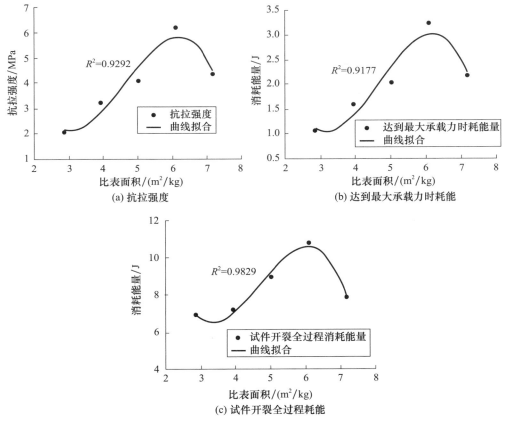

图 2.25　比表面积与断裂性能指标的关系

R^2—相关系数

　　比表面积与抗拉强度多次项函数关系如式（2.36）所示。

$$Y = -2.4086E - X^3 + 3.3313X^2 - 1.3586E + X + 1.9399E + 1 \tag{2.36}$$

式中：Y——粗集料含量；

E——试件的粗集料修正不均匀系数；

X——抗拉强度。

比表面积与达到最大承载力时消耗能量多次项函数关系如式（2.37）所示。

$$Y=-1.4409E-X^3+2.0181X^2-8.4438X+1.2138E+1 \tag{2.37}$$

式（2.37）中符号意义同前。

比表面积与试件开裂全过程消耗能量多次项函数关系如式（2.38）所示。

$$Y=-4.0699E-X^3+5.7337X^2-2.4691E+X+4.0208E+1 \tag{2.38}$$

式（2.38）中符号意义同前。

对上述三个函数式求导并计算极值，结果为：当比表面积为 $6.175\mathrm{m}^2/\mathrm{kg}$ 时，AC-20 级配沥青混合料的抗拉强度有最高值；当比表面积为 $6.172\mathrm{m}^2/\mathrm{kg}$ 时，AC-20 级配沥青混合料的达到最大承载力时消耗能量有最高值；当比表面积为 $6.050\mathrm{m}^2/\mathrm{kg}$ 时，AC-20 级配沥青混合料的试件开裂全过程消耗能量有最高值。因此，计算得到 AC-20 级配最佳抗裂性能的比表面积取值范围为 $6.050\sim6.175\mathrm{m}^2/\mathrm{kg}$。

由上述的分析可知，粗集料的含量直接影响着沥青混合料的断裂性能，且粗集料的含量过多或过少均不利于沥青混合料的抗裂性能。通过计算可以确定存在一个极值范围使得当沥青混合料的粗集料含量在该范围内能达到最佳的抗裂性能效果。同理，由于各级配的粗集料含量不一致，使得各试件比表面积也不一致，因此可分析出不同比表面积与断裂性能之间的关系，即随着比表面积的增大，沥青混合料的断裂性能指标也呈先增后减的变化趋势，并在通过计算后确定一个在相同级配类型下有最佳抗裂性能效果的比表面积取值范围。考虑到此次虚拟试验选用的 AC-20 级配变化范围是从规范中设计的，因此上述计算方式获取的 AC-20 级配抗裂性能最佳粗集料含量与比表面积存在一定的推广意义。即在工程实践中，可以在级配设计前通过该方法计算出最佳抗裂性能粗集料含量与比表面积，随后再根据两个数值设计出抗裂功能型沥青混合料级配。

（11）粗集料空间分布对沥青混合料断裂性能的影响

在实际工程中，粗集料在沥青混合料中的空间分布是难以控制的，然而混合料的宏观性能又与粗集料在试件内的空间分布息息相关。若借助数值模拟软件则能通过指令实现控制粗集料在试件内改变分布位置这一目的。可从数理角度去分析粗集料空间分布的影响，即以粗集料在试件内的空间分布均匀性去分析其对沥青混合料断裂性能的影响。

选用表 2.1 中的 AC-20 级配各档沥青混合料，并将半圆形二维数字试件以圆心为中心划分为四个面积相同的区域。

每一档的粗集料分布均匀性，可选择以每个区域内该一档粗集料的个数（若粗集料横跨两个区域则将其划归于面积较大的区域）与该档粗集料在四个区域内平均个数差异来表征，即采用标准差与平均值的比作为该档集料在区域中的均匀性评价指标，称为该档集料的修正不均匀系数，如式（2.39）所示。

$$S_i=\frac{1}{n_i}\sqrt{\frac{\sum_{i=1}^{4}(n_{ij}-\overline{n}_i)^2}{n-1}} \tag{2.39}$$

式中：S_i——第 i 档粗集料的修正不均匀系数；

$\overline{n}_i$——第 i 档粗集料在四个区域内的平均个数；

n_{ij}——第 i 档粗集料在试件内等面积的第 j 个区域所获取的数量；

n——样本数；

n_i——第 i 档粗集料在四个区域内的个数。

计算得到各档集料分布的修正不均匀系数后，采用加权平均法计算每一个试件内所有集料分布的修正不均匀系数，如式（2.40）所示。

$$E=\frac{\sum\limits_{i=1}^{5}n_i s_i}{\sum\limits_{i=1}^{5}n_i} \tag{2.40}$$

式中：E——试件的粗集料修正不均匀系数，修正不均匀系数的数值越大，则表示粗集料的分布越不均匀。

其余符号意义同前。

通过修改代码中的随机数，能够生成同一级配粗集料不同生成位置的试件。下面选取了四组相同粗集料数量且各档粗集料比例一样的二维数字试件进行对比。通过计算可得各组试件的修正不均匀系数见表2.8～表2.11，试验结果如图2.26～图2.29所示，并可得出以下两点结论。

表 2.8　第 1 组试件的修正不均匀系数

粗集料粒径/mm	各区域内集料个数/个				总数/个	修正不均匀系数	试件不均匀系数
	1	2	3	4			
19～26.5	0	0	0	1	1	2	
16～19	1	1	1	0	3	0.667	
13.2～16	2	4	1	3	7	0.547	0.482
9.5～13.2	6	3	3	2	14	0.495	
4.75～9.5	5	13	9	7	34	0.402	

表 2.9　第 2 组试件的修正不均匀系数

粗集料粒径/mm	各区域内集料个数/个				总数/个	修正不均匀系数	试件不均匀系数
	1	2	3	4			
19～26.5	0	0	1	0	1	2	
16～19	1	2	1	0	3	1.277	
13.2～16	1	2	2	2	7	0.286	0.451
9.5～13.2	4	2	4	4	14	0.286	
4.75～9.5	7	11	12	4	34	0.435	

表 2.10　第 3 组试件的修正不均匀系数

粗集料粒径/mm	各区域内集料个数/个				总数/个	修正不均匀系数	试件不均匀系数
	1	2	3	4			
19～26.5	0	1	0	0	1	2	
16～19	1	0	1	1	3	0.667	
13.2～16	0	3	2	2	7	0.719	0.508
9.5～13.2	1	3	5	5	14	0.547	
4.75～9.5	6	9	13	6	34	0.390	

表 2.11 第 4 组试件的修正不均匀系数

粗集料粒径/mm	各区域内集料个数/个				总数/个	修正不均匀系数	试件不均匀系数
	1	2	3	4			
19～26.5	0	0	0	1	1	2	
16～19	2	1	0	0	3	1.277	
13.2～16	3	0	1	3	7	0.857	0.534
9.5～13.2	5	3	1	5	14	0.547	
4.75～9.5	12	6	10	6	34	0.353	

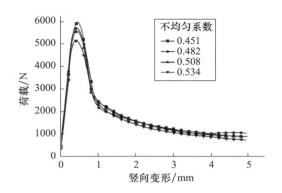

图 2.26 不均匀系数试件的荷载-变形曲线

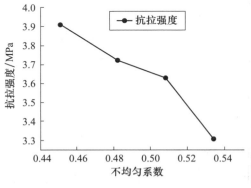

图 2.27 不均匀系数试件抗拉强度

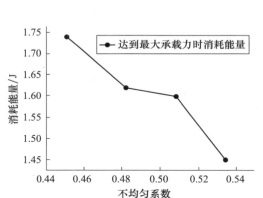

图 2.28 不均匀系数试件最大承载力时耗能

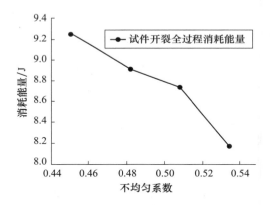

图 2.29 不均匀系数试件开裂全过程耗能

①随着试件的不均匀系数变大，试件的抗拉强度、达到最大承载力时消耗能量、试件开裂全过程消耗能量三项指标均呈现逐渐减小的趋势，试验结果表明粗集料的分布均匀与否对沥青混合料的断裂性能能造成影响，且粗集料的均匀分布有利于混合料抗裂性能的提高。

②尽管粗集料分布均匀性对沥青混合料的抗裂性能有影响，但从数据上看其对试件的抗裂性能的影响不如此前几组粗集料细观特性的效果明显，不均匀系数最低的第 2 组试件与不均匀系数最高的第 4 组试件三项指标相比，抗拉强度提升了 18%，达到最大承载力时耗能提升了 20%，试件开裂全过程耗能仅提升了 13%，表明尽管粗集料的分布均匀性能影响试件的抗裂性能，但是其影响作用不如此前的其他粗集料细观特征大。

综上所述，粗集料在试件中的分布均匀性同样影响沥青混合料的断裂性能，且粗集料在试件中分布得越均匀越有利于提高试件的抗裂性能。对于这一现象，分析认为可能是如果粗集料在试件中分布不均匀，则其容易出现某局部区域内粗集料含量的提升，使得该区域内沥青砂浆胶结料的减少，无法完全覆盖在粗集料的表面，导致该局部区域内黏结强度下降，影响整体试件的抗裂性能。因此在工程实践中，沥青面层施工过程中应采取装料和上料方式、增加搅拌时间等措施，确保混合料的均匀性，尽可能地使各档粗集料均匀分布在试件的各个区域。

2.3.3　长寿命环保型沥青路面施工技术

1）SBS 改性沥青特性的沥青路面施工技术

SBS 是以苯乙烯、丁二烯为单体的三嵌段共聚物，兼有塑料和橡胶的特性，其高低温等性能较为全面、疲劳性能好，是我国沥青路面的主流改性技术。采用湿法工艺预先制备 SBS 改性沥青存在无法克服的热力学不稳定、容易变质的技术缺陷，且市场上"低质低价"的无序竞争也严重侵害着行业健康发展。交通运输部 2014 年行业监督抽查表明，全国改性沥青平均合格率仅为 66.7%。由于改性沥青质量问题导致的短命工程频频出现，成为行业技术管理的痛点和难点。

（1）短链星型 SBS 速熔技术

在多年外加剂研究经验上，采用短链星型 SBS 速熔化等技术将 SBS 熔融速度提高约 100 倍，开发了新一代干法 SBS 改性剂（SBS-T），可直投于拌和站，SBS-T 与集料和基质沥青在短时间拌和过程中快速熔融、达到微米级分散，充分发挥 SBS 改性效果，直接拌和成为性能优良的 SBS 改性沥青混合料，干法 SBS 改性剂投放及混合料生产如图 2.30 所示。

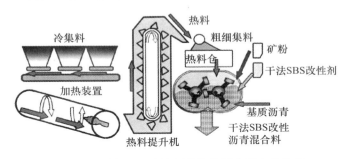

图 2.30　干法 SBS 改性剂投放及混合料生产示意

（2）干法 SBS 施工技术

干法 SBS 改性剂应直接投入沥青拌和站使用。投放优选机械自动输送投料方式。为做好其应用施工保障，科研人员研发了全自动、高速度、高精度的新一代颗粒投料机，并可实现外加剂投放和拌和楼信息采集一体化，随时随地远程监控改性剂和配合比数据，特殊路段可实现性能指标定制化。

（3）干法 SBS 技术性能

干法 SBS 改性沥青需满足《公路沥青路面施工技术规范》（JTG F40—2004）对 SBS 改性沥青及改性沥青混合料的各项要求、性能指标优良、PG82-28 性能等级。干法 SBS 更为重要的技术优势体现在让 SBS 在熔融改性后的性能高点时立即拌和、摊铺混合料，而不是湿法工艺的性能衰减中被动使用。干法 SBS 与湿法 SBS 改性沥青储存性能对比如图 2.31 所示。

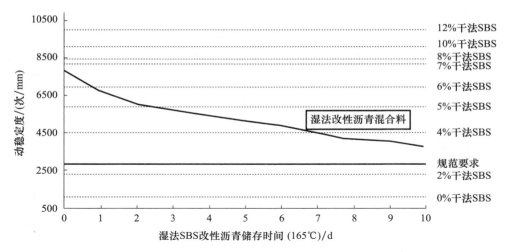

图 2.31　干法 SBS 与湿法 SBS 改性沥青储存性能对比

（4）干法 SBS 质量指标

将基质沥青、改性剂的品质和用量透明化，以混合料各种路用性能为更终极的质控导向，而非传统 SBS 改性沥青指标合格即完成交接。干法 SBS 与湿法 SBS 改性沥青质量指标对比见表 2.12。

表 2.12　干法 SBS 与湿法 SBS 改性沥青质量指标对比

分类	项目		湿法成品 SBS 改性沥青	干法 SBS 改性
质量检验	原材料	SBS 改性剂	不易控制	进场一次性核验
		基质沥青	不易控制	源头控制：大厂直供保证品质；抽检简便
	SBS 改性沥青		按批检投入大、落实难	不存在
使用管理	SBS 用量		厂家可能偷减	全过程严密监控
			与基质沥青混用	
	储存管理		储存离析	不存在
			受热降解、性能衰减	不存在
			沥青和改性剂高温储存容易老化	改性剂不老化，沥青低温储存减少老化
质控目标			以到场改性沥青指标合格为目标	以混合料路用性能优良为目标

（5）干法 SBS 适应性

干法 SBS 技术让道路工程的个性化需求得到很好地满足和实现。车辙易发路段，如交叉口、长上坡、公交车道等，可通过调节用量增强性能。养护工程、工期过边或小规模使用改性沥青项目，无储存编制，机动灵活。部分基质沥青进行 SBS 改性存在离析严重等缺陷，干法 SBS 则无相容性问题。偏远地区或海外项目，运距较远导致储存变质风险加大，且当地建厂不便。

2）基于环保和安全性能驱动的大比例固废沥青路面施工技术

我国广泛采用半刚性基层沥青路面，其设计使用寿命为 10~15 年，但每年有大量的道路需要大、中修养护，将会产生数以万吨计的废旧沥青路面材料，如何有效利用这些废料是亟待解决的问题。沥青路面材料再生利用技术的出现，为解决这一难题开辟了新的道路。该技术是将需要翻修和废弃的沥青路面，经过翻挖、回收、就地或集中破碎和筛分，再和新集料、新沥青适当配比，重新拌和成为具有良好路用性能的再生沥青混合料，用于铺筑沥青面层和基层的一整套工艺技术。

大比例废旧沥青混合料再生利用技术将旧料再生掺配率由 15％提高到 50％。废旧半刚性基层再生利用技术促使基层利用率高达 100％，性能满足相关规范要求。

（1）沥青路面厂拌再生技术

沥青路面再生技术就是将旧沥青路面经过路面再生专用设备的翻挖、回收、加热、破碎、筛分后，与再生剂、新沥青、新集料等按一定比例重新拌和成混合料，满足一定的路用性能并重新铺筑于路面的一整套工艺。随着对该技术研究的逐渐深入以及沥青路面病害的日趋严重，沥青路面再生技术得到越来越广泛的应用。实践证明，沥青路面再生技术是响应国家提出的"低碳经济""循环经济"和"保护环境"政策的一项具体内容，符合交通运输部提出的"资源节约、环境友好"的交通发展模式，在我国现阶段具有重要的实际意义。

沥青路面厂拌再生分为厂拌冷再生和厂拌热再生，其节能原理如下。

厂拌冷再生技术是采用乳化或发泡的方法降低沥青黏度，在常温下与 RAP（Reclaimed AspHalt Pavement，再生沥青混合料）、新集料拌和成混合料，再经摊铺、压实而成沥青面层或基层的施工方法。其特点是可 100％利用 RAP，不需要加热，因此可节约大量的燃油，同时 RAP 利用可减少新集料的开采、加工和运输过程中的能耗。

厂拌热再生技术是将破碎、筛分后的 RAP 按设计配比混合，加热到 130～150℃，加入再生剂，再与适当配比的新集料、新沥青重新拌和成为再生混合料。再生混合料的路用性能可达到新拌沥青混合料的标准。厂拌热再生混合料虽然需要加热，但是利用 RAP 可减少新集料的开采、加工和运输的能耗。

①大比例热再生技术

大比例热再生技术是通过温拌再生的方式，提高旧料添加比例，降低混合料生产温度。与相同级配及油石比的常规热拌沥青混合料比，大比例热再生沥青混合料可以循环利用废旧沥青路面材料比例为 35％～45％，可以有效降低新砂石料的用量及新沥青的用量，节省购买新砂石及新沥青所需的材料费，由此减少新砂石的开采、加工及运输所带来的能耗及排放，降低新沥青的生产所带来的能耗及排放。通过温拌再生的方式，有效降低再生混合料生产及施工温度，由此减少因加热所需的燃油消耗，并减少排放。

②大比例乳化沥青冷再生技术

大比例乳化沥青冷再生技术可以 100％利用废旧沥青路面材料。与相同级配及油石比的常规热拌沥青混合料比，大比例乳化沥青冷再生沥青混合料可以有效降低新砂石料的用量，节约购买新砂石料所需的材料费，由此节约新砂石的开采、加工及运输所带来的能耗及排放。乳化沥青冷再生常温生产、常温施工，无须对砂石料进行加热，节省因加热所需的燃油消耗。由于生产及施工均在常温下进行，因此几乎不产生有害气体，真正做到零剩余、零排放。在旧料分级、精细化管理的基础上，将冷、热再生两种技术合理应用，可以实现二者的优势互补，真正做到物尽其用，减少对环境污染及环境破坏，节省材料费用。

（2）大比例热再生沥青混凝土材料设计

为了提高热再生沥青中旧料的添加比例，并保证大比例热再生混合料性能优良，可采用温拌的方式，在不影响材料性能的前提下，降低生产及施工温度，从而大幅提高旧料添加比例。具体步骤如下。

①需要对大比例热再生胶结料进行研究，保证再生胶结料性能合格。

②选取旧料掺量为 50％、45％，采用常规配合比设计方法，对大比例热再生沥青混合料进行材料设计及路用性能验证，以期基于现有配合比设计方法。

③明确性能优良的大比例热再生沥青混凝土的可行性及适用性，进行大比例热再生沥青混凝土的实体工程铺筑。

为了保证大比例热再生沥青混凝土具有优良的性能，需要对所设计的再生沥青混合料进行性能验证，包括组合结构室内加速加载车辙研究、汉堡车辙研究，低温性能研究及疲劳性能研究。全面比较大比例热再生混凝土与普通热再生混凝土的长期性能差异，为大比例热再生混凝土的推广应用提供数据支持。

（3）废旧半刚性基层再生利用技术

①废旧胎粉沥青的形成机理

废旧胎粉沥青的形成机理可以解释为胶粉与基质沥青在高温条件下（180℃以上）混合后，胶粉颗粒扩散到沥青中，同时发生物理和化学两种反应，其中胶粉颗粒吸收沥青中的油分而溶胀，体积增大，并在一定程度上发生脱硫反应，胶粉颗粒变得疏松而柔软，恢复一定的塑性和黏性，表面形成凝胶体。但胶粉颗粒核心仍然存在，该颗粒核心与基质沥青分子通过凝胶体相连，在胶结料中形成连续相体系，并形成网状结构。因此废旧胎粉沥青与普通沥青和其他改性沥青的最大区别：即使在 200℃ 左右的高温条件下前者仍保持固-液两相的性质，废旧胎粉沥青体现出较其他品种沥青更加良好的性能。

②废旧胎粉沥青性能特点

目前，国际上普遍认为废旧胎粉沥青是一种最均衡的综合改性沥青，采用胶粉改性的沥青，具有良好的高低温稳定性、抗老化性能以及抗疲劳性能。归纳起来，废旧胎粉沥青的主要优点是黏度高、优良的弹性恢复性能、抗老化和抗氧化性能改善、良好的高低温性能。

a. 黏度高。废旧胎粉沥青的最大特点就是黏度高，黏度也是控制废旧胎粉沥青质量的最重要指标。沥青混合料是一个各种矿质集料分散在沥青中的分散体系，其抗剪强度与分散相的浓度和分散介质黏度有着密切的关系。在其他条件不变的条件下，沥青混合料的黏聚力是随着沥青黏度的提高而增加的，所以沥青混合料受到剪切作用时，特别是受到短暂的瞬时荷载时，具有高黏度的沥青能赋予沥青混合料较大的黏滞阻力，因而具有较高抗剪强度，同时还有利于加强沥青与集料的黏结，因此在其他条件不变的情况下，黏度提高能够提高废旧胎粉沥青混凝土路面高温时抗车辙变形的能力。但黏度过高，则会造成混合料生产和路面铺筑施工困难，因此黏度要有一个合理的范围，废旧胎粉沥青 190℃ 旋转黏度控制在 1.5～5Pa·s。

b. 优良的弹性恢复性能。由于胶粉颗粒的存在，经胶粉改性后的沥青弹性恢复性能好，路面在荷载作用下产生的变形能在荷载通过后迅速恢复，留下残余变形将会很小，既有利于延长寿命，同时弹性增加也加大面层的摩阻力，提高道路的安全性能。现有试验数据表明，废旧胎粉沥青 25℃ 的弹性恢复率普遍大于 80％，大大优于普通沥青甚至某些改性沥青。

c. 抗老化和抗氧化性能改善。由于汽车轮胎在生产过程中，其橡胶中含有抗氧化剂成分，因此废旧胎粉沥青结合料具有良好的抗老化和抗氧化能力。对于废旧胎粉沥青混合料，一方面由于废旧胎粉沥青本身优良的抗老化和抗氧化能力，另一方面由于胶粉与基质沥青发生的主要是物理反应，因此废旧胎粉沥青成品中存在一定含量的胶粉颗粒，这些胶粉颗粒能够吸附和吸收一定量的基质沥青中的油分，可以在保证沥青混合料高温稳定性的前提下，提高废旧胎粉沥青混合料中的结合料含量，使集料表面裹覆的油膜厚度增加，从而增强了混合料抗老化和抗氧化能力以及水稳定性。

d. 良好的高低温性能。黏度是反映沥青结合料高温稳定性的一个重要指标，软化点也是反映沥青材料热稳定性的指标之一，软化点高说明沥青材料的热稳定性好。试验表明，基质沥青经胶粉改性后，软化点一般可以达到 60℃ 以上，较普通沥青大幅度提高。一方面，由于废旧胎粉沥青的高黏度、高软化点以及良好的弹性恢复能力，在进行良好的配合比设计的前提下，采用废旧胎粉沥青混合料具有良好的高温稳定性。另一方面，废旧胎粉沥青具有良好的低温稳定性，研究表明，废旧胎粉沥青在 −18℃ 时的拉伸劲度模量要比基质沥青小 20%～88%，即在低温条件下，废旧胎粉沥青的柔性优于基质沥青，低温抗裂能力增强。

（4）废旧胎粉沥青性能的影响因素

废旧胎粉沥青具有多方面的优点，但要想最大限度发挥废旧胎粉沥青的优点，就必须对废旧胎粉沥青的生产过程进行严格控制，包括材料的选择、生产工艺的控制等。为了确保废旧胎粉沥青试验路的成功铺筑，需要开展大量的废旧胎粉沥青试验工作，包括不同胶粉规格、不同反应时间、不同胶粉掺量、不同反应温度等。作者参与的某项目所用基质沥青为山东某道路石油沥青，同时添加某进口专用废旧胎粉沥青添加剂，掺加剂量为废旧胎粉沥青的 2%，路用橡胶粉的物理化学指标见表 2.13、表 2.14。

表 2.13　路用橡胶粉的物理技术指标

项目	相对密度	水分	金属含量	纤维含量
单位	—	%	%	%
技术标准	1.10～1.30	<1	<0.01	<1
检测结果	1.21	0.27	0.002	0

表 2.14　路用橡胶粉的化学技术指标

检测项目	灰分/ %，≤	天然橡胶含量/ %，≥	丙酮抽出物/ %，≤	炭黑含量/ %，≥	橡胶烃含量/ %，≥
技术标准	8	30	22	28	42
试验方法	GB 4498		GB/T 3516	GB/T 14837	GB/T 14837
检测结果	6.62		10.02	32.86	51.42

3）建筑垃圾大比例再生利用技术

建筑垃圾大比例再生利用技术将建筑垃圾用于路面基层、垫层和路基，基于此可提出大比例固废沥青路面的设计方法和路面结构的选择方式，进行比较分析后选择进行最优施工。

建筑垃圾可以是被拆除的混凝土结构、废弃混凝土、生产线上不合格的混凝土产品、破碎的路面和砖块、金属、玻璃、陶瓷、塑料、木头等。赵时勇在《国内建筑垃圾再生资源化利用现状》一文中写道："多数发达国家的现行做法是把建筑垃圾当成一种资源。伴随着我国经济的飞速发展和城市化进程的加速，我国建筑垃圾越来越多，建筑垃圾的处理成为社会一大问题。建筑垃圾中的金属和塑料因为具有较高的经济价值和成熟的回收产业链，对其资源化处理较为成熟，但是废弃的混凝土、砖块、陶瓷和玻璃因为经济价值和处理手段的问题，实现资源化处理还存在一定的问题。伴随着天然资源的枯竭及处理技术的发展，国内对这类资源的处理也慢慢走上了良性发展的道路。"

（1）建筑垃圾再生材料在路面基层中的应用

①再生材料技术要求

通过对建筑垃圾再生材料的特性分析，建筑垃圾再生材料作为路面基层混合料的材料应具备以下几点技术要求。

a. 颗粒组成

材料级配对混合料路用性能的影响具有较大的作用，建筑垃圾再生材料也应具有良好的级配，应符合《公路路面基层施工技术细则》（JTG/T F20—2015）相应的规定。

b. 杂物含量

《公路路面基层施工技术细则》（JTG/T F20—2015）对水泥稳定混合料的集料的要求是洁净。建筑垃圾再生材料中含有大量的如钢筋、木屑、塑料等杂物，这些物质经过长期外界作用会对路面的使用性能产生影响，所以应严格控制这类物质的含量。

c. 混凝土块含量

建筑垃圾再生材料中的主要物质为混凝土块、砖块和砂浆类。按照力学特性，混凝土块的含量对建筑垃圾再生材料的力学特性影响最为显著，其含量直接影响再生材料的压碎值和无侧限抗压强度。因此，建筑垃圾再生材料中应含有一定数量的混凝土块。

d. 压碎值

《公路路面基层施工技术细则》（JTG/T F20—2015）中对水泥稳定混合料的集料压碎值有明确的要求。不同的集料压碎值下，混合料无侧限抗压强度具有较大的差异。因此，建筑垃圾再生材料应具有一定的压碎值。

e. 针片状含量

针片状含量也是反映集料质量的一个重要指标，《公路路面基层施工技术细则》（JTG/T F20—2015）中对各种集料的针片状含量进行了相应的规定。为了保证建筑垃圾再生材料的品质，应对其针片状含量进行控制，保障再生材料的路用性能。

②再生材料标准

《公路路面基层施工技术细则》（JTG/T F20—2015）中要求基层的集料最大粒径不应超过31.5mm，用于底基层的最大粒径不应超过37.5mm，建筑垃圾再生材料也应满足这一规范要求。

根据建筑垃圾再生材料的筛分结果以及《公路路面基层施工技术细则》（JTG/T F20—2015）中对集料的规格要求，建筑垃圾再生材料的颗粒要求见表2.15。

表2.15　建筑垃圾再生材料的颗粒要求

筛孔/mm	37.5	31.5	9.5	4.75
基层和底基层百分率/%	100	80～100	0～25	0～5

建筑垃圾再生材料用于路面基层时，建筑垃圾再生材料的杂物含量应尽可能少。建筑垃圾再生材料在路面基层中的相关应用研究表明，建筑垃圾再生材料杂物含量应不大于0.1%。

《公路路面基层施工技术细则》（JTG/T F20—2015）对水泥稳定混合料中的碎石或者砾石的压碎值要求有：高速公路或者一级公路的碎石或者砾石的压碎值不大于26%；二级公

路或者二级以下公路的碎石或者砾石的压碎值不得大于 35％。建筑垃圾再生材料的力学控制指标主要是混凝土块含量和压碎值，参考建筑垃圾再生材料组成成分和压碎值的相关研究，可得出建筑垃圾再生材料中混凝土块含量应不小于 40％，压碎值不大于 45％。建筑垃圾再生材料组成见表 2.16。

表 2.16　建筑垃圾再生材料的组成和技术要求

项目	杂物含量/%	混凝土块含量/%	压碎值/%	针片状含量/%
基层	≤0.1	≥40	≤45	≤20
底基层	≤0.1	≥30	≤48	≤22

（2）建筑垃圾再生材料配合比设计

①重型击实法和垂直振动击实法

重型击实法源于土工试验，用以确定土壤的最大干密度和最佳含水量，以计算天然土体密实度。重型击实法应用时间长，规范成熟，积累了大量的试验数据和实践经验。

垂直振动击实法在击实过程中增加了振动外力，使得土体颗粒获得了转动能量，土颗粒重排率大大增加，大量的土颗粒由不稳定状态变为相对稳定状态，颗粒之间缝隙趋于最小，土体变得更加密实。由于振动外力作用，土颗粒获得了转动能量，可以减少其对水的依赖，从而减少水用量。

为论证重型击实法和垂直振动击实法在建筑垃圾再生材料配比设计过程的合理性，现将两种方法的试验结果进行对比分析，为建筑垃圾再生材料配合比设计奠定基础。这两种击实方法下建筑垃圾再生材料的最大干密度和最大含水率如图 2.32、图 2.33 所示，并可以得出以下几点结论：

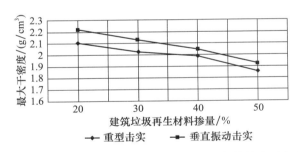

图 2.32　不同击实方法下建筑垃圾再生材料的最大干密度

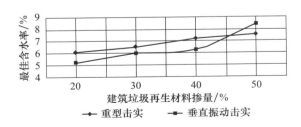

图 2.33　不同击实方法下建筑垃圾再生材料最佳含水率

a. 无论建筑垃圾再生材料掺量的大小，垂直振动击实法确定的水泥稳定再生建筑垃圾材料最大干密度大于相同掺量下重型击实法的最大干密度，前者约为后者的 1.03～1.05 倍。

这是因为重型击实法不能使混合料达到较为紧密的状态，而垂直振动击实法采用的参数能够较好地模拟现场施工碾压工艺，使混合料中粗颗粒相互运动，达到密实状态，从而得到较大的最大干密度。

b. 无论是重型击实法还是垂直振动击实法，建筑垃圾再生材料最佳含水率均随着掺量的增加而增大。

c. 无论是重型击实法还是垂直振动击实法，试验的主要目的为寻找混合料在某一含水率下的最大干密度。通过两种方法的比较，在建筑垃圾再生材料相同掺量下，垂直振动击实法的最大干密度大于重型击实法，采用这个最大干密度对混合料的质量和性能进行控制和研究，才能保证其铺筑的路面基层具有优良的路用性能。

②静压成型法和振动成型法

静压成型法是指将水稳碎石混合料一次性入模，安装垫块，由两端匀速加压成型为一定尺寸和形状的试件，其特点在于均匀施加成型压力，集料颗粒不能有效重排自密，且一次成型易形成压力梯度，试件两端密实，中间稍有疏松。

振动成型法是指在固定的面压力、激振力和振动频率下将水稳碎石混合料分两层入模，并振动压实成型为一定尺寸和形状的试件。其特点在于由于振动，集料颗粒发生了适量的移动重排，密实性较好，分两层成型压实的效果也有所提高。

通过这两种方法的无侧限抗压强度进行对比分析，选择一种合理的成型方法，可为后期的建筑垃圾再生材料性能试验奠定基础。不同成型方法的建筑垃圾再生材料和水泥无侧限抗压强度结果如图 2.34、图 2.35 所示，并可以得出以下几点结论：

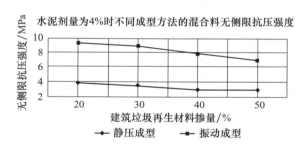

图 2.34　不同成型方法的建筑垃圾再生材料无侧限抗压强度

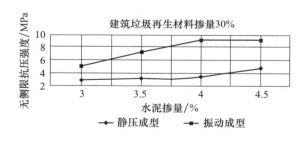

图 2.35　不同成型方法的水泥无侧限抗压强度

a. 在相同的水泥剂量下，振动成型法的建筑垃圾再生材料无侧限抗压强度大于静压成型法的无侧限抗压强度，且随着建筑垃圾再生材料掺量的增加，两种方法的无侧限抗压强度均在减小。

b. 在相同的建筑垃圾再生材料掺量下，振动成型法的水泥无侧限抗压强度同样大于静压成型法的无侧限抗压强度，且随着水泥掺量的增加，两种方法的无侧限抗压强度均在增大。

以上结论的主要原因是两种方法的成型原理不同，静压成型法试件主要依靠矿料之间的相互挤压，颗粒之间静摩擦力的作用使颗粒不能大范围的移动，使得混合料难以形成较为理想的骨架密实结构。振动成型法主要是通过对材料施加高频激振力，使混合料中的颗粒之间发生相互运动，粗细集料可以相互填充，混合料容易形成较为理想的骨架密实结构，因此振动法成型的无侧限抗压强度高于静压法的强度。

根据以上试验结果，建筑垃圾再生材料配合比设计可依据垂直振动击实法确定最大干密度和最佳含水率，依据振动成型法确定无侧限抗压强度。

2.4　水泥混凝土路面施工技术

2.4.1　混凝土拌和与运输

水泥混凝土路面的铺筑需要数量巨大的混凝土，如何供应质量优良、数量充足、经济合理、施工简便的混凝土，是混凝土路面施工组织中非常重要的技术问题。因此，在进行路面施工组织设计的过程中要科学、周密地考虑混凝土拌和物的搅拌和运输。

1）混凝土搅拌与运输一般规定

（1）水泥混凝土路面施工应根据工程规模、施工工艺和日进度要求合理配备拌和设备。

（2）混凝土拌和物在运输过程中，其坍落度或稠度会有所损失，因此应在初凝之前运输到铺筑现场，以确保铺筑的质量。

（3）拌和机出口混凝土拌和物的坍落度，应根据铺筑最适宜的坍落度值加上运输过程中坍落度的经时损失值确定，并应根据运距长短、气温高低随时进行微调。坍落度的微调应符合《公路水泥混凝土路面施工技术细则》（JTG/T F30—2014）要求。

（4）当原材料、混凝土种类、混凝土强度等级等有变化时，应重新进行配合比设计及试拌，必要时应重新铺筑试验路段，合格后方可搅拌生产。

2）混凝土搅拌设备及运输车辆

（1）混凝土拌和站的搅拌能力配置应符合下列规定。

①混凝土拌和站的最小生产能力配置见表 2.17。

表 2.17　混凝土拌和站的最小生产能力配置　　　　　　　　　　　　　　　　　　m³/h

摊铺宽度/m	滑模摊铺	碾压混凝土	三辊轴机组摊铺	小型机具摊铺
单车道 3.75～4.50	≥150	≥100	≥75	≥50
双车道 7.50～9.00	≥300	≥200	≥100	≥75
整幅宽≥12.5	≥400	≥300	—	—

②搅拌场配置的混凝土总拌和生产能力计算如式（2.41）所示，并按总拌和能力确定搅拌站数量和型号。

$$M = 60\mu \cdot b \cdot h \cdot v_1 \tag{2.41}$$

式中：M——搅拌站总设计标称拌和能力，m³/h;

μ——搅拌站可靠性系数，一般为 $1.2 \sim 1.5$；

b——摊铺宽度，m；

h——面板厚度，m，普通混凝土与碾压混凝土分别取设计厚度的 1.10 倍、1.15 倍；

v_1——摊铺速度，m/min，不小于 1m/min。

③应根据需要和设备能力确定拌和机的数量。同一拌和站的拌和机的规格宜统一，且宜采用同一厂家的设备。

④每座拌和机应根据粗集料级配数加细集料进行分仓，各级集料不得混仓。粗、细集料仓顶应设置过滤超粒径颗粒的钢筋筛。

⑤每座拌和机应配备不少于两个用于储存水泥的罐仓，每种掺和料应单独设置储存料仓。

（2）水泥混凝土拌和应采用间歇强制式拌和机，或配料计量精度满足要求的连续式拌和机，不宜使用自落式滚筒搅拌机。高速公路、一级公路及二级公路水泥混凝土面层施工时，应采用配备计算机自动控制的强制式拌和机。

（3）可选配车况优良、载质量为 $2 \sim 20t$ 的自卸车，自卸车后挡板应关闭紧密，运输时不漏浆撒料，车厢板应平整光滑。桥面铺装或远距离运输时，宜选配混凝土罐车。

（4）混凝土运输车数量计算如式（2.42）所示，且不应少于 3 辆，高速公路和一级公路不应少于 5 辆。

$$N = 2n \ (1 + S\rho_c m / v_q g_q) \tag{2.42}$$

式中：N——运输车的数量，辆；

n——相同产量拌和机的台数；

S——单程运输距离，km；

ρ_c——混凝土拌和物的视密度，kg/m³；

m——一座拌和机的生产能力，m³/h；

v_q——车辆的平均运输速度，km/h；

g_q——汽车载重能力，t/辆。

3）水泥混凝土拌和的具体要求

按设计配合比准确配料，将混凝土拌和均匀，使其完全符合施工规范的要求，这是确保路面混凝土质量的根本。

（1）施工单位应编制安全搅拌生产作业指导书，明确混凝土拌和物质量标准和安全拌和生产程序。拌和机使用机械上料时，在铲斗及拉铲活动范围内，人员不得逗留和通过。

（2）拌和机配料计量允许偏差见表 2.18。

表 2.18　拌和机配料计量允许偏差　　　　　　　　　　　　　　　　　　　　%

材料名称	水泥	掺和料	纤维	细集料	粗集料	水	外加剂
高速公路和一级公路/盘	±1	±1	±2	±2	±2	±1	±1
高速公路和一级公路累计/车	±1	±1	±2	±2	±2	±1	±1
其他等级公路	±2	±2	±2	±3	±3	±2	±2

（3）在标定有效期满或拌和机搬迁安装后，应重新进行标定。施工中应每 15d 检验一次拌和机计量精度。

（4）采用计算机自动控制拌和机时，应使用自动配料方式控制生产，并按要求打印对应路面摊铺桩号的混凝土配料统计数据及偏差。

（5）拌和机拌和第一盘混凝土拌和物之前，应润湿搅拌锅，并排干净锅内的积水。拌和机生产时，每台班结束后均应对搅拌锅进行清洗，剔除结硬的混凝土块，并更换严重磨损的搅拌叶片。

（6）混凝土的搅拌时间应根据拌和物的黏聚性、匀质性及搅拌机类型，经试拌确定，并应符合下列规定：①单立轴式搅拌机的总搅拌时间宜为 80～120s，纯搅拌时间不应短于40s；②行星立轴和双卧轴式搅拌机的总搅拌时间宜为 60～90s，纯搅拌时间不应短于 35s；③连续双卧轴拌和机的总搅拌时间宜为 80～120s，纯搅拌时间不应短于 40s。

（7）可溶解的外加剂应充分溶解、搅拌均匀后加入搅拌锅，并扣除溶液中的加水量。有沉淀的外加剂溶液，应每天清除一次稀释池中的沉淀物。

（8）不可溶解的粉末外加剂，在加入前应过 0.30mm 筛，可与集料同时加入，并适当延长混凝土的纯搅拌时间。

（9）当混凝土中掺有引气剂时，拌和机的一次搅拌量不应大于其额定搅拌量的 90%。

（10）粉煤灰或其他掺和料应采用与水泥相同的输送、计量方式加入。加入粉煤灰的水泥混凝土拌和物的纯搅拌时间应比不掺的延长 15～25s。

（11）拌和机在进行卸料时，自卸车每装载一盘拌和物应挪动一次车位，搅拌锅出口与车厢底板之间的卸料落差应不大于 2.0m。

（12）混凝土拌和物质量检验与控制应符合下列规定：①混凝土拌和物质量检测项目和频率见表 2.19；②混凝土拌和物的出料温度宜控制为 10～35℃；③混凝土拌和物应均匀一致。生料、干料、严重离析的拌和物，或有外加剂团块、粉煤灰团块的拌和物不得用于路面摊铺；④一台拌和机每盘之间，各拌和机之间，混凝土拌和物的坍落度偏差应小于 10mm。

表 2.19　混凝土拌和物质量检测项目和频率

检测项目	检测频率		试验方法
	高速公路、一级公路	其他等级公路	
水灰比及其稳定性	每 5000m 抽检一次，有变化随时进行检测	每 5000m 抽检一次，有变化随时进行检测	JTG E30 T0529
坍落度及其损失率	每工班测三次，有变化随时进行检测	每工班测三次，有变化随时进行检测	JTG E30 T0522
振动黏度系数	试样、原材料和配合比有变化随时进行检测	试样、原材料和配合比有变化随时进行检测	JTG/T F30—2014 附录 A
纤维体积率	每工班测两次，有变化随时进行检测	每工班测一次，有变化随时进行检测	JTG/T F30—2014 附录 D
含气量	每工班测两次，有抗冻要求不少于三次	每工班测一次，有抗冻要求不少于三次	JTG E30 T0526
泌水率	每工班测两次	每工班测两次	JTG E30 T0528
表观密度	每工班测一次	每工班测一次	JTG E30 T0525

续表

检测项目	检测频率		试验方法
	高速公路、一级公路	其他等级公路	
温度、凝结时间、水化发热量	冬、夏季施工，气温最低、最高时，每工班至少测一至二次	冬、夏季施工，气温最低、最高时，每工班至少测一次	JTG E30 T0527
改进 VC 值	每工班测三次，有变化随时进行检测	每工班测三次，有变化随时进行检测	JTG E30 T0524
离析	随时观察	随时观察	—
压实度、松铺系数	每工班测三次，有变化随时进行检测	每工班测三次，有变化随时进行检测	JTG E30 T0525

（13）纤维混凝土的搅拌，除应符合水泥混凝土的规定外，尚应符合下列规定：①在搅拌纤维混凝土时，拌和机一次搅拌量宜不大于额定容量的 90％；拌和掺量较多的纤维混凝土时，宜不大于额定容量的 80％；②纤维混凝土搅拌宜采用纤维分散机在搅拌过程中分散加入纤维，可采用先将钢纤维或其他纤维、水泥、粗细集料干拌，基本均匀后再加水湿拌的方法改善纤维的均匀性，出机的混凝土拌和物中不得有纤维结团现象出现；③纤维混凝土的纯搅拌时间应比水泥混凝土规定的纯搅拌时间延长 20～30s；④应保证纤维在混凝土中的分散性及均匀性。

按《公路水泥混凝土路面施工技术细则》（JTG/T F30—2014）规定，水洗法检测的纤维体积率偏差应不超过设计掺量的±15％。

（14）除拌和机应配备砂石含水率自动反馈控制系统外，每工作台班应至少监测三次粗细集料含水率，并根据集料的含水率变化，快速反馈并严格控制加水量和粗、细集料的用量。

（15）碾压混凝土的最短纯搅拌时间应比水泥混凝土的纯搅拌时间延长 15～20s。雨天不得拌和碾压混凝土。

（16）在拌和机的搅拌锅内清理黏结的混凝土时，无电视监控的拌和机应有两人以上方可进行，一个人进行清理，一个人值守操作台。有电视监控的拌和机，应打开电视监控系统，关闭主电机电源，应在主开关上挂警示红牌。

（17）拌和机的水泥、粉煤灰或矿渣粉罐仓除应防止拌和期间洒漏外，在水泥罐车输送水泥时，罐仓顶部应设置过滤布，不得使大量水泥粉或粉煤灰、矿渣粉从仓顶飞散入大气中。

（18）当混凝土摊铺机械出现故障时，应及时通知拌和机停止搅拌，防止运输到机前的混凝土因超过初凝时间不能铺筑而废弃。

4）水泥混凝土运输的具体要求

混凝土拌和物运输技术方面的要求，主要应从总运输能力要求、运输时间和运输中应注意事项进行综合考虑。

①混凝土的运输应保证到现场的拌和物具有适宜摊铺的工作性。

②不掺加缓凝剂的混凝土拌和物从搅拌机出料到运抵现场的允许最长时间见表 2.20，当不满足时可采用通过试验调整缓凝剂的剂量等措施，保证到达现场的混凝土拌和物工作性满足要求。

表 2.20　混凝土拌和物出料到运抵现场的允许最长时间

施工气温/℃	滑模摊铺/h	三辊轴机组摊铺、小型机具摊铺/h	碾压铺筑/h
5～9	1.50	1.20	1.00
10～19	1.25	1.00	0.80
20～29	1.00	0.75	0.60
30～35	0.75	0.40	0.40

③运送混凝土拌和物的车辆装料前，应清洁车厢或车罐，洒水润壁，排干积水。

④混凝土拌和物运输过程中应防止漏浆、漏料和污染，防止拌和物出现离析。

⑤车辆行驶和卸料的过程中，当碰撞了模板或基准线时，应重新进行测量纠偏。

2.4.2　水泥混凝土路面面层施工

通过施工准备、模板与钢筋安装、混凝土搅拌、混凝土拌和物的运输、混凝土拌和物的摊铺、表面修整等工序对水泥混凝土路面面层施工进行阐述。

1) 施工准备

(1) 施工机械选择

常见的水泥混凝土路面的摊铺机械有滑模摊铺机、轨道摊铺机、三辊轴机组、小型机具和碾压混凝土摊铺机械等。

(2) 技术准备

当采用自拌混凝土时，应选择合适的拌和场地，要求运送混合料的运距尽量短，水、电等方便，有足够面积的场地，能合理布置拌和机和砂、石堆放点，并能搭建水泥库房等；有碍施工的建筑物、灌溉渠道和地下管线等，均应在施工前拆迁完毕；混凝土摊铺前，对基层进行整修，检测基层的宽度、路拱、标高、平整度、强度和压实度等各项指标达到设计和规范要求，并经监理工程师同意后进行。混凝土摊铺前，基层表面应洒水润湿，以免混凝土底部水分被干燥基层吸收。

2) 模板与钢筋安装

模板安装应符合下列规定：支模前应核对路面标高、面板分块、胀缝和构造物位置；模板应安装稳固、顺直、平整，无扭曲，相邻模板连接应紧密、平顺，不应错位；严禁在基层上挖槽嵌入模板；使用轨道摊铺机应采用专用钢制轨模。

钢筋安装应符合下列规定：钢筋安装前应检查其原材料品种、规格与加工质量，确认符合设计规定；钢筋网、角隅钢筋等安装应牢固、位置准确；钢筋安装后应进行检查，合格后方可使用；传力杆安装应牢固、位置准确；胀缝传力杆应与胀缝板、提缝板一起安装。

3) 混凝土搅拌

混凝土的搅拌时间应按配合比要求与施工对其工作性的要求，经试拌确定最佳搅拌时间，每盘最长总搅拌时间宜为 80～120s；外加剂宜稀释成溶液，均匀加入进行搅拌；混凝土应搅拌均匀，出仓温度应符合施工要求。

搅拌钢纤维混凝土，除应满足上述要求外，还应符合下列要求：当钢纤维体积率较高、搅拌物较干时，搅拌设备一次搅拌量宜不大于其额定搅拌量的 80%；钢纤维混凝土的投料次序、方法和搅拌时间，应以搅拌过程中钢纤维不产生结团和满足使用要求为前提，通过试拌确定；钢纤维混凝土严禁用人工搅拌。

4）混凝土拌和物的运输

（1）机动车运送

在路面施工中，为了便于混凝土的摊铺，一般采用自卸车运送混凝土拌和物（工程量一般，现场条件有一定限制时，也可以使用机动翻斗车）。机动车运送混凝土拌和物，主要的风险类型是车辆伤害，其风险控制的重点在于以下几点：

①杜绝超载、超速行驶的不安全行为。

②逢视线不良天气（大雾、沙尘暴等）时，严禁快速行驶的不安全行为。

③卸料前，严防不确认车厢上方无电线或障碍物（尤其是乡村公路）的不安全行为。

④车厢处于举升状态时，杜绝作业人员上车厢清除残料的不安全行为。

⑤卸料后，杜绝在车厢倾斜情况下行驶的不安全行为。

除了要严防车辆伤害外，还应加强现场指挥，防止机动车与其他施工机械之间发生碰撞而导致各种意外伤害事故，防止造成地面作业人员的意外伤亡。

（2）手推车运送

在工程量很小或现场条件不适合使用大中型运输车时，可使用现场拌和混凝土，采用手推车将混凝土运送到摊铺现场。手推车运送混凝土拌和物的风险控制重点在于以下几点：①杜绝猛跑、撒把溜车的不安全行为，以免手推车倾翻而导致机械伤害（也可能是伤害他人）。②严防车斗内载人的不安全行为，以免造成机械伤害。③多车推送混凝土时，防止前后车之间距离过近（一旦后车控制不住手推车，很可能造成前车的推车人受到挤压伤害）。

5）混凝土拌和物的摊铺

（1）人工小型机具施工

人工小型机具施工水泥混凝土路面层，应符合下列规定：①混凝土松铺系数宜控制在1.10～1.25。②摊铺厚度达到混凝土板厚度的 2/3 时，应拔出模内钢钎，并填实钎洞。③混凝土面层分两次摊铺时，上层混凝土的摊铺应在次下层混凝土初凝前完成，且下层厚度宜为总厚度的 3/5。④混凝土摊铺应与钢筋网、传力杆及边缘角隅钢筋的安放相配合。⑤一块混凝土板应一次连续浇筑完毕。⑥混凝土采用插入式振捣器振捣时，不应过振，且振动时间宜不少于 30s，移动间距宜不大于 50cm。

使用平板振捣器振捣时应重叠 10～20cm，振捣器行进速度应均匀。

（2）三辊轴机组铺筑

三辊轴机组铺筑应符合下列规定：①辊轴机组铺筑混凝土面层时，辊轴直径应与摊铺层厚度匹配，且必须同时配备一台安装插入式振捣器组的排式振捣机，振捣器的直径宜为50～100mm，间距应不大于其有效作用半径的 1.5 倍，且不得大于 50cm。②当面层铺装厚度小于 15cm 时，可采用振捣梁，其振捣频率宜为 50～100Hz，振捣加速度宜为 4～5g（g为重力加速度）。③当一次摊铺双车道面层时，应配备纵缝拉杆插入机，并配有插入深度控制和拉杆间距调整装置。

铺筑作业应符合下列要求：①卸料应均匀，布料应与摊铺速度相适应。②设有接缝拉杆的混凝土面层，应在面层施工中及时安设拉杆。③三辊轴整平机分段整平的作业单元长度宜为 20～30m，振捣机振实与三辊轴整平工序之间的时间间隔宜不超过 15min。④在一个作业单元长度内，应采用前进振动、后退静滚方式作业，最佳滚压遍数应经过试铺确定。

6）表面修整

（1）抹平作业

采用抹平机抹平表面时，其风险控制的重点为：杜绝抹平机带病使用的不安全行为，以免造成机械伤害；作业时，严防无专人收放电缆的不安全行为，以免造成触电伤害；杜绝抹平机带负荷启动的不安全行为，以免造成设备损坏。

（2）吸水作业

路面混凝土摊铺、振捣、抹平后，在混凝土表面铺上吸垫，启动真空设备，从混凝土中吸出游离水，可降低混凝土水灰比，从而提高混凝土路面的质量。真空吸水装置作业时，其风险控制的重点：①杜绝真空泵绝缘不良而导致触电伤害。②吸水作业时，严防操作人员在吸垫上行走或压其他物件，以免造成吸垫损坏或者影响工程质量。③冬期施工时，严防真空泵存有冷却水，以免造成真空泵损坏。④严防掀起盖垫前未断电，以免造成触电伤害。

2.4.3　水泥混凝土路面接缝施工

水泥混凝土下面层、水泥混凝土路面、间断钢筋混凝土路面、钢纤维混凝土路面，无论采用滑模、轨道、三辊轴机组中的哪种工艺方式施工，接缝的设置和施工都是相同的。接缝施工质量的优劣，是水泥混凝土路面使用性能即前期破损断板、断角和使用寿命长短的决定性要素，应引起工程建设者的高度重视。

1）面层接缝一般规定

（1）除施工缝外，水泥混凝土的面层缩缝应使用切缝机，按照设计缩缝位置、深度、台阶形状准确切割而成。

（2）水泥混凝土的横向施工缝，应与接近该位置的胀缝、隔离缝、缩缝合并设置。

（3）各种接缝均应填缝密封，填缝材料不得开裂、挤出或缺失。填缝材料开裂、挤出或缺失的接缝均应局部清除，重新填缝密封。

2）水泥混凝土面层接缝的施工工艺

（1）当一次铺筑宽度小于面层加硬路肩总宽度时，应按设计设置纵向施工缝。纵向施工缝宜采用平缝加拉杆型。

（2）水泥混凝土面层纵向缩缝施工应符合下列规定。

①水泥混凝土面层采用滑模摊铺机施工时，纵向施工缝的拉杆宜采用支架法安设，也可采用侧向拉杆液压装置一次推入。

②水泥混凝土面层采用固定模板施工时，应从侧模预留孔中插入拉杆并振实。

③插入的侧向拉杆应牢固，避免松动和漏插，拉杆的握裹强度符合《公路水泥混凝土路面施工技术细则》（JTG/T F30—2014）规定，不满足规定要求时应钻孔重新设置拉杆。

（3）增强钢纤维混凝土面层切割纵、横缝中可以不设拉杆与传力杆；断开的纵、横施工缝中应设拉杆与传力杆。抗裂纤维混凝土面层各种接缝中的拉杆与传力杆设置，应与水泥混凝土面层相同。

（4）每天摊铺结束或摊铺中断时间超过 30min 时，应设置横向施工缝。横向施工缝在缩缝处可采用平缝加传力杆型。

（5）横向施工缝与胀缝重合时，应当按照胀缝进行施工，胀缝两侧补强钢筋笼宜分两次安装，不应缺失。

（6）在中、轻交通荷载等级水泥混凝土面层上，邻近胀缝、自由端等局部缩缝的传力杆设置应使用前置钢筋支架法。不得采用设置精度不合格的方式设置传力杆。

（7）施工中应尽量避免角隅部位的传力杆与拉杆交叉，以防止传力杆与拉杆纵横交叉锁定而断角；当无法避免两者交叉时，应取消交叉部位拉杆，仅保留传力杆。

（8）胀缝板应与路中心线垂直，并连续贯通整个面板的宽度，缝中完全不连浆。

（9）水泥混凝土路面在高温期施工时，顺直路段中可根据设计要求减少胀缝的设置。在春秋季节施工时，两端构造物的间距大于 500m 时，宜在顺直路段中间设一道或若干道胀缝。在低温期施工时，两端构造物的间距大于 350m 时，宜设置顺直路段胀缝。

（10）水泥混凝土路面胀缝的施工应符合下列规定。

①采用前置钢筋支架法施工时，应预先准确安装和固定胀缝钢筋支架，并使用手持振捣棒振实胀缝板两侧的混凝土后，再进行摊铺；也可采用预留两块面板的方法，在气温接近年平均气温时再封铺。

②应在混凝土未硬化时，剔除胀缝上部的混凝土，然后嵌入（20～25mm）×20mm 的木条，整平表面。在填缝前，应剔除木条，再粘贴胀缝多孔橡胶条或填缝。

③胀缝板应连续完整，胀缝板两侧的混凝土不得相连。

（11）拉杆、胀缝板、传力杆及其套帽设置精度见表 2.21。

表 2.21　拉杆、胀缝板、传力杆及其套帽设置精度

项目	允许偏差/mm	测量位置
传力杆端上下左右偏斜	10	在传力杆两端测量
传力杆深度及左右位置偏差	20	以板面为基准测量
传力杆沿路面纵向前后偏位	30	以缝中心线为准
拉杆端及在板中上下左右偏差	20	杆两端和板面测量
拉杆沿路面纵向前后偏位	30	纵向测量
胀缝传力杆套帽偏差（长度≥100mm）	10	从封堵帽起测
胀缝板倾斜偏差	20	以板底为准
胀缝板的弯曲和位移偏差	10	以缝中心线为准

（12）缩缝的切缝应根据当地昼夜温差，适宜的切缝方式、时间与深度选择，见表 2.22，切缝时间应以切缝时不啃边为开始切缝的最佳时机，并以铺筑第二天及施工初期无断板为控制原则。

表 2.22　当地昼夜温差与缩缝适宜切缝方式、时间与深度参考表

昼夜温差/℃	缩缝切缝方式与时间	缩缝切割深度
<10	硬切缝：切缝时机以切缝时不啃边即可开始，纵缝可略晚于横缝，所有纵、横缩缝最晚切缝时间均不得超过 24h	缝中无拉杆、传力杆时，深度为 1/4～1/3 板厚，最浅 60mm；缝中有拉杆、传力杆时，深度为 1/3～2/5 板厚，最浅 80mm
10～15	软硬结合切缝，每隔 1～2 条提前软切缝，其余采用硬切缝补切	硬切缝深度同上。软切深度不应小于 60mm；不足者应硬切补深到 1/3 板厚，已断开的缝不补切
>15	软切缝：抗压强度为 1～1.5MPa，人可行走时开始软切。软切缝时间不应超过 6h	软切缝深度不应小于 60mm，未断开的接缝，应硬切补深到≥2/5 板厚

（13）纵、横缩缝形状为台阶状时，宜使用磨圆角的台阶叠合锯片一次切成。设备受限制时，也可分两次切割，再磨出半径为 6～8mm 的圆角。

（14）纵、横缩缝切割顺直度应小于 10mm。相邻板的纵、横缩缝切口应顺直，且应缝对缝。需调整异形板的锐角时，可切成斜缝或小转角的折线缝。弯道与匝道面层的横缝应垂直于其设计中心线。

（15）分幅铺筑面层时，应在先摊铺的混凝土板已断开的横向缩缝处做标记。后摊铺面层应对齐已断开的横向缩缝，采用软切缝的工艺，提前进行切缝。

（16）钢筋混凝土面层的切缝不得切到钢筋，一旦切到钢筋，锯片会很快磨损或烧掉。各种纤维混凝土面层软切缝时，混凝土必须养护到其强度足够克服切缝力，切缝时不得抽出纤维，刮伤边角。

（17）在灌缝前首先应清洁接缝。清洁接缝宜采用飞缝机清除接缝中夹杂的砂石、凝结的泥浆等杂物。灌缝前缝内及缝壁应清洁、干燥，以擦不出水、泥浆或灰尘为可灌缝标准。

（18）水泥混凝土路面的灌缝形状系数宜为 1.5，钢筋混凝土、连续配筋钢筋混凝土面层、过渡板、搭板与桥面的灌缝形状系数宜为 1.0。

（19）水泥混凝土面层缩缝的灌缝应符合下列规定。

①在进行灌缝时，应先按设计要求嵌入直径 9～12mm 的多孔泡沫塑料背衬条或橡胶条。

②用双组分或多组分常温填缝料时，应准确按规定比例将几种原材料混合均匀后灌缝，每次准备量宜不超过 1h，且应不超过材料规定的操作时间。

③使用热石油沥青、改性沥青或橡胶沥青进行灌缝时，应加热融化至易于灌缝温度，搅拌均匀，并保温灌缝。

④水泥混凝土面层缩缝的灌缝应饱满、均匀、厚度一致并连续贯通，填缝料不得缺失、开裂和渗水。

⑤在高温期进行灌缝时，顶面应与板面刮齐平；一般气温进行灌缝时，应填刮为凹液面形，其中心宜低于板面 3mm。

（20）常温施工式填缝料的养护期，低温期宜为 24h，高温期宜为 10h。加热施工式填缝料的养护期，低温期宜为 4h，高温期宜为 6h。在灌缝料的固化期间应封闭交通。

（21）在胀缝填缝前，应凿除胀缝板顶部临时嵌入的木条，并清理干净，涂刷黏结剂后，嵌入专用多孔橡胶条或灌进适宜的填缝料。当胀缝宽度与多孔橡胶条宽度不一致或有啃边、掉角等现象时，应采用灌料填缝，不得采用多孔橡胶条填缝。

第3章 市政桥梁工程施工技术

3.1 桥梁基础与墩台施工

基础作为市政桥梁结构物的一个重要组成部分，起着支承桥跨结构，保持体系稳定，把上部结构、墩台自重及车辆荷载传递给地基的重要作用。基础的施工质量直接决定着桥梁的强度、刚度、稳定性、耐久性和安全性。基础工程属于隐蔽工程，若出现质量问题不易发现和修补处理，因此，必须高度重视桥梁基础施工，严格按照规范施工，确保市政桥梁工程质量。

桥梁墩台施工是市政桥梁工程施工中的一个重要部分，其施工质量的优劣不仅关系到桥梁上部结构的制作与安装质量，而且与桥梁的使用功能关系重大。因此，墩台的位置、尺寸和材料强度等都必须符合设计规范要求。在施工过程中，应准确地测定墩台位置，正确地进行模板制作与安装；同时采用经过正规检验的合格建筑材料，严格执行施工规范的规定，以确保市政桥梁施工质量。

桥梁的常用基础形式有明挖扩大基础、钢筋混凝土条形基础、桩基础、沉井基础、地下连续墙基础、组合基础等。桥梁墩台的施工方法通常分为两大类：一类是现场就地浇筑与砌筑；另一类是拼装预制的混凝砌块、钢筋混凝土或预应力混凝土构件。多数工程采用前者，其优点是工序简便，机具较少，技术操作难度较小；但是施工期限较长，需耗费较多的劳力与物力。

限于篇幅，本节主要介绍市政桥梁的明挖扩大基础施工和混凝土墩台施工。

3.1.1 明挖扩大基础施工

扩大基础属于直接基础，是将基础底板直接设在承载直接地基上，来自上部结构的荷载通过基础底板直接传递给承载地基。扩大基础的施工通常是采用明挖的方式进行的。实际操作中基坑开挖往往与气象、工程地质及水文地质条件有着密切的关系。如果地基土质较为坚实，开挖后能保持坑壁稳定，可不设置支撑，采取放坡开挖的方式。实际工程由于土质关系、开挖深度、放坡受到用地或施工条件限制等因素的影响，需采取某些加固坑壁措施，如挡板支撑、钢木结合支撑、混凝土护壁等。

在开挖过程中有渗水时，则需要在基坑四周挖边沟或集水井，以利于排除积水。在水中开挖基坑时，通常需预先修筑临时性的挡水结构物（称为围堰），如草袋围堰，然后将基坑内的水排干，再开挖基坑。基坑开挖至设计标高后，及时进行坑底土质鉴定、清理与整平工作，及时砌筑基础结构物。明挖扩大基础施工的主要内容包括基坑开挖的前期准备、基坑开挖、基坑排水、基底检验与处理、基础施工等。

1）基坑开挖的前期准备

基坑开挖与自然条件较为密切，应充分了解市政桥梁工程周围环境与基坑开挖的关系。

在确保基坑及周围环境安全的前提下，合理确定施工方案，准确选用支护结构。

（1）了解工程地质及水文地质条件

在施工前应掌握市政桥梁工程地质报告，对基坑处的地质构造、土层分类及参数、地层描述、地质剖面图及钻孔柱状图应充分了解。

（2）市政桥梁工程周围环境调查

基坑开挖会引起周围地下水位下降，地表沉降会对周围建筑物、管线及地下设施带来影响，因此在基坑开挖前，应对周围环境进行调查，采取可靠措施将基坑开挖对周围环境的影响控制在允许的范围内。

（3）明挖地基施工前工作

应对基坑边坡进行稳定性验算，并制订专项施工方案和安全技术方案。基坑开挖需爆破，爆破作业的安全管理应符合现行国家标准的规定。

（4）基坑开挖时应对其边坡的稳定性进行检测

对于开挖深度超过 5m 的深基坑，除按照边开挖、边支护的原则开挖外，在施工开挖之前，还应编写专项的边坡稳定监测方案。

（5）基坑的定位放样

在基坑开挖前，先进行基础的定位放样工作，以便将设计图上的基础位置准确地设置到桥址上。放样工作是根据桥梁中心线与墩台的纵、横轴线，推出基础边线的定位点，再放线画出基坑的开挖范围。基坑各定位点的标高及开挖过程中的标高检查，一般用水准测量的方法进行。

2）基坑开挖

基坑开挖应根据地质条件、基坑深度、施工期限与经验以及有无地表水或者地下水等因素采用适当的施工方法。

（1）坑壁不加支撑的基坑

对于在干涸无水河滩、河沟，或有水经改河或筑堤将地表水排除到河沟中，地下水位低于基底，或渗透量少、不影响坑壁稳定以及基础埋置不深，施工期较短，挖基坑时，不影响邻近建筑物安全的施工场所，可考虑选用坑壁不加支撑的基坑。

当基坑深度在 5m 以内，施工期较短，坑底在地下水位以上，土的湿度正常，土层构造均匀时，坑壁坡度见表 3.1。

表 3.1　放坡开挖基坑壁坡度表

坑壁土类	基坑壁坡度		
	基坑坡顶缘无荷载	基坑坡顶缘有荷载	基坑坡顶缘有动荷载
砂类土	1：1	1：1.25	1：1.5
碎、卵石土类	1：0.75	1：1	1：1.25
粉质土、黏性土	1：0.33	1：0.5	1：0.75
极软土	1：0.25	1：0.33	1：0.67
软质岩	1：0	1：0.1	1：0.25
硬质岩	1：0	1：0	1：0

基坑深度大于 5m 时，应将坑壁坡度适当放缓或加设平台；如果土的湿度可能引起坑壁坍塌，坑壁坡度应缓于该湿度下土的天然坡度。

坑顶与动荷载间至少应留有 1m 宽的护道。若工程地质和水文地质不良或者动荷载过大，还要增宽护道或采取加固措施。

基坑施工过程中应注意以下几点：

①在基坑坡顶缘四周适当距离处设置截水沟，并防止水沟渗水，以避免地表水冲刷坑壁，影响坑壁稳定性。

②坑壁边缘应留有护道，静荷载距基坑边缘不小于 0.5m，动荷载距基坑边缘不小于 1.0m；垂直坑壁边缘的护道还应适当增宽；水文地质条件欠佳时应有加固措施。

③应经常注意观察坑边缘顶面土有无裂缝，坑壁上有无松散塌落现象发生，以确保安全施工。

④基坑施工不可延续时间过长，自开挖至基础完成，应抓紧时间连续施工。

⑤如用机械开挖基坑，挖至坑底时，应保留不小于 30cm 厚度的底层，在基础浇筑施工前用人工挖至基底标高。

⑥基坑应尽量在少雨季节施工。

⑦基坑宜用原土及时回填，对桥台及有河床铺砌的桥墩基坑，则应分层夯实。

（2）坑壁有支撑的基坑

当基坑壁坡不易稳定并有地下水渗入，或放坡开挖场地受到限制、工程量太大，或基坑较深、放坡开挖工程量较大，不符合技术经济要求时，可采用坑壁有支撑的基坑。常用的坑壁支撑形式有直衬模式坑壁支撑、横衬板式坑壁支撑、框架式支撑及其他形式的支撑。

对坑壁采取支护措施进行基坑的开挖时，应符合下列规定：

①基坑较浅且渗水量不大时，可采用竹排、木板、混凝土板或钢板等对坑壁进行支护；基坑深度小于或等于 4m 且渗水量不大时，可采用槽钢、H 形钢或工字钢等进行支护；地下水位较高，基坑开挖深度大于 4m 时，宜采用锁口钢板桩或锁口钢管桩围堰进行支护，其施工要求应符合《公路桥涵施工技术规范》（JTG/T 3650—2020）的规定；在条件许可时也可采用水泥土墙、混凝土围圈或桩板墙等支护方式。

②对支护结构应进行设计计算，当支护结构受力过大时应加设临时支撑，支护结构和临时支撑的强度、刚度及稳定性应满足基坑开挖施工的要求。

基坑坑壁采用喷射混凝土、锚杆喷射混凝土、预应力锚索和土钉支护等方式进行加固时，其施工应符合下列规定：

①对基坑开挖深度小于 10m 的较完整风化基层，可直接喷射混凝土加固坑壁。喷射混凝土之前应将坑壁上的松散层或岩渣清理干净。

②对锚杆、预应力锚索和土钉支护，均应在施工前按设计要求进行抗拉拔力的验证试验，并确定适宜的施工工艺。

③采用锚杆挂网喷射混凝土加固坑壁时，各层锚杆进入稳定层的长度、间距和钢筋的直径均应符合设计要求。孔深小于或等于 3m 时，宜采用先注浆后插入锚杆的施工工艺；孔深大于 3m 时，宜插入锚杆后再注浆。锚杆插入孔内后应居中固定，注浆应采用孔底注浆法，注浆管应插至距孔底 50～100mm 处，并随浆液的注入逐渐拔出，注浆的压力不宜小于 0.2MPa。

④采用预应力锚索加固坑壁时，预应力锚索（包括锚杆）编束、安装和张拉等的施工应符合规范规定。

⑤采用土钉支护加固坑壁时，施工前应制订专项施工技术方案和施工监控方案，配备适宜的机具设备。土钉支护中的开挖、成孔、土钉设置及喷射混凝土面层等的施工可按现行行业标准规定执行。

⑥不论采用何种加固方式，均应按设计要求逐层开挖、逐层加固，坑壁或边坡上有明显出水点处应设置导管排水。

3）水中地基的基坑开挖

桥梁墩台基础大多位于地表水位以下，有时水流还比较大，施工时都希望在无水或静止水条件下进行。市政桥梁水中基础最常用的施工方法是围堰法。围堰的作用主要是防水和围水，有时还起着支撑施工平台和基坑坑壁的作用。

围堰的结构形式和材料要根据水深、流速、地质情况、基础形式以及通航要求等条件进行选择。任何形式和材料的围堰，均必须满足下列要求：

①围堰顶高宜高出施工期间最高水位70cm，最低不应小于50cm，用于防御地下水的围堰宜高出水位或地面20～40cm。

②围堰外形应适应水流排泄，不应过多压缩流水断面，以免壅水过高危害围堰安全以及影响通航、导流等。围堰内的平面尺寸应满足基础施工的要求，并留有适当的工作面积。

③围堰的填筑应分层进行，减少渗漏，并应满足堰身强度和稳定性的要求，使基坑开挖后，围堰不致发生破裂、滑动或倾覆。

④围堰要求防水严密，应尽量采取措施防止或减少渗漏，以减轻排水工作。对围堰外围边坡的冲刷和筑围堰后引起河床的冲刷均应有防护措施。

⑤围堰施工一般安排在枯水期进行。

（1）土石围堰

土石围堰可与截流戗堤结合，可利用开挖弃渣，并可直接利用主体工程开挖装运设备进行机械化快速施工，是我国应用最广泛的围堰形式。土石围堰的防渗结构形式有斜墙式、斜墙带水平铺盖式、垂直防渗墙式及灌浆帷幕式等。

（2）混凝土围堰

混凝土围堰是用常态混凝土或碾压混凝土建筑而成的。混凝土围堰宜建在岩石地基上。混凝土围堰的特点是挡水水头高，底宽小，抗冲能力大，堰顶可溢流。尤其是在分段围堰法导流施工中，用混凝土浇筑的纵向围堰可以两面挡水，而且可与永久建筑物相结合作为坝体或闸室体的一部分。混凝土围堰的结构形式有重力式、拱形等。

（3）草土围堰

草土围堰是一种草土混合结构。草土围堰能就地取材，结构简单、施工方便、造价低防渗性能好、适应能力强、便于拆除、施工速度快。但草土围堰不能承受较大的水头，一般适用于水深不大于6～8m，流速小于3～5m/s的中、小型水利工程。

（4）木笼围堰

木笼围堰是由圆木或方木叠成的多层框架、填充石料组成的挡水建筑物。它施工简便、适应性广，与土石围堰相比具有断面小、抗水流冲刷能力强等优点，可用作分期导流的横向围堰或纵向围堰，可在10～15m的深水中修建。但木笼围堰消耗木材量较大，目前很少采用。

（5）竹笼围堰

竹笼围堰是用内填块石的竹笼堆叠而成的挡水建筑物，在迎水面一般用木板、混凝土面板或填黏土阻水。采用木面板或混凝土面板阻水时，迎水面直立；用黏土防渗时，迎水面为斜墙。竹笼围堰的使用年限一般为1～2年，最大高度约为15m。

（6）钢板桩格形围堰

钢板桩格形围堰是由一系列彼此相连的格体形成外壳，然后在内填以土料或砂料构成的。格体是土或砂料和钢板桩的组合结构，由横向拉力强的钢板桩联锁围成一定几何形状的封闭系统。钢板桩格形围堰按挡水高度不同，其平面形式有圆筒形格体、扇形格体、花瓣形格体，应用较多的是圆筒形格体。圆筒形格体钢板桩围堰，一般适用的挡水高度小于15～18m，可以建在岩基或非岩基上，也可做过水围堰用。

4）基坑排水

围堰完工后，需将堰内积水排除。在开挖过程中，也可能有渗水出现，必须随挖随排。要排除坑内渗水，首先应估算渗水量；然后抽水设备的排水能力应大于渗水量的1.5～2.0倍。

排水方法有集水坑、集水沟以及井点法排水等。集水坑、集水沟排水适用于粉细砂土质以外的各种地层基坑，集水沟沟底应低于基坑底面，集水坑深度应大于吸水龙头的高度。井点法排水适用于粉、细砂或地下水位较高、挖基较深、坑壁不易稳定和普通排水方法难以解决的基坑。应根据土层的渗透系数、要求降低地下水位的深度及工程特点，选择适宜的井点类型和所需的设备。

（1）集水坑（沟）排水法

除严重流砂外，一般情况下均可适用。集水坑（沟）的大小，主要根据渗水量的大小而定；排水沟底宽不小于0.3m，纵坡坡度为1%～5%。如排水时间较长或土质较差时，沟壁可用木板或荆篱支撑防护。集水坑（沟）一般设在下游位置，坑（沟）深应大于进水龙头高度，并用荆篱、竹篾、编筐或木笼围护，以防止泥沙阻塞吸水龙头。

采用集水坑（沟）排水时应符合下列规定：

①基坑开挖时，宜在坑底基础范围之外设置集水坑（沟），并沿坑底周围开挖排水沟，使水流入集水坑（沟）内，排出坑（沟）外。集水坑（沟）的尺寸宜根据渗水量的大小确定。

②排水设备的排水能力宜为总渗水量的1.5～2.0倍。

（2）井点排水法

当土质较差有严重流砂现象、地下水位较高、挖基较深、坑壁不易稳定、用普通排水方法难以解决时，可采用井点排水法。井点排水法适用于渗透系数为0.5～150m/d的土壤，尤其是在渗透系数为2～50m/d的土壤中效果最好。降水深度一般可达6m，二级井点可达9m，超过9m应选用喷射井点或深井点法。具体可视土层的渗透系数、要求降低地下水位的深度及工程特点等，选择适宜的井点排水法和所需的设备。

采用井点排水法排水时应符合下列规定：

①井点降水法宜用于粉砂、细砂、地下水位较高、有承压水、挖基较深、坑壁不易稳定的土质基坑，在无砂的黏质土中不宜采用。

②井管的成孔可根据土质分别采用射水成孔或冲击钻机、旋转钻机及水压钻探机成孔。井点降水曲线应低于基底设计高程或开挖高程0.5m。

③应做好沉降及边坡位移监测，保证水位降低区域内构筑物的安全，必要时应采取防护措施。

（3）其他排水法

对于土质渗透性较大、挖掘较深的基坑，可采用板桩法或沉井法。此外，视工程特点、工期及现场条件等，还可采用帷幕法，即将基坑周围土层用硅化法、水泥灌浆法、沥青灌浆法及冻结法等处理成封闭的不透水的帷幕。其他排水法除自然冻结法外，均因所需设备较多、费用较大，在桥涵基础施工中应用较少。自然冻结法在我国北方地区应用前景较好，一般采用分格分层开挖的方式。

5）基底检验与处理

（1）基底检验

基槽（坑）开挖结束后，需要对其实际情况与勘测结果进行比较，并对基槽开挖的质量进行检验。

地基的检验应包括下列内容：

①基底的平面位置、尺寸和基底高程。

②基底的地质情况和承载力是否与设计资料相符。

③基底处理和排水情况是否符合施工规范要求。

④施工记录及相关资料等。

（2）基底处理

天然地基上的基础是直接靠基底土壤来承担荷载的，故基底土壤状态的好坏，对基础及墩台、上部结构的影响很大，不能仅检查土壤名称与允许承载力大小，还应为土壤更有效地承担荷载创造条件，即要进行基底处理工作。基底处理方法视基底土质而异。

基底处理主要有粗粒土和巨粒土地基、岩层地基、多年冻土地基、溶洞地基及泉眼地基处理等，其处理方法应满足《公路桥涵施工技术规范》（JTG/T 3650—2020）的相关规定。

6）基础施工

在市政桥梁中，明挖基坑中的基础施工应尽可能地使基底在干的情况下浇砌基础。通常的基础施工可分为无水砌筑、排水砌筑及水下灌注三种情况，其中需要注意的是排水砌筑和水下灌注。

排水砌筑的施工要点包括：①确保在无水状态下砌筑圬工；②禁止带水作业及用混凝土将水赶出模板外的灌注方法，基础边缘部分应严密隔水；③水下部分圬工必须待水泥砂浆或混凝土终凝后才允许浸水。

水下灌注混凝土一般只有在排水困难时才采用。基础施工的水下灌注分为水下封底和水下直接灌注基础两种。前者封底后仍要排水再砌筑基础，封底只是起封闭渗水的作用，其混凝土只作为地基而不作为基础本身，适用于板桩围堰开挖的基坑。后者水下混凝土的灌注广泛采用的是垂直移动导管法，混凝土经导管输送至坑底，并迅速将导管下端埋没；随后混凝土不断地被输送到被埋没的导管下端，从而使先前输送到的但尚未凝结的混凝土向上和四周推移；随着基底混凝土的上升，导管也缓慢地向上提升，直至达到要求的封底厚度时，停止灌注混凝土，并拔出导管。

采用垂直移动导管法灌注水下混凝土时要注意以下几个问题：

（1）导管应试拼装，球塞应试验通过，施工时严格按试拼的位置安装。导管试拼后，应封闭两端，充水加压，检查导管有无漏水现象。导管各节的长度不宜过大，连接应可靠而又便于装拆，以保证拆卸时灌注中断时间最短。

（2）为使混凝土有良好的流动性，粗集料粒径以 20～40mm 为宜。坍落度应不小于 18cm。水泥用量比处于空气中的同等级的混凝土水泥用量增加 20％。

（3）必须保证灌注工作的连续性，在任何情况下均不得中断灌注。在灌注过程中，应经常测量混凝土表面的标高，正确掌握导管的提升量。导管下端务必埋入混凝土内，埋入深度一般不应小于 0.5m。

（4）水下混凝土的流动半径，要综合考虑混凝土的质量、水头的大小、灌注面积的大小、基底有无障碍物以及混凝土拌和机的生产能力等因素。流动半径为 3～4m 时，能够保证封底混凝土的表面不会有较大的高差，并具有可靠的防水性。

浇筑基础时，应做好与台身、墩身的接缝连接，一般要求有以下几点：

（1）混凝土基础与混凝土墩台身的接缝、周边应预埋直径不小于 16mm 的钢筋或其他铁件，埋入与露出的长度不应小于钢筋直径的 30 倍，间距不大于钢筋直径的 20 倍。

（2）混凝土或浆砌片石基础与浆砌片石墩台身的接缝，应预埋片石作榫；片石的厚度不应小于 15cm，强度要求不低于基础或墩台身混凝土或砌体的强度。

（3）施工后的基础平面尺寸，其前后、左右边缘与设计尺寸的允许误差应不大于 ±50mm。基础结构物的用料应在挖基完成前准备好，以保证及时浇砌基础，避免基底土质变差。扩大基础的种类有浆砌片石、浆砌块石、片石混凝土、钢筋混凝土等几种。

3.1.2 混凝土墩台施工

1）混凝土墩台施工工艺流程

就地浇筑的混凝土墩台施工工艺步骤为：测量放线→搭设脚手架→钢筋绑扎→模板安装→混凝土浇筑→混凝土成型养护→模板拆除。

（1）测量放线

墩柱和台身施工前应按图纸测量定线，检查基础平面位置、高程及墩台预埋钢筋位置。放线时依据基准控制桩放出墩台中心点或纵横轴线及高程控制点，并用墨线弹出墩柱、台身结构线、平面位置控制线。测放的各种桩都应标注编号，涂上各色油漆，醒目、牢固，经复核无误后进行下道工序施工。

（2）搭设脚手架

脚手架安装前应对地基进行处理，地基应平整坚实、排水顺畅。脚手架应搭设在墩台四周、环形闭合，以增加稳定性。脚手架除应满足使用功能外，还应具有足够的强度、刚度及稳定性。

（3）钢筋绑扎

墩台的钢筋加工应符合一般钢筋混凝土构筑物的基本要求，严格按设计和配料单进行。基础（承台或扩大基础）施工时，应根据墩柱、台身高度预留插筋。若墩台不高，基础施工时可将墩台的钢筋按全高一次预埋到位；若墩台太高，钢筋可分段施工，预埋钢筋长度宜高出基础顶面 1.5m 左右，按 50％截面错开配置，错开长度应符合规范规定和设计要求，连接时宜采用帮条焊或直螺纹连接技术。预埋位置应准确，满足钢筋保护层要求。钢筋安装前，应用钢丝刷对预埋钢筋进行调直和除锈除污处理；对基础混凝土顶面应凿去浮浆，清洗干净。钢筋需接长且采用焊接搭接时，可先将钢筋临时固定在脚手架上，然后再进行焊接。采用直螺纹连接时，将钢筋连接后再与脚手架临时固定。在箍筋绑扎完毕即钢筋已形成整体骨架后，即可解除脚手架对钢筋的约束。墩台的钢筋绑扎除竖向钢筋外，水平钢筋的接头也应内外、上下互相错开。所有钢筋交叉点均应进行绑扎，绑丝扣应朝向混凝土内侧。钢筋骨架应在不同高度处绑扎适量的垫块，以保持钢筋在模板中的位置准确和保护层厚度。保护层垫块应有足够的强度及刚度，宜使用塑料垫块。使用混凝土预制垫块时，必须严格控制其配合比，保证垫块强度；垫块设置宜按照梅花形均匀布置，相邻垫块距离以 750mm 左右为宜，矩形柱的四面均应设置垫块。

（4）模板安装

模板主要类别有定型钢模板、圆形或矩形截面墩柱模板、木质模板和墩台模板等。

采用定型钢模板时，钢模板应由专业生产厂家设计、生产，拼缝以企口缝为宜。

圆形或矩形截面墩柱模板安装前应进行试拼装，合格后再安装。安装宜现场整体拼装后用汽车吊就位。每次吊装长度视模板刚度而定，一般为 4～8m。

采用木质模板时，应按结构尺寸和形状进行模板设计；设计时应考虑模板有足够的强度、刚度和稳定性，保证模板受力后不变形、不位移，成型墩台的尺寸准确。墩台圆弧或拐角处，应设计制作异形模板。

木质模板以压缩多层板及竹编胶合板为宜，视情况可选用单面或双面覆膜模板；覆膜一侧面向混凝土，次龙骨应选用方木，水平设置，主龙骨可选用方木及型钢，竖向设置，间距均应通过计算确定。内、外模板的间距用拉杆控制。

木质模板拼装应在现场进行，场地应平整。拼装前先将次龙骨贴模板一侧用电刨刨平，然后用铁钉将次龙骨固定在主龙骨上，使主次龙骨形成稳固框架，最后铺设模板，模板拼缝夹弹性止浆材料。要求设拉杆时，需用电钻在模板相应位置打眼。每块拼装大小均应根据模板安装就位所采用的设备而定。

模板就位可采用机械或人工完成。就位后用拉杆、基础顶部定位桩、支撑及缆风绳将其固定，模板下口用定位楔定位时按平面位置控制线进行。模板平整度、模内断面尺寸及垂直度可通过调整缆风绳的松紧度及拉杆螺栓的松紧度来控制。

墩台模板应有足够的强度、刚度和稳定性。模板拼缝应严密不漏浆，表面平整不错台。模板的变形应符合模板计算规定及验收标准对平整度的控制要求。

薄壁墩台、肋板墩台及重力式墩台宜设拉杆。拉杆及垫板应具有足够的强度及刚度。拉杆两端应设置软木锥形垫块，以便拆模后，去除拉杆。

墩台模板，宜在全桥使用同一种材质、同一种类型的模板，钢模板应涂刷色泽均匀的脱模剂，确保混凝土外观、色泽均匀一致。

混凝土浇筑时应设专人维护模板和支架，如有变形、移位或沉陷，应立即校正并加固。预埋件、保护层等发现问题时，应及时采取措施纠正。

（5）混凝土浇筑

浇筑混凝土前，应检查混凝土的均匀性和坍落度，并按规定留取试件。应根据墩台所处位置、混凝土用量、拌和设备等情况合理选用运输和浇筑方法。采用预拌混凝土时，应选择合格的供应商，并提供预拌混凝土出厂合格证和混凝土配合比通知单。混凝土浇筑前，应将模内的杂物、积水和钢筋上的污垢彻底清理干净，并办理隐蔽、预检手续。大截面墩台结构，混凝土宜采用水平分层连续浇筑或倾斜分层连续浇筑，并应在下层混凝土初凝前浇完上层混凝土。水平分层连续浇筑上、下层，前、后距离应保持1.5m以上。倾斜分层坡度不宜过陡，浇筑面与水平夹角不得大于25°。

墩柱因截面小，浇筑时应控制浇筑速度。首层混凝土浇筑时，应铺垫50～100mm厚与混凝土同配比的减石子水泥砂浆一层。混凝土应在整截面内水平分层、连续浇筑，每层厚度不宜大于0.3m。如因故中断，间歇时间超过规定则应按施工缝处理。柱身高度内如有系梁连接，则系梁应与墩柱同时浇筑；当浇筑至系梁上方时，浇筑速度应适当放缓，以免混凝土从系梁顶涌出。V形墩柱混凝土应对称浇筑。墩柱混凝土施工缝应留在结构受剪力较小，且易于施工部位，如基础顶面、梁的承托下面。在基础上以预制混凝土管等作墩柱外模时，预制管节安装应符合下列要求：基础面宜采用凹槽接头，凹槽深度不应小于50mm。上、下管节安装就位后，用四根竖方木对称设置在管柱四周并绑扎牢固，防止撞击错位。混凝土管柱外模应加斜撑以保证浇筑时的稳定性。管口应用水泥砂浆"填严抹平"。

钢板箍钢筋混凝土墩柱施工，应符合下列要求：

①钢板箍、法兰盘及预埋螺栓等均应由具有相应资质的厂家生产，进场前应进行检验并出具合格证。厂内制作及现场安装应满足钢结构施工的有关规定。

②在基础施工时应依据施工图纸将螺栓及法兰盘进行预埋。钢板箍安装前，应对基础、预埋件及墩柱钢筋进行全面检查，并进行彻底除锈除污处理，合格后再施工。

③钢板箍出厂前在其顶部对称位置各焊一个吊耳，安装时由吊车将其吊起后垂直下放至法兰盘上方对应位置，人工配合调整钢板箍位置及垂直度，合格后由专业工人用电焊将其固定，稳固后摘下吊钩。

④钢板箍与法兰盘的焊接由专业工人完成。为减小焊接变形的影响，焊接时应对称进行，以便很好地控制垂直度与轴线偏位。混凝土浇筑前按钢结构验收规范对其进行验收。

⑤钢板箍墩柱宜灌注补偿收缩混凝土。

⑥对钢板箍应进行防腐处理。

浇筑混凝土一般应采用振捣器振实。使用插入式振捣器时，移动间距不应超过振捣器作用半径的1.5倍；与侧模应保持50～100mm的距离；插入下层混凝土50～100mm；必须振捣密实，直至混凝土表面停止下沉、不再冒出气泡、表面平坦、不泛浆为止。

（6）混凝土成型养护

混凝土浇筑完毕，应用塑料布将顶面覆盖，凝固后及时洒水养护。模板拆除后，及时用塑料布及阻燃保水材料将其包裹或覆盖，并洒水保持湿润。养护期一般不少于7d，也可根据水泥、外加剂种类和气温情况而确定养护时间。

（7）模板拆除

侧模的拆除在混凝土强度能够保证结构表面及棱角不因拆模被损坏时进行，上系梁底模的拆除应在混凝土强度达到设计值的75%后进行。

2）季节性施工

（1）雨期施工

雨期施工中，脚手架地基须坚实平整、排水顺畅。模板涂刷脱模剂后，要采取措施避免脱模剂受雨水冲刷而流失。及时准确地了解天气预报信息，避免雨中进行混凝土浇筑。高墩台采用钢模板时，要采取防雷击措施。

（2）冬期施工

应根据混凝土搅拌、运输、浇筑及养护的各环节进行热工计算，确保混凝土入模温度不低于 5℃。混凝土的搅拌宜在保温棚内进行，对集料、水泥、水、掺和料及外加剂等应进行保温存放。视气温情况可考虑水、集料的加热，但首先应考虑水的加热；若水加热仍不能满足施工要求时，应进行集料加热。水和集料的加热温度应通过计算确定，但不是超过有关标准的规定。投料时水泥不得与 80℃ 以上的水直接接触。混凝土运输时间尽可能缩短，运输混凝土的容器应采取保温措施。混凝土浇筑前应清除模板、钢筋上的冰雪和污垢，保证混凝土成型开始养护时的温度。用蓄热法时不得低于 10℃。根据气温和技术经济比较可以选择蓄热法、综合蓄热法及暖棚法进行混凝土养护。在确保混凝土达到临界强度且混凝土表面温度与大气温度差小于 15℃ 时，方可撤除保温棚及拆除模板。

3.2　简支梁桥施工

3.2.1　混凝土简支梁桥施工

混凝土简支梁桥的施工方法可以分成就地浇筑和预制安装两类。

就地浇筑法无须预制场地，并且不需要大型吊运设备，梁体的主筋也不中断。但是工期较长，需要支架，施工质量不如预制容易控制；而且，由于收缩和徐变引起的预应力损失也较大。

预制安装法施工的优点：上、下部结构可平行施工，工期较短；混凝土收缩和徐变的影响小，质量易于控制；有利于工业化生产。但是这种方法需要设置预制场地和拥有必要的运输和吊装设备，预制块件之间需要作连接或接缝处理。

随着吊运设备能力的不断提高，预应力工艺的逐步完善，预制安装的施工方法已在国内外得到了普遍推广。对于采用标准设计的中、小跨径的简支梁桥，现已广泛采取整片（梁）预制和整片架设的施工方法。

1）模板和支架工作

模板是用于浇筑混凝土、形成结构形状和尺寸的临时性板件，而支架是用于现浇施工过程中支撑梁体重力的临时性结构。模板和支架不仅控制梁体尺寸精度，影响施工进度和混凝土浇筑质量，还影响施工安全。

因此模板和支架应满足以下要求：①具有足够的强度、刚度和稳定性，能可靠地承受施工过程中可能产生的各种荷载；②可保证被浇筑结构的设计形状、尺寸及各部分相对位置的准确性；③构造和制作力求简单，装拆既要方便又要尽量减少对构件的损伤，以提高装、拆、运的速度和增加周转使用的次数。

（1）模板的类型和构造

按制作材料划分，桥梁施工常用的模板有木模板、钢木结合模板、钢模板。按模板的装拆方法划分，有零拼式模板、分片装拆式模板、整体装拆式模板等。

木模板通常采用零拼式或分片装拆式，其周转使用率不高，耗费木材，不宜大量采用。如果将零拼的木板用埋头螺栓连接在型钢支架上，在木板上再钉一层薄铁皮，就形成钢木结合模板，这种模板可节约木材，降低成本，而且具有较大的刚度和紧密稳固性，可用于对外观要求不太高的混凝土结构。

为保证混凝土造型和外观质量，分片装拆式和整体装拆式钢模板的应用越来越普遍。分片装拆式钢模板的侧模厚度一般由 4～8mm 的钢板、角钢做成的水平肋和竖向肋、支托竖向肋的支撑、斜撑、固定侧模用的顶横杆和底部拉杆以及安装在钢板上的振捣架等构成。底模通常用 12～16mm 的钢板制成，它通过垫木支承在底部钢横梁上。在拼装钢模板时，所有紧贴混凝土的接缝内都用止浆垫使接缝密闭不漏浆，止浆垫一般采用柔性水平肋、耐用和弹性大的厚度 5～8mm 橡胶板或厚度 10mm 左右的泡沫塑料。

近年来，在较大跨度的整孔箱梁预制中，为提高生产效率、保证混凝土浇筑质量和减轻劳动强度，开始采用整体装拆式液压钢模板系统。箱梁的内、外模板采用折臂伸缩技术，拆、装及定位采用液压技术，内模板可在底模上自动走行。

在模板就位前，应在模板内涂刷脱模剂；拆模后应及时进行清理。

（2）临时支架

就地浇筑梁桥时，需要在梁下搭设临时支架来支承模板、浇筑的结构重力以及其他施工荷载。对于装配式的桥梁施工，有时也需要搭设简易支架或支墩作为吊装过程中的临时支撑结构。

立柱式支架的立柱在顺桥方向间距一般采用 3～5m，靠墩台的立柱可设在墩台基础的襟边上；在横桥方向，立柱一般设在梁肋下。临时支架可采用木结构，也可采用工具式钢结构拼装，如贝雷梁、万能杆件、工具式钢管脚手架等。

2）钢筋工作

（1）钢筋整备

首先应对进场的钢筋通过抽样试验进行质量鉴定，合格的才能使用。抽样试验主要作抗拉极限强度、屈服点和冷弯试验。钢筋工作的特点是加工工序多，包括钢筋整直除锈、下料切断、弯制、焊接或绑扎成型等。

钢筋整直根据钢筋直径的大小可采用不同的方法。对于直径超过 10mm 的钢筋一般用锤打整直，对于直径小于 10mm 的钢筋，常用电动轿车或钢筋调直机通过冷拉整直（伸长率不大于 1‰），这样还能提高钢筋的强度和清除铁锈。

经整直的钢筋可借用钢筋冷拉和钢丝调直过程中除锈，或采用机械方法（钢丝刷或喷砂枪喷砂）进行除锈。钢筋经整直、除锈后，即可按图纸要求进行画线下料工作。

为了使成型的钢筋比较精确地符合设计要求，在下料前应计算图纸上所标明的折线尺寸与弯折处实际弧线尺寸之差值，同时还应计算钢筋在冷弯折过程中的伸长量。

（2）钢筋弯制和接头

下料后钢筋可在工作平台上用手工或电动弯筋器按规定的弯曲半径弯制成型，钢筋的两端亦应按图纸弯成所需的标准弯钩。如钢筋图中对弯曲半径未作规定时，则宜按钢筋直径的 15 倍为半径进行弯制。对于较长的钢筋，最好在接长以后再弯制，这样较易控制尺寸。

钢筋的主要连接方法有搭接法、闪光接触对焊、电弧焊（如搭接焊、帮条焊、坡口焊、熔槽焊等）、电渣压力焊、气压对焊、套管法等。搭接法现较少采用，焊接接头的传力性能较好且省钢料，应用较多。除焊接外，还可采用机械连接方式，如套筒挤压、锥螺纹、滚轧直螺纹套管接头等。

钢筋接头在构件截面内应尽量错开布置，且受拉主钢筋的接头截面积不得超过受力钢筋总截面积的 50%。装配式构件连接处受力钢筋的焊接头可不受此限制。

（3）钢筋骨架的成型

装配式 T 梁的焊接钢筋骨架应在坚固的焊接工作台上进行。骨架的焊接一般采用电弧焊，先焊成单片平面骨架，再将它组拼成立体骨架。组拼后的骨架需有足够的刚性，焊缝需有足够的强度，以便在搬运、安装和浇筑混凝土过程中不致变形、松散。

实践表明，装配式简支梁焊接钢筋骨架在焊接后在骨架平面内还会发生两端上翘的焊接变形。为此，尚应结合骨架在安装时可能产生的挠度，事先将骨架拼成具有一定的预拱度，再行施焊。

对于绑扎钢筋的安装，应事先拟定安装顺序。对梁肋内钢筋，一般先放箍筋，再装下排主筋，后装上排钢筋。在钢筋安装工作中，为了保证达到设计及构造要求，应注意下列几点：

①钢筋的接头应按规定要求错开布置。

②钢筋的交叉点应用铁丝绑扎结实，必要时，亦可用焊接。

③除设计有特殊规定者外，梁中箍筋应与主筋垂直。箍筋弯钩的叠合处，在梁中应沿纵向置于上面并交错布置。

④为了保证混凝土保护层的厚度，应在钢筋与模板间间隔、错开设置水泥浆块、混凝土垫块、塑料垫块或钢筋头垫块。

⑤为保证及固定钢筋相互间的横向净距，两排钢筋之间可使用混凝土分隔块，或用短钢筋扎结固定。

⑥为保证钢筋骨架有足够的刚度，必要时可以增加装配钢筋。

3）混凝土工作

混凝土工作包括混凝土配制、运送、浇筑、养护和拆模。

（1）混凝土的配制

混凝土一般应采用机械搅拌，上料的顺序，一般顺序是石子、水泥、砂子。人工搅拌只用于方量不大的塑性混凝土或半干硬性混凝土。不管采用机械或人工搅拌，都应使石子表面砂浆饱满，拌和料混合均匀、颜色一致。人工拌和应在铁板或其他不渗水的平板上进行，先将水泥和细集料拌匀，再加入石子和水，拌至材料均匀、颜色一致为止。如需掺入添加剂，应先将添加剂调成溶液（对可溶性添加剂），再加入拌和水中，与其他材料拌匀。在整个施工过程中，要注意随时检查和校正混凝土的流动性或工作性（又叫坍落度），严格控制水灰比，不得任意增加用水量。

混凝土添加剂（外加剂）是指能明显改善混凝土的物理化学性能，提高混凝土的强度和耐久性的外加制品，其种类较多，适用情况各异。例如，为提高干硬或半干硬性混凝土的和易性，减少混凝土的单位用水量，提高混凝土强度并且节约水泥用量，可在混凝土中掺加高效早强减水剂；为延缓混凝土的初凝时间，可掺加缓凝型减水剂；为提高泵送混凝土的流动性，可掺加泵送剂。还有其他用于防水、防冻、抗碱等的添加剂。

（2）混凝土的运送

混凝土应以最少的转运次数、最短的距离迅速从搅拌地点运至浇筑位置。当采用车辆运送时，要防止道路不平整导致混凝土因颠簸振动而发生离析、泌水和灰浆流失现象，一经发现，必须在浇筑前再次搅拌。

采用泵送混凝土时，输送管道的定位及接头应牢固可靠，防止"爆管"。当输送距离较远时，需注意管道两端混凝土坍落度的变化。夏季或冬季施工时，管道应有降温或保暖措施，防止"堵管"。

（3）混凝土的浇筑

混凝土的浇筑方法直接影响到混凝土的密实性和整体性，对混凝土的质量影响很大。因此，必须根据混凝土的拌制能力、运距、浇筑速度、气温及振捣能力等因素，认真设计混凝土的浇筑工艺。

当构件的体积较大，一次连续浇筑不能完成时，需预定结合缝，分次浇筑。在一次连续浇筑中，当构件的高度较大时，为了保证混凝土能振捣密实，应采用分层浇筑法。浇筑层的厚度与混凝土的坍落度及振捣方式有关，在常规情况下，用插入式振捣器振捣时，浇筑层厚度为振捣器作用部分长度的 1.25 倍；用平板式振捣器振捣时，浇筑厚度不超过 20cm。薄腹 T 梁或箱梁的梁肋，当用侧向附着式振捣器振捣时，浇筑层厚度一般为 30～40cm。采用人工捣固时，依据钢筋疏密程度，通常取浇筑厚度为 15～25cm。

分层浇筑时，应在下层混凝土开始凝结之前，将上层混凝土浇筑捣实完毕。在此情况下，上、下层浇筑时间间隔不宜超过 1～1.5h，也可由试验资料来确定容许的间隔时间。如果在浇筑上层混凝土时下层混凝土已经凝结，则要待下层混凝土具有不小于 1.2MPa 强度时，经将结合面凿毛处理后才可继续浇筑上层混凝土；当要求结合面具有不渗水性时，应在前层混凝土强度达到 2.5MPa 后，再浇筑新混凝土。

对大体积（各向尺寸大致在 2m 以上）混凝土，在制订浇筑方案时应注意混凝土水化热的不利影响。水化热会产生混凝土内外温差，这可能导致较大的温度应力并引起混凝土开裂。施工中可以采取的技术措施包括选择优质混凝土原材料，优化混凝土配合比，选择合理的结构形式和分缝分块方式，采用水管冷却（在混凝土内埋设水管，通过低温水循环排出混凝土内部热量）等方法降低混凝土温度，或采用外部保温方式减少混凝土内外温差。

（4）混凝土的养护和拆模

混凝土中水泥的水化作用过程，就是混凝土凝固、硬化和强度发育的过程。它与周围环境的温度、湿度有着密切的关系。当温度低于 15℃ 时，混凝土的硬化速度减慢；而当温度降至 −2℃ 以下时，硬化基本上停止；在干燥的气候下，混凝土中的水分迅速蒸发，一方面使混凝土表面剧烈收缩而导致开裂，另一方面当游离水分全部蒸发后，水泥水化作用也就停止，混凝土即停止硬化。因此，混凝土浇筑后即需进行适当的养护，以保持混凝土硬化发育所需要的温度和湿度。

目前在桥梁施工中采用最多的是在自然气温条件下（5℃ 以上）的自然养护方法。此法是在混凝土终凝时，在构件上覆盖塑料薄膜、草袋、麻袋等，定时洒水，以保持构件经常处于湿润状态。自然养护法的养护时间与水泥品种以及是否掺用外加剂有关。一般情况下，用普通硅酸盐水泥的混凝土为 7d 以上；用矿渣水泥、火山灰质水泥的为 14d 以上。每天浇水的次数，以能使混凝土保持充分潮湿为度。在一般气候条件下，当温度高于 15℃ 时，前三天内白天每隔 1～2h 浇水一次，夜间至少浇水 2～4 次，之后的养护期间内可酌情减少。在干燥的气候条件下，或在大风天气中，应适当增加浇水的次数。

自然养护法比较经济，但混凝土强度增长较慢、模板占用时间也长，特别是在低温下（5℃ 以下）不能采用。为了加速模板周转和施工进度，在预制工厂内，可采用蒸汽法养护混凝土；在现场，可添加早强剂（通常 3～4d 养护后即可拆模）。

混凝土经过养护，当强度达到设计强度的 50% 时，即可拆除梁的侧模；达到设计吊装强度并不低于设计强度的 70% 时，就可移梁或进行下道工序，如施加预应力。

4）预应力工作

后张法施加预应力的材料、设备和工艺过程内容如下：

（1）预应力技术的材料和设备

预应力技术是指预应力的锚固张拉体系。一种体系只适合于一种或两种预应力钢筋，并配有专门的张拉设备、接长装置（连接器）和孔道成型方式。

预应力钢筋主要包括钢绞线（常用者为 7 丝）、钢丝（光面钢丝、螺旋肋钢丝和刻痕钢丝）和精轧螺纹钢筋。7 丝钢绞线的抗拉强度取值为 1770～1960MPa，各类钢丝为 1470～1860MPa，精轧螺纹钢筋的可达 980MPa。

锚具、夹具是锚固预应力钢筋的装置。在后张法结构中，为保持预加力并将其传递给混凝土的永久性锚固装置，称为锚具；在施加预应力过程中，能将千斤顶（或其他张拉设备）的张拉力传递给预应力钢筋的临时或永久性锚固装置，称为夹具。对大多数预应力体系而言，两者并无本质区别。

国外主要的预应力体系包括：①法国弗雷西内（Freyssinet）体系，弗雷西内国际公司主要生产可锚固 12 根钢丝或钢绞线的锥形锚系列，锚固多根钢绞线的群锚系列；②瑞士威胜利（VSL）体系，瑞士威胜利国际公司主要生产钢绞线群锚系列；③德国地伟达（DYWIDAG）体系，为粗钢筋预应力体系；④瑞士 BBRV（BBRV 为四位发明人的名字首字母）体系，瑞士 BBRV 国际公司主要生产钢丝束锻头锚系列。

国内生产的预应力张拉锚固体系包括：①粗钢筋预应力体系，有冷轧螺纹锚（轧丝锚）和精轧螺纹钢筋张拉锚固体系；②镦头锚体系，有 DM 型、LM 型系列；③锥形锚体系，有可锚固 12～24 丝 7mm 钢丝的钢质锥形锚系列；④钢绞线群锚体系，有 XM 型、QM 型、OVM 型、YM 型、XYM 型、B&S 型、TM 型、STM 型等。

（2）孔道成型

在现浇或预制后张预应力混凝土主梁时，需先按照设计图纸位置，预留出预应力孔道，待混凝土浇筑完毕并达到规定强度后，再穿束张拉。形成孔道的材料，可采用铁皮管、橡胶棒、金属波纹管和塑料波纹管。

早期使用的铁皮管用白铁皮卷制而成，其刚度小，施工中容易变形和穿孔。将橡胶棒放置在设计位置，在混凝土未完全凝固前将其抽出，就形成孔道；但橡胶棒不易拔出，容易拉断而堵孔，且孔道的摩阻系数大。金属波纹管是采用约 0.3mm 厚、30mm 宽的钢带，用卷管机在现场制作的圆管或扁管（与扁平锚配合使用）。这种管子的抗渗漏、耐压、强度、柔韧性等指标优于铁皮管，一度在桥梁工程中普遍采用。塑料波纹管由高密度聚乙烯材料挤出成型的单壁波纹管（圆管及扁管），在实际使用中需辅以各类塑料连接件。与传统的金属波纹管相比，其具有良好的耐腐蚀性和密封性，强度高刚度大，抗冲击、抗渗透，摩阻系数小等优点。

（3）张拉

在预应力张拉前，需完成以下工作：

①用压力水清孔，并观察孔道有无串孔现象（防止漏浆或造成其他孔道的堵孔），吹干孔道内水分。

②对较短的钢束，可用人工直接穿束；对较长的钢束，可用卷扬机牵引穿束或采用钢绞线穿束机穿束。

③按施工规范的要求检查千斤顶和油泵，标定配套使用的千斤顶和油压表，保证张拉质量和精度。

预应力张拉是预应力梁施工中的关键工序，必须严格遵循有关施工规范和操作规程。所采用的千斤顶等设备、张拉程序以及具体操作方法与预应力体系（预应力钢筋和锚具类型）有关。

钢绞线群锚体系的张拉过程分为以下几步：①张拉前的准备。包括清理锚垫板和钢绞线表面，安装锚环和夹片；②安装张拉设备。包括千斤顶定位，顶紧位于千斤顶后方的工具夹片；③张拉。即向千斤顶张拉缸供油直至设计油压，并测量钢绞线伸长量；④锚固。张拉缸回油，位于锚环内的工作夹片自动锚固。在张拉完成后，即可封锚（包括卸除千斤顶，切除多余钢绞线，孔道压浆，锚固端用混凝土封平）。

（4）压浆

压浆就是用灰浆填满孔道内的所有空隙，其目的是防止预应力钢筋锈蚀，保证预应力钢筋与混凝土的握裹力，减少预应力损失。灰浆材料的水泥、水灰比、强度等应符合有关规范的要求。压浆所用设备为压浆泵，水泥浆自调制至压入孔道的间隔时间不得大于 40min，压浆速度应平缓而不中断，压力控制在 0.7MPa 以下。

压浆工艺有一次压浆法（用于不长的直线孔道）和二次压浆法（用于较长的孔道或曲线形孔道）。所谓二次压浆，就是按规定从一端完成一次压浆后，保持灰浆压力 30min，再从另一端再进行一次压浆。从目前的实践看，常规的压浆工艺，很难达到使孔道密实、饱满的要求。近年来发展的塑料波纹管及真空压浆新技术，较好地解决了这一问题。其基本原理是在塑料波纹管孔道的一端采用真空泵对孔道进行抽真空，使之产生 -0.1MPa 左右的真空度，然后用压浆泵将水泥浆从孔道的另一端压入，直至充满整个孔道，并施加不小于 0.7MPa 的正压力，以确保预应力孔道灌浆的饱满度和密实度。

3.2.2 简支梁的架设

混凝土简支梁（板）的架设，有起吊、移位、落梁等工序。从架梁的工艺类别来分，有陆地架梁法、浮吊架梁法和架桥机架梁法等；每一类架设工艺中，按起重、吊装机具等的不同，又可分成各具特色的架设方法。

1）陆地架梁法

（1）自行式吊车架梁

在桥面不高且场内可设置行车便道的情况下，用自行式吊车（汽车吊或履带吊）架设中小跨径的桥梁十分方便。此法视吊装重量不同，可分单吊（一台吊车）或双吊（两台吊车）两种。其特点是机动性好，不需要动力设备，不需要准备作业，架梁速度快。

（2）门式吊车架梁

对于桥面不太高，架桥孔数又多，沿桥墩两侧设轨道不困难的情况，可以采用一台或两台门式吊车来架梁。此时，除了吊车行走轨道外，在其内侧尚应敷设运梁轨道，或者设便道用拖车运梁。梁运到后，用门式吊车起吊、横移，并安装在预定位置。当一孔架完后，吊车前移，再架设下一孔。

2）浮吊架梁法

在海上和深水大河上修建桥梁时，可采用伸臂式浮吊架梁。这种架梁方法，高空作业较少，施工比较安全，吊装能力也大，工效也高，但需要大型浮吊。浮吊架梁时需在岸边设置临时码头来移运预制梁，鉴于浮吊船来回运梁航行时间长，可采取用装梁船储梁后成批一起架设的方法。架梁时，浮吊船需要锚固定位。

在近海环境中建造的非通航孔长桥，多采用中等跨度的混凝土梁桥，此时，采用浮吊逐孔架设梁跨结构，是最为合理的选择。

3）架桥机架梁法

架桥机架梁法适合于中小跨径多跨简支梁桥，因其安置在桥墩上，故不受墩高和水深的影响，在施工过程中不影响桥下通航（或通车）。现以联合架桥机为例，简要介绍其架设方法。

联合架桥机由一根两跨长的钢导梁、两套门式吊机和一个托架（又称蝴蝶架）三部分组成。导梁顶面敷设运梁平车和托架行走的轨道。门式吊车顶横梁上设有吊梁用的行走小车；为了不影响架梁的净空位置，其立柱底部还可做成在横向内倾斜的小斜腿，这样的吊车俗称拐脚龙门架。

架梁操作工序如下：

①在桥头拼装钢导梁，敷设钢轨，并用绞车纵向拖拉导梁就位。

②拼装蝴蝶架和门式吊机，用蝴蝶架将两个门式吊机移运至架梁孔的桥墩（台）上。

③由平车轨道运送预制梁至架梁孔位，将导梁两侧可以安装的预制梁用两个门式吊机起吊、横移并落梁就位。

④将导梁所占位置的预制梁临时安放在已架设的梁上。

⑤用绞车纵向拖拉导梁至下一孔后，将临时安放的梁架设完毕。

⑥在已架设的梁上敷接钢轨后，用蝴蝶架顺次将两个门式吊车托起并运至前一孔的桥墩上。

如此反复，直至将各孔梁全部架设好为止。

架桥机的构造有许多不同的类型。除了联合架桥机外，还有闸门式架桥机、穿巷式架桥机等。在实际工程中，还可根据梁的构造、施工单位的现有材料自行设计制造架梁设备。

必须强调指出，桥梁架设既是高空作业又需要使用大型机具设备，在操作中如何确保施工人员的安全和杜绝工程事故，这是工程技术人员的重要职责。因此，在施工前应研究制定周到而妥善的安装方案，详细分析和计算承力设备的受力情况，采取周密的安全措施。在施工中并应加强安全教育，严格执行操作规程和加强施工管理工作。

3.3　预应力混凝土连续梁桥施工

预应力混凝土连续梁桥在施工过程中常常会出现体系转换，因此施工阶段的应力与变形必须在结构设计中予以考虑。不同的施工方法，在施工各阶段的内力也不同，有时结构的控制设计出现在施工阶段。所以，对连续梁桥，设计与施工是不能也无法截然分开的，结构设计必须考虑施工方法、施工内力与变形；而施工方法的选择应符合设计的要求，形成设计与施工互相制约、相互配合、不断发展的关系。

预应力混凝土连续梁桥的施工方法很多，不同的施工方法所需的机具设备、劳动力不同，施工的组织、安排和工期也不一样，为了便于阐述，对比较相近的方法做适当的归并。

至于施工方法的选择，应根据桥梁的设计、施工现场、环境、设备、经验等因素决定。可以说绝对相同的施工方法与施工组织是不存在的，因此必须结合具体情况，切忌生搬硬套。施工方法的选择是否合理将影响整个工程造价，涉及施工质量和工期。当今的桥梁工程建设，施工起着更加重要的作用。下面主要介绍有支架就地浇筑施工、移动模架法和顶推法。

3.3.1 有支架就地浇筑施工

在支架上就地浇筑施工是古老的施工方法，以往多用于桥墩较低的中、小跨连续梁桥。它的主要特点是桥梁整体性好，施工简便可靠，对机具和起重能力要求不高。对预应力混凝土连续梁桥来说，结构在施工中不出现体系转换问题。但这种施工方法需要大量施工脚手架，且工期长。

随着钢脚手架的应用和支架构件趋于常备化以及桥梁结构的多样化发展，如变宽桥、弯桥和强大预应力系统的应用，在长大跨径桥梁中，采用有支架就地浇筑施工可能是经济的，因此扩大了应用范围。尽管如此，相对于其他施工方法，采用有支架就地浇筑施工的桥梁总数也并不多。因此在选择施工方法时，要进行比较，综合考虑。

1）支架的形式

支架按其构造分为立柱式、梁式和梁-立柱式。

立柱式构造简单，用于陆地或不通航河道以及桥墩不高的小跨径桥梁。

梁式支架根据跨径不同采用工字钢、钢板梁或钢桁梁，一般工字钢用于跨径小于10m的桥梁，钢板梁用于跨径小于20m的桥梁，钢桁梁用于跨径大于20m的桥梁。梁可以支承在墩旁支架上，也可支承在桥墩预留托架上或桥墩处横梁上。

梁-立柱式支架在大跨桥上使用，梁支承在桥梁墩台以及临时支架或临时墩上，形成多跨连续支架。

支架除支撑模板、就地浇筑施工外，还要设置卸落设备；待梁施工完成后，落架脱模。曲线桥梁的支架是通过折线形支架和调节伸臂长度来适应平面曲线的要求。

2）对支架的要求

（1）支架虽是临时结构，但要承受桥梁的大部分恒重，因此必须有足够的强度、刚度，保证就地浇筑的顺利进行。支架的基础要可靠，构件结合紧密并加入纵、横向连接杆件，使支架成为整体。

（2）在河道中施工的支架要充分考虑洪水和漂浮物的影响，除对支架的结构构造有所要求外，在安排施工进度时还应尽量避免在高水位情况下施工。

（3）支架在受荷后有变形和挠度，在安装前要有充分的估计和计算，并在安装支架时设置预拱度，使就地浇筑的主梁线形符合设计要求。

（4）支架的卸落设备有木楔、砂筒和千斤顶等。卸架时要对称、均匀，不应使主梁发生局部受力的状态。

3）施工方法

预应力混凝土连续梁桥需要按一定的施工程序完成混凝土的就地浇筑，待混凝土达到要求的强度后，拆除模板，进行预应力筋的张拉、管道压浆工作。至于何时落架，则应与施工程序和预应力筋的张拉工序相配合。但在某些桥上，为减轻支架的负担，节省临时工程数量，主梁截面的某些部分在落架后利用主梁自身支承，继续浇筑第二期结构的混凝土，这样就能使浇筑和张拉的工序重复进行。

3.3.2 移动模架法

为适应高架桥的快速施工，节省劳动力、减轻劳动强度和少占施工场地，可利用机械化的支架和模板逐跨移动，现浇混凝土施工，这就是移动模架法。常用的移动模架可分为移动悬吊模架和活动模架两种。

1）移动悬吊模架施工

移动悬吊模架的形式很多，各有差异，就其基本结构而言包括三部分：承重梁、从承重梁伸出的肋骨状的横梁和支承主梁的移动支撑。这里需要注意的是承重梁和从承重梁伸出的肋骨状的横梁。

承重梁通常采用钢梁，长度大于两倍跨径，是承受施工设备自重、模板系统重力和现浇混凝土重力的主要构件。承重梁的后段通过可移式支撑落在已完成的梁段上，它将重力传给桥墩（或坐落在墩顶）；承重梁的前端支承在桥墩上，工作状态呈单臂梁。承重梁除起承重作用外，在一孔梁施工完成后，还可作为导梁与悬吊模架一起纵移至下一施工孔。承重梁的移位以及内部运输由数组千斤顶或起重机完成，并通过中心控制操作。

从承重梁两侧悬出许多横梁覆盖板梁全宽，并由承重梁向两侧各用 2～3 组钢索拉紧横梁，以增加其刚度。横梁的两端各自用竖杆和水平杆形成下端开口的框架，并将主梁包在内部。当模板处于浇筑混凝土状态时，模板依靠下端的悬臂梁和锚固在横梁上的吊杆定位，并用千斤顶固定模板；当横架需要纵向位移时，放松千斤顶及吊杆，模板固定在下端悬臂上，并转动该梁前端一段可移动的部分，使横架在纵移状态可顺利地通过桥墩。

2）活动模架施工

活动模架施工法是使用移动式的脚手架和装配式的模板，在桥上逐孔浇筑施工。它像一座设在桥孔上的活动预制厂，随着施工进程不断移动和连续现浇施工。它由承重梁、导梁、台车、桥墩托架和模架等构件组成。在箱形梁两侧各设置一根承重梁，用来支撑模架和承受施工重力。承重梁的长度要大于桥梁跨径，浇筑混凝土时承重梁支撑在桥墩托架上。导梁主要用于运送承重梁和活动模架，因此，需要有大于两倍桥梁跨径的长度。当一孔梁的施工完成后便进行脱模卸架，由前方台车和后方台车在导梁和已完成的桥梁上面，将承重梁和活动模架运送至下一桥孔。承重梁就位后，再将导梁向前移动。

当采用移动模架施工时，连续梁分段的接头部位应放在弯矩最小的部位，若无详细计算资料，可以取距离桥墩 1/5 处。

3.3.3 顶推法

1）顶推法施工概述

顶推法多用于预应力钢筋混凝土连续梁桥和斜拉桥梁的施工。它是沿桥纵轴方向，在桥台后设置预制场地，分节段预制，并用纵向预应力筋将预制节段与前阶段施工完成的梁体连成整体，在梁体前安装长度为顶推跨径 0.7 倍左右的钢导梁，然后通过水平千斤顶，借助滑动装置将梁体向前顶推出预制场地，使梁体通过各墩顶临时滑动支座面就位，之后继续在预制场地进行下一节段梁的预制，重复直至全部完成。顶推完毕就位后，拆除顶推用的临时预应力筋束，张拉通长的纵向预应力筋束以及在顶推时未张拉到设计值的筋束，然后灌浆、封端、落梁。

顶推法适用于桥下空间不能利用的施工场地，例如在高山深谷和水深流急的河道上建桥以及多跨连梁桥施工。

2）顶推法分类

顶推法施工按顶推千斤顶的设置分为单点顶推、多点顶推；按动力装置的类别可分为步距式顶推和连续顶推；按顶推方向分为单向顶推和双向顶推；按顶推连续性分为间断顶推和连续顶推；按是否利用永久支座分为设置临时滑动支承顶推、使用与永久支座兼用的滑动支承顶推。

（1）单点顶推

单点顶推水平力的施加位置一般集中在主梁预制场附近的桥台或桥墩上，前方各墩上设置滑移支承。顶推装置又可分为以下两种。

①用水平加垂直千斤顶的顶推装置。该装置由垂直顶升千斤顶、滑架、滑台（包括滑块）、水平千斤顶组成。它一般设置在紧靠梁段预制场地的桥台或支架底处。滑架长度约为2m，固定在桥台或支架上。滑台是钢制方块体，其顶面垫以氯丁橡胶块承托着梁体。滑台与滑架之间垫有滑块。顶推时，先将垂直千斤顶落下，使梁支承在水平千斤顶前端的滑块上；然后开动水平千斤顶的油泵，通过活塞向前推动滑块，利用梁底混凝土与橡胶的摩阻力大于聚四氟乙烯与不锈钢的摩擦力带动梁体向前移动；再然后顶起千斤顶，使梁升高，脱离滑块；最后向千斤顶小缸送油，活塞后退，把滑块退回原处。之后再把垂直千斤顶落下，使梁支承在滑块上，开始下一顶推过程。

②用拉杆的顶推装置。该装置在桥台（墩）前安装，采用大行程水平穿心式千斤顶，使其底座靠在桥台（墩）上；拉杆的一端与千斤顶连接，另一端固定在箱梁侧壁上（在梁体顶、底预留孔内插入强劲的钢锚柱，由钢横梁锚住拉杆）。顶推时，通过千斤顶顶升带动拉杆牵引梁体前进。单点顶推适用于桥台刚度大、梁体轻的施工条件。

（2）多点顶推

单点顶推在顶推前期和后期，垂直千斤顶顶部同梁体之间的摩擦不能带动梁体前移，必须依靠辅助动力才能完成顶推。此外，单点顶推施工中没有设置水平千斤顶的高墩，尤其是柔性墩在水平力作用下会产生较大的墩顶位移，威胁到结构的安全。为克服单点顶推的缺点，人们研发了多点顶推施工方法。

多点顶推是在每个墩台上设置一对顶推装置，要求千斤顶同步运行，将集中的顶推力分散到各个垫块上。顶推装置由光滑的不锈钢板与组合的聚四氟乙烯滑块（由聚四氟乙烯板与具有加劲钢板的橡胶块构成）组成。顶推时滑块在不锈钢板上滑动，并在前方滑出，通过在滑道后方滑入滑块，带动梁身前进。顶推施工时，梁应支承在滑动的支座上，以减小阻力，才能向前。顶推施工的滑道是在墩上临时设置的，用于滑移梁体和起到支承作用。主梁顶推就位后，拆除顶推设备，用数台大吨位竖向千斤顶同步将一联主梁顶起，拆除滑道及滑道底座混凝土垫块，安放正式支座，进行落梁就位。

多点顶推施工的关键在于需通过中心控制室控制启动、前进、停止和换向，适用于桥墩较高、截面尺寸又小的柔性墩施工。

3）顶推法施工关键工序

（1）准备预制场地

预制场地应设在桥台后面桥轴线的引道或引桥，当为多联顶推时，为加速施工进度，可在桥两端均设场地，由两端相对顶推。预制场地的长度应考虑梁段悬出时反压段的长度、梁段底板与腹（顶）板预制长度、导梁拼装长度和机具设备材料进入预制作业线的长度；预制场地的宽度应考虑梁段两侧施工作业的需要。

预制场地上直搭设固定或活动的作业棚，其长度宜大于 2 倍预制梁段长度，使梁段作业不受天气影响，并便于混凝土养护。

在桥端路基上或引桥上设置预制台座时，其地基或引桥的强度、刚度和稳定性应符合设计要求，并应做好台座地基的防水、排水设施，以防沉陷。在荷载作用下，台座顶面变形不应大于 2mm。台座的轴线应与桥梁轴线的延长线重合，台座的纵坡应与桥梁的纵坡一致。

（2）预制及养护梁段

模板一般宜采用钢模板，底模与底架连成一体并可升降，侧模宜采用旋转式的整体模板，内模板采用安装在可移动的台车上的升降旋转整体模板。钢筋工程应做好接缝处纵向钢筋的搭接，模板应保证刚度和制作精度，混凝土可采用全断面整段浇筑或两次浇筑，支座位置处的隔板在整个梁顶推到位并完成解联后进行浇筑，振捣时应避免振动器碰撞预应力筋管道、预埋件等。

（3）施加梁段预应力

梁段预应力束的布置和张拉次序、临时束的拆除次序等，应严格按照设计规定执行。在桥梁顶推就位后需要拆除的临时预应力束张拉后不应灌浆，锚具外露出的多余预应力束不必切除。梁段间需连接的永久预应力束，应在梁端间留出适当空间，用预应力束连接器连接，张拉后用混凝土填塞。

预制梁段的技术要求：底板平整度，要有一定的刚度和硬度；严格控制钢筋、预应力筋孔道、预埋件的位置；严格控制混凝土的浇筑质量，尽可能采用机械化装拆模板。

（4）运输与吊装梁段

梁段现场拼装平台与现浇连续箱梁台座相同，也可采用间歇式临时墩组成，确保梁段在拼装机顶推过程中不发生失稳沉降和偏斜。梁段在拼装过程中应确保各制作节段相对位置准确，及时检查与纠正。

（5）架设导梁

导梁宜为钢导梁（钢横梁、钢框梁、贝雷梁或钢桁梁）。采用在分联顶推时，其与顶推的连接方式应符合设计要求。

（6）设置临时墩及平台

当跨径较大时，为减小顶推时梁的内力，宜设置临时墩。城市桥梁工程临时墩的设置应考虑桥下交通、拆除等综合因素。临时墩需有足够的刚度来承受顶推时产生的水平推力，并在最大竖向荷载作用下不产生较大沉降。临时墩通常只设置滑道，需设置顶推装置时，应通过计算确定。

（7）顶推梁段

顶推施工前应对顶推设备、千斤顶、油泵、控制装置及梁段中线、各滑道顶面标高等进行检查。做好顶推各项准备工作后，方可进行顶推。根据施工组织设计要求安装顶推泵站，顶推泵站宜采用变量泵站、分级调压、集中控制，使各千斤顶同步、有序、高效地进行顶推施工。

第4章 市政给排水管道工程施工、检测、管理技术

4.1 市政给排水管道工程概述

4.1.1 市政给水管道工程

在市政给水工程中，给水管道系统也被称为给水管网。

1）市政给水管道系统组成

市政给水管道系统一般由输水管（渠）、配水管网、水压调节设施（泵站、减压阀）及水量调节设施（清水池，水塔、高地水池）等构成。

（1）输水管（渠）

输水管（渠）是指在较长距离内输送水量的管道或渠道，如从水源到水厂的管道或渠道、从水厂将清水输送至供水区域的管道（渠道）、从供水管网向某些大用户供水的专用管道、区域给水系统中连接各区域管网的管道等。

（2）配水管网

配水管网是指分布在供水区域内的配水管道网络，其功能是将来自输水管渠末端或储水设施的水量分配输送到整个供水区域，使用户能从近处接管用水。

配水管网由主干管、干管、支管、连接管、分配管等构成。配水管网中还需要安装消火栓、阀门（闸阀、排气阀、泄水阀等）和检测仪表（压力、流量、水质检测等）等附属设置，以保证消防供水和满足生产调度、故障处理、维护保养等管理需要。

（3）泵站

泵站是输配水系统中的加压设施，一般由多台水泵并联组成。市政给水管道中的泵站有提升原水的设备称为一级取水泵站、供水泵站和加压泵站。其中，供水泵站又被称为二级泵站，一般位于水厂内部，将水厂清水池中的水加压后送入输水管或配水管网；加压泵站又被称为三级泵站，是对远离水厂的供水区域或地形较高的区域进行加压，以满足用水水压要求。

（4）水量调节设施

水量调节设施包括清水池、水塔和高地水池等，其中清水池位于水厂内，水塔和高地水池位于给水管网中。水量调节设施的主要作用是调节供水和用水的流量差以及储存备用水量，以保证消防、检修、停电和事故等情况下的用水，提高市政给水系统安全可靠性。

2）市政给水管道管材

给水管道管材是给水系统中造价最高并且是极为重要的组成部分。给水管道由众多水管与各种管件连接而成。

水管为工厂现成产品，运到施工工地后进行埋管和接口。水管可分金属管和非金属管。

管材的选择，取决于承受的水压、外部荷载，埋管条件、供应情况等。

按照水管工作条件，水管性能应满足相关要求。

①有足够的强度，可以承受各种内外荷载。

②水密性好。水密性是保证管网有效而经济地开展工作的重要条件。管线的水密性差以至经常漏水，无疑会增加管理费用和导致经济上的损失。同时，管网漏水严重时会冲刷地层引起严重的塌陷事故。

③水管内壁面应光滑，以减小水头损失。

④价格较低、使用年限较长、有较高的防止水和土壤侵蚀的能力。此外，水管接口应施工简便，工作可靠。

市政给水管道管材主要有铸铁管、钢管、钢筋混凝土管和塑料管四类。

（1）铸铁管

铸铁管是市政给水管道系统中使用最多的一种管材。铸铁管按材质可分为连续铸铁管和球墨铸铁管。

连续铸铁管即连续铸造的灰口铸铁管，耐腐蚀性比钢管强，以往使用最广。但由于连续铸铁管的工艺缺陷，质地较脆，抗冲击和抗震能力较差，质量较大，经常发生接口漏水、水管断裂和爆管事故，连续铸铁管现在使用较少。可用在直径较小的管道上，同时采用柔性接口，必要时可选用较大一级的壁厚，以保证安全供水。

球墨铸铁管具有连续铸铁管的许多优点，机械性能有很大提高，其强度是连续铸铁管的多倍，抗腐蚀性能远高于钢管，价格高于连续铸铁管但低于钢管，因此是理想的管材。球墨铸铁管的质量比连续铸铁管轻，较少发生爆管、渗水和漏水现象，可以减少管网漏损率和管网维修费用。球墨铸铁管通常采用推入式楔形胶圈柔性接口，也可用法兰接口。球墨铸铁管施工安装方便、接口的水密性好、有适应地基变形的能力、抗震效果也好。

（2）钢管

市政给水管道常用的钢管有焊接钢管和无缝钢管两种。前者适用于大、中口径管道；后者适用于中、小口径管道。

在市政给水管道系统中，钢管一般用作大、中口径和高压力的输水管道，特别适用于地形复杂，有地质、地形条件限制或需穿越铁路、河谷和地震地区情况。选用钢管时，应特别注意防腐蚀，除了内壁衬里、外壁涂层外，必要时还应作阴极保护。

钢管用焊接或法兰接口。所用配件如三通、四通、弯管和渐缩管等，由钢板卷焊而成，也可直接用标准铸铁配件连接。

（3）钢筋混凝土管

市政给水管道工程常用钢筋混凝土管有三种：自应力钢筋混凝土管、预应力钢筋混凝土管和预应力钢筒混凝土管。

自应力钢筋混凝土管一般仅用于农村及中、小城镇给水，口径较小。

预应力钢筋混凝土管分普通预应力钢筋混凝土管和加钢套筒的预应力钢筋混凝土管两种。预应力钢筋混凝土管的特点是价格较低，抗震性能比连续铸铁管强、管壁光滑、水力条件好、耐腐蚀性能优于钢管和爆管率低，但质量大，不便于运输和安装，有条件时最好就地制造。预应力钢筋混凝土管用于大，中口径管道。

预应力钢筒混凝土管是在管芯中间夹一层厚约 1.5mm 薄壁钢管，然后在环向绕一层或两层预应力钢丝。它兼具钢管和预应力钢筋混凝土管的某些优点，如水密性优于钢筋混凝土管，耐腐蚀性优于钢管，价格比钢管低，但质量较大，运输、安装不便。

（4）塑料管

给水系统常用的塑料管有多种，如聚乙烯管、硬聚氯乙烯管等。塑料管优点是不易结垢、水头损失小、耐腐蚀性能优良、质量小、加工和接口方便等。由于管壁光滑，在相同流量和水头损失情况下，塑料管的管径可比铸铁管小。

聚乙烯管管材按密度可分为低密度聚乙烯管、中密度聚乙烯管和高密度聚乙烯管。其中高密度聚乙烯管具有较高的强度、寿命长、无毒、韧性好。

硬聚氯乙烯管的力学性能和阻燃性能好，价格较低，因此应用较广。硬聚氯乙烯管的工作压力宜低于 2.0MPa。硬聚氯乙烯管的缺点是质地较脆，强度不如钢管。

3）市政给水管道附件

市政给水管道系统除了水管以外还应设置各种附件，以保证管网的正常工作。市政给水管道附件主要有截断阀门、止回阀、排气阀、泄水阀和消火栓等。

（1）截断阀门

截断阀门用来截断或者接通介质流量。阀门的布置要数量少而调度灵活。给水管道中常用闸阀和蝶阀。

闸阀内的闸板有楔式和平行式两种。根据阀门使用时阀杆是否上下移动，可分为明杆和暗杆两种。明杆是阀门启闭时，阀杆随之升降，因此易于掌握阀门启闭程度，适宜于安装在泵站内。暗杆适用于安装和操作地位受到限制之处，否则当阀门开启时阀杆上升会妨碍工作。

蝶阀结构简单，阀的长度较小，开启方便，旋转 90° 就可全开或全关。蝶阀宽度较一般阀门为小，但闸板全开时将占据上下游管道的位置，因此不能紧贴楔式和平行式阀门旁安装。

（2）止回阀

止回阀是限制压力管道中的水流朝一个方向流动的阀门。微阻缓闭止回阀和液压式缓冲止回阀还有防止水锤的作用。

（3）排气阀

排气阀安装在管线的隆起部分，使管线投产时或检修后通水时，管内空气可经此阀排出。平时用以排除从水中释出的气体，以免空气积在管中，以致减小过水断面积和增加管线的水头损失。长距离输水管一般随地形起伏敷设，在高处设排气阀。

（4）泄水阀

在管线的最低点须安装泄水阀，它和排水管连接，以排除水管中的沉淀物以及检修时放空水管内的存水。泄水阀和排水管的直径，由所需放空时间决定。

（5）消火栓

消火栓分地下式和地上式。地下式适用于气温较低的地区。每个消火栓的流量为 10～15L/s。

地上式消火栓一般布置在道路旁消防车可以驶近的地方，在道路两侧或单侧安装。地下式消火栓安装在阀门井内，安装间距通常为 100～200m。

4）市政给水管道附属设施

（1）阀门井

管网中的附件一般应安装在阀门井内。为了降低造价，配件和附件应布置紧凑。阀门井的平面尺寸，取决于水管直径以及附件的种类和数量。但应满足阀门操作和安装拆卸各种附件所需的最小尺寸。井的深度由水管埋设深度确定。但是，井底到水管承口或法兰盘底的距离至少为 0.1m，法兰盘和井壁的距离宜大于 0.15m，从承口外缘到井壁的距离，应在 0.3m 以上，以便于接口施工。阀门井一般用砖砌，也可用钢筋混凝土建造。

（2）支墩

承插式接口的管线，在弯管处、三通处、水管末端的盖板上以及缩管处，都会产生拉力，接口可能因此松动脱节而使管道漏水，因此在这些部位需设置支墩以承受拉力和防止事故。但当管径小于 350mm 或转弯角度小于 10°，且所承受的水压力不超过 980kPa 时，若采用刚性接口，可不设支墩。

（3）管线穿越障碍物

管线穿越铁路时，其穿越地点、方式和施工方法，应按照有关铁道部门穿越铁路的技术规范，根据铁路的重要性，采取如下措施：

①穿越临时铁路或一般公路，或非主要路线且水管埋设较深时，可不设套管，但应尽量将铸铁管接口放在铁路两股道之间，钢管则应有防腐措施；穿越较重要的铁路或交通频繁的公路时，水管须放在钢筋混凝土套管内，套管直径根据施工方法而定，大开挖施工时应比给水管直径大 300mm，顶管法施工时应比给水管的直径大 600mm。穿越铁路或公路时，水管管顶应在铁路路轨底或公路路面以下 1.2m 左右。管道穿越铁路时，两端应设检查井，井内设阀门或排水管等。

②管线穿越河川山谷时，可利用现有桥梁架设水管，或敷设倒虹管，或建造水管桥。给水管架设在现有桥梁下穿越河流最为经济，施工和检修比较方便，通常水管架在桥梁的人行道下。倒虹管从河底穿越，其优点是隐蔽，不影响航运，但施工和检修不便。倒虹管一般用钢管，并须加强防腐措施。

③大口径水管由于质量大，架设在桥下有困难时，或当地无现成桥梁可利用时，可建造专门的水管桥，架空跨越河道。钢管过河时，本身也可作为承重结构，称为拱管，施工简便，并可节省架设水管桥所需的支撑材料。

4.1.2　市政排水管道工程

1）常用排水管渠断面

（1）排水管渠断面形式的基本要求

排水管材的断面形式除必须满足静力学、水力学方面的要求外，还应经济和便于养护。在静力学方面，管道必须有较大的稳定性，在承受各种荷载时是稳定和坚固的。在水力学方面，管道断面应具有最大的排水能力，并在一定的流速下不产生沉淀物。在经济方面，管道单位长度造价应该是最低的。在养护方面，管道断面应便于冲洗和清通淤积。

（2）常用的管渠断面形式

最常用的管渠断面形式是圆形，半椭圆形、马蹄形、矩形、梯形和蛋形等也常见。

2）常用排水管渠材料

（1）对管渠材料的要求

①排水管渠必须具有足够的强度，以承受外部的静荷载和动荷载以及内部水压。

②排水管渠应具有能抵抗污水中杂质的冲刷和磨损的作用以及抗腐蚀的性能。

③排水管渠必须不透水，以防止污水渗出或地下水渗入。

④排水管渠的内壁应整齐光滑，使水流阻力尽量减少。

⑤排水管渠应就地取材并考虑到预制管件及快速施工的可能。

（2）常用排水管道的材料及制品

①混凝土管和钢筋混凝土管

混凝土管和钢筋混凝土管适用于排除雨水、污水。管口通常有承插式、企口式和平口式三种。

②陶土管

陶土管是由塑性黏土制成的。根据需要可制成无釉、单面釉、双面釉的陶土管。若采用耐酸黏土和耐酸填充物，还可以制成特种耐酸陶土管。陶土管一般制成圆形。

③金属管

常用的金属管有铸铁管及钢管。室外重力流排水管道一般很少采用金属管，只有当排水管道承受高内压，高外压或对渗漏要求特别高的地方采用，如排水泵站的进出水管、穿越铁路和河道的倒虹管等。

④聚氯乙烯塑料硬质管

聚氯乙烯塑料硬质管近年在排水工程中得到了广泛应用。PVC 管材质量轻，便于施工和搬运。聚氯乙烯塑料硬质管具有优异的耐酸、耐碱和耐腐蚀性能，特别适用于酸、碱废水和腐蚀性废水。聚氯乙烯塑料硬质管道水力条件较好。

（3）大型排水管渠常用材料

当排水管渠设计直径大于 2m 时，可以在现场建造排水管渠。建造大型排水管渠的常用材料有砖、石、陶土块、混凝土块、钢筋混凝土块和钢筋混凝土。大型排水管渠的断面形式有矩形、圆形、半椭圆形等。

4.2 市政给排水管道开挖施工技术

市政给排水管道开挖（槽）施工虽是传统的施工方法，但采用新管材、新技术和新设备，加快了工程进度，工期大大缩短，此法仍是城镇给水与排水施工的主要方法。

管道开槽施工，根据管道种类、地质条件、管材和施工机械条件等不同，其施工工艺有所不同，但其主要工艺步骤是相同的，主要包括测量放线、沟槽开挖与地基处理、管道基础施工、下管和稳管、给水球墨铸铁管安装、给水钢管安装、给水附属构筑物的施工、给水管道严密性试验（水压试验）、（钢筋）混凝土排水管道安装（铺设）、排水管道严密性试验（闭水试验）和沟槽回填。

4.2.1 测量放线和沟槽开挖与地基处理

1）测量放线

沟槽的测量控制工作是保证管道施工质量的先决条件。市政给排水管道工程开工前，应进行以下测量工作。

①核对水准点，建立临时水准点。

②核对接入原有管道或河道的高程。

③测设管道中心线、开挖沟槽边线、坡度线及附属构筑物的位置。

④堆土堆料界限及其他临时用地范围。

在施工单位与设计单位进行交接后，施工人员按设计图纸及施工方案的要求，用全站仪等测量仪器测定管道的中线桩（中心线），高程水准点。给水管道一般每隔 20m 设中心桩，排水管道一般每隔 10m 设中心桩，但在阀门井、管道分支处、检查井等附属构筑物处均应设中心桩。管道中心线测定后，在中心线两侧各量 1/2 沟槽上口宽度，拉线撒白灰，定出管沟开挖边线。测定管道中线桩并放出沟槽开挖边线的过程叫测量放线。

2）沟槽开挖与地基处理

（1）沟槽断面

①沟槽断面形式

开槽断面形式的选择依据管径大小、材质、埋深、土壤的性质、埋设的深度来选定。常用的沟槽断面形式有直槽、梯形槽，混合槽及联合槽等。

直槽，即槽帮边坡基本为直坡（边坡坡度小于 0.05 的开挖断面）。直槽一般用于工期短，深度较浅的小管径工程，或地下水位低于槽底，直槽深度不超过 1.5m 的情况。如在无地下水的天然湿度的土中开挖沟槽，可按直槽开挖。在城区，为减少开挖面积大多采用直槽断面形式，如深度超过最大挖深，则必须采用支护形式，以保证施工安全。

梯形槽（大开槽），即槽帮具有一定坡度的开挖断面，可不设支撑，应用较广泛。

混合槽，即由直槽与梯形槽组合而成的多层开挖断面，适合较深的沟槽开挖。

联合槽一般用于平行铺设雨水和污水管道的接口部位。

②沟槽断面尺寸

沟槽断面尺寸包括挖深、底宽和槽帮坡度。挖深即沟槽的深度，是由管道埋设深度而定的。底宽即沟槽底部的开挖宽度，槽底宽度应满足管槽的施工要求。槽帮坡度即为了保持沟壁的稳定，要有一定的沟边坡度。槽帮坡度应根据土壤种类、施工方法、槽深等因素确定。

③接口工作坑尺寸

接口工作坑是在接口处加深加宽，以供管道接口所用。接口工作坑应在沟内测量，确定其位置后，下管前挖好。

（2）沟槽开挖

沟槽土方开挖方法有人工开挖和机械开挖两种。如采用机械开挖，在接近槽底时，一定要采用人工开挖清底，以免出现超挖。

①人工开挖

沟槽在 3m 以内，可直接采用人工开挖。超过 3m 应分层开挖，每层深度不宜超过 2m。人工开挖多层沟槽的层间留台宽度；放坡开槽时不应小于 0.8m，直槽时不应小于 0.5m，安装井点设备时不应小于 1.5m。

②机械开挖

分层开挖时，沟槽分层的深度按机械性能确定。在机械开挖中常用单斗挖掘机和多斗挖土机。

液压挖掘装载机能完成挖掘、装载、起重、推土、回填、垫平等工作。常用于中小型管道沟槽的开挖，可边挖槽边安装管道。适用于一般大型机械不能适应的管沟施工现场。

（3）沟槽支撑

沟槽支撑是防止槽帮土壁坍塌的一种临时性挡土结构。一般情况下，沟槽土质较差，深度较大而又挖成直槽时，或高地下水位、砂性土质并采用表面排水措施时，均应设支撑。目的为防止施工中土壁坍塌，创造安全的施工条件。

①支撑形式

支撑一般有横撑、竖撑、板桩撑三种。其中横撑和竖撑统称为撑板支撑。支撑材料一般有木材或钢材两种。

横撑一般用于土质较好，地下水量较小的沟槽。由撑板、立柱（立楞）和横撑（撑杠）组成，有疏撑和密撑之分。

竖撑一般用于土质较差，地下水较多的沟槽。由撑板、横梁（横木）和横撑（撑杠）组成。竖撑的撑板可在开挖沟槽过程中先于挖土插入土中，在回填以后再拔出，所以，支撑和拆撑都较安全。竖撑也有疏撑和密撑之分。

板桩撑俗称板桩，常用于地下水严重、有流砂的弱饱和土层中的沟槽。板桩在沟槽开挖前用打桩机打入土中，并深入槽底一定长度，可以保证沟槽开挖的安全，还可以有效地防止流砂渗入。有企口木板桩和钢板桩两种，其中以钢板桩使用较多。

②钢板桩的支设

钢板桩材料一般采用槽钢、工字钢或定型钢板桩，槽钢长度一般为 6～12m，定型板（拉伸板桩）长度一般为 10～20m。钢板桩的平面布置形式有间隔排列、无间隔排列、咬合排列。

钢板桩的入土深度应根据沟槽开挖深度、土层性质等因素确定，入土深度除应保证板桩自身的稳定外，还应确保沟槽或基坑不会出现隆起或管涌现象。可先按照现场支撑条件和施工实际情况，根据沟槽的开挖深度和土层性质选取合适的板桩入土深度和沟槽深度的比值，然后根据比值和沟槽深度计算出入土深度。

打桩机械有柴油打桩机，落锤打桩机、静力压桩机等。

（4）沟槽降排水

沟槽施工时，常会遇到地下水、雨水及其他地表水，如果没有一个可靠的排水措施让这些水流入沟槽，将会引起基底湿软、隆起、滑坡、流砂、管涌等事件。

雨水及其他地表水的排除方法一般是在沟槽的周围筑堤截水，并采用地面坡度设置沟渠，把地面水疏导到他处。

地下水的排除一般有明沟排水和人工降低地下水位两种方法。选择施工排水的方法时，应根据土层的渗透能力、降水深度、设备状况及工程特点等因素，经周密考虑后确定。

①明沟排水

明沟排水由排水井和排水明沟组成。在开挖沟槽之前先挖好排水井，然后在开挖沟槽至地下水面时挖出排水沟，沟槽内的地下水先流入排水沟，再汇集到排水井内，最后用水泵将水排出。

排水井宜布置在沟槽以外，距沟槽底边 1.0～2.0m，每座井的间距与含水层的渗透系数、出水量的大小有关，一般间距不宜大于 150m。当作业面不大或在沟槽外设排水井有困难时，可在沟槽内设置排水井。排水井井底应低于沟槽底 1.5～2.0m，保持有效水深 1.0～1.5m，并使排水井水位低于排水沟内水位 0.3～0.5m 为宜。排水井应在开挖沟槽之前先施工。排水井井壁可用木板密撑、直径 600～1250mm 的钢筋混凝土管、钢材等支护。一般带水作业，挖至设置深度时，井底应用木盘或填卵石封底，防止井底涌沙，造成排水井四周坍塌。

当沟槽开挖接近地下水位时，视槽底宽度和土质情况，在槽底中心或两侧挖出排水沟，使水流向排水井。排水沟断面尺寸一般为 30cm×30cm。排水沟底低于槽底 30cm，以 3％～5％坡度坡向排水井。

排水沟结构依据土质和工期长短，可选用放置缸瓦管填卵石或者用木板支撑等形式，以保证排水畅通。

②人工降低地下水位

在非岩性的含水层内钻井抽水，井周围的水位就会下降，并形成倒伞状漏斗，如果将地下水降低至槽底以下（不应小于 0.5m），即可干槽开挖。这种降水方法称为人工降低地下水位法。人工降低地下水位的方法有轻型井点、喷射井点、电渗井点、深井井点等，选用时应根据地下水的渗透性能、地下水水位、土质及所需降低的地下水位深度等情况确定。

（5）地基处理

地基是指沟槽底的土壤部分，常用的有天然地基和人工地基。当天然地基的强度不能满足设计要求时，应按设计要求进行加固；当槽底局部超挖或发生扰动时，应进行基底处理。

①地基加固方法

地基的加固方法较多，管道地基的常用加固方法有换土加固法、压实加固法和挤密桩等。

换土加固法有挖除换填和强制挤出换填两种方式。挖除换填是将基础底面下一定深度的弱承载土挖去，换为低压缩性的散体材料，如素土、灰土、砂、碎石、块石等。强制挤出换填是不挖除原弱土层，而借换填土的自重下沉将弱土挤出。

压实加固法是用机械的方法，使土空隙率减少、密度提高。压实加固是各种加固法中最简单、成本最低的方法。

挤密桩加固法是在承压土层内，打设很多桩或桩孔，在桩孔内灌入砂，成为砂桩，以挤密土层，减少空隙体积，增加土体强度。当沟槽开挖遇到粉砂、细沙、亚砂土及薄层砂质黏土、下卧透水层，由于排水不畅发生扰动，深度在 1.8～2.0m 时，可采用砂桩法挤密排水来提高承载力。

②基底处理规定

超挖深度不超过 150mm 时，可用挖槽原土回填夯实，其压实度不应低于原地基土的密实度。

槽底地基土壤含水量较大，不适于压实时，应采取换填等有效措施。

排水不良造成地基土扰动时，扰动深度在 100mm 以内，宜填天然级配砂石或砂砾处理。扰动深度在 300mm 以内，但下部坚硬时，宜换填卵石或块石，并用砾石填充空隙并找平表面。

设计要求换填时，应按要求清槽，并经检查合格，回填材料应符合设计要求或有关规定。

4.2.2　管道基础施工与下管和稳管

1）管道基础施工

管道基础是指管子或支撑结构与地基之间经人工处理过的或专门建造的构筑物，其作用是将管道较为集中的荷载均匀分布，以减少对地基单位面积的压力，或由于土的特殊性质的需要，为使管道安全稳定运行而采取的种技术措施。

一个完整的管道基础应由两部分组成，即管座和基础。设置管座的目的在于使基础和管子连成一个整体，以减少对地基的压力和对管子的反力。管座包围管道形成的中心角越大，则基础所受的单位面积的压力和地基对管子作用的单位面积的反力越小。而基础下方的地基，则承受管子和基础的重量、管内水的重量，管上部土的荷载以及地面荷载。

室外给排水管道基础常用的有原状土壤基础、砂石基础和混凝土基础三种，。基础形式主要由设计人员根据地质情况、管材及管道接口形式等因素，进行选定或设计的。作为施工人员要严格按设计要求和施工规范进行施工。

①天然土壤基础

当土壤耐压较高和地下水位在槽底以下时，可直接用原土做基础。排水管道一般挖成弧形槽，称为弧形素土基础，但原状土地基不得超挖或扰动。如局部超挖或扰动时，应根据有关规定进行处理；岩石地基局部超挖时，应将基底碎渣全部清理，回填低强度等级混凝土或粒径 10～15mm 的砂石夯实。非永冻土地区，管道不得敷设在冻结的地基上。管道安装过程中，应避免地基冻胀。

②砂石基础

砂石基础一般适用于原状地基为岩石（或坚硬土层）或采用橡胶圈柔性接口的管道。原状地基为岩石或坚硬土层时，管道下方应铺设砂垫层做基础。

柔性管道的基础结构设计无要求时，宜铺设厚度不小于 100mm 的中粗砂垫层；软土地基宜铺垫一层厚度不小于 150mm 的砂砾或 5～40mm 粒径碎石，其表面再铺厚度不小于 50mm 的中、粗砂垫层。

柔性接口的刚性管道的基础结构，设计无要求时，一般土质地段可铺设砂垫层，亦可铺设 25mm 以下粒径碎石，表面再铺 20mm 厚的砂垫层。

砂石基础在铺设前，应先对槽底进行检查，槽底高程及槽宽须符合设计要求，且不应有积水和软泥。管道有效支承角范围必须用中、粗砂填充插捣密实，与管底紧密接触，不得用其他材料填充。

③混凝土基础

混凝土基础一般用于土质松软的地基和刚性接口的管道上，下面铺一层 100mm 厚的碎石砂垫层。在砂垫层上安装混凝土基础的侧向模板时，应根据管道中心位置在坡度板上拉出中心线，用垂球和搭马（宽度与混凝土基础一致）控制侧向模板的位置。搭马每隔 2.5m 安置一个，以固定模板之间的间距。搭马在浇筑混凝土后方可拆除，随即清理保管。

2）下管装卸、储存、运输和稳管

下管在沟槽和管道基础已经验收合格后进行。下管前应对管材进行检查与修补。管子经过检验、修补后，在下管前应在槽上排列成行（称排管），经核对管节、管件无误方可下管。

重力流管道一般从最下游开始逆水流方向敷设，排管时应将承口朝向施工前进的方向。压力流管道若为承插铸铁管时，承口应朝向介质流来的方向，并宜从下游开始敷设，以插口去对承口；当在坡度较大的地段，承口应朝上，为便于施工，由低处向高处敷设。

（1）下管方法

下管的方法要根据管材种类、管节的重量和长度、现场条件及机械设备等情况来确定，一般分为人工下管和机械下管两种形式。

人工下管多用于施工现场狭窄、不便于机械操作或重量不大的中小型管子，以方便施工、操作安全为原则。

机械下管一般是用汽车式或履带式起重机械（多功能挖土机）进行下管。机械下管有分段下管和长管段下管两种方式。分段下管是起重机械将管子分别吊起后下入沟槽内，这种方式适用于大直径的铸铁管和钢筋混凝土管。长管段下管是将钢管节焊接连接成长串管段，用2～3台起重机联合起重下管。

（2）管子的装卸和堆放

管子在运输过程中，应有防止滚动和互相碰撞的措施。非金属管材可将管子放在有凹槽或两侧钉有木楔的垫木上，管子上、下层之间应用垫木、草袋或麻袋隔开。装好的管子应用缆绳或钢丝绑牢，金属管材与缆绳或钢丝绑扎的接触处，应垫以草袋或麻袋等软衬，以免防腐层受到损伤。铸铁直管装车运输时，伸出车体外部分不应超过管长的1/4。

管节和管件装卸时应轻装轻放，运输时应垫稳、绑牢，不得相互撞击，接口及钢管的内外防腐层应采取保护措施；金属管、化学建材管及管件吊装时，应采用柔韧的绳索、兜身吊带或专用工具；采用钢丝绳或铁链时不得直接接触管节。

管节堆放宜选用平整、坚实的场地；堆放时必须垫稳，防止滚动，堆放层高可按照产品技术标准或生产厂家的要求。

（3）化学建材的管节、管件储存、运输

化学建材的管节、管件储存、运输过程中应采取防止变形措施，并符合下列规定。

①长途运输时，可采用套装方式装运，套装的管节间应设有衬垫材料，并应相对固定，严禁在运输过程中发生管与管之间、管与其他物体之间的碰撞。

②管节、管件运输时，全部直管宜设有支架，散装件运输应采用带挡板的平台和车辆均匀堆放，承插口管节及管件应分插口，承口两端交替堆放整齐，两侧加支垫，保持平稳。

③管节、管件搬运时，应小心轻放，不得抛、摔、拖管以及受剧烈撞击和锐物的划伤。

④管节、管件应堆放在温度不超过40℃，并远离热源及带有腐蚀性试剂或溶剂的地方，室外堆放不应长期露天暴晒，堆放高度不应超过2.0m，堆放附近应有消防设施（备）。

橡胶圈储存、运输应符合下列规定。

①储存的温度宜为−5～30℃，存放位置不宜长期受紫外线光源照射，离热源距离应不小于1m。

②不得将橡胶圈与溶剂，易挥发物、油脂或对橡胶产生不良影响的物品放在一起。

③在储存、运输中不得长期受挤压。

（4）稳管

稳管是将管子按设计高程和位置，稳定在地基或基础上。对距离较长的重力流管道工程，一般由下游向上游进行施工，以便使已安装的管道先期投入使用，同时也有利于地下水的排除。

稳管时，控制管道的轴线位置和高程是十分重要的，也是检查验收的主要项目。

①管道轴线位置的控制

轴线位置控制主要有中心线法和边线法两种。对于大型管道也可采用经纬仪或全站仪直接控制。

中心线法即在连接两块坡度板的中心钉之间的中线上挂一铅锤，当铅垂线通过水平尺中心时，表示管子已对中。

边线法即将边线两端拴在槽底或槽壁的边桩上。稳管时控制管子水平直径处外皮与边线间的距离为一常数，则管道处于中心位置。用这种方法对中，比中心线法速度快，但准确度不如中心线法。金属给水管对中时，目测垂线在管道中心位置即可。

②高程控制

高程可用塔尺和水准仪直接控制（用于管节较长的化学管材施工），也可用测设的坡度板来间接控制（用于管节较短的钢筋混凝土管）。

坡度板控制高程，是沿管线每 10～15m 埋设一坡度板（又称龙门板，高程样板），在稳管前由测量人员将管道的中心钉和高程钉测设在坡度板上，两高程钉之间的连线即为管底坡度的平行线，称为坡度线。坡度线上的任何一点到管内底的垂直距离为一常数，称为下反数。稳管时用一木制样尺（或称高程尺）垂直放入管内底中心，根据下反数和坡度线则可控制高程。样尺高度一般取整数。

4.2.3 给水球墨铸铁管安装和给水钢管安装

1）给水球墨铸铁管安装

市政给水管道在沟槽开挖和基底处理后就可进行安装了。柔性连接球墨铸铁管属于柔性管道，具有强度高、韧性大、抗腐蚀能力好等优点。球墨铸铁管的接口主要有滑入式接口，机械式接口和法兰式接口，以滑入式应用居多，下面主要介绍滑入式接口球墨铸铁管的安装。

（1）滑入式（T形）接口球墨铸铁管的安装程序

滑入式（T形）接口球墨铸铁管安装的安装程序为：下管→管口清理→清理胶圈→上胶圈→安装机具设备→在插口外表面和胶圈上涂刷润滑剂→顶推管子使插口插入承口→检查。

（2）滑入式（T形）接口球墨铸铁管的安装方法

滑入式（T形）接口球墨铸铁管的安装方法有撬杠顶入法、千斤顶顶入法、吊链拉入法和牵引机拉入等方法。

①撬杠顶入法

撬杠顶入法即将撬杠插入待安装管承口端工作坑的土层中，在撬杠与承口端面间垫以木板，扳动撬杠使插口进入已连接管的承口，将管顶入。

②千斤顶顶入法

千斤顶顶入法即先在管沟两侧各挖一竖槽，每槽内埋一根方木作为后背，用钢丝绳、滑轮与符合管节模数的钢拉杆与千斤顶连接。启动千斤顶，将插口顶入承口。每顶进一根管子，加一根钢拉杆，一般安装 10 根管子移动一次方木。

③吊链拉入法

在已安装稳固的管子上拴住钢丝绳，在待拉入管子承口处放好后背横梁，用钢丝绳和吊链（手拉葫芦）连好绷紧对正，拉动吊链，即将插口拉入承口中。每接一根管子，将钢拉杆加长一节，安装数根管子后，移动一次拴管位置。

④牵引机拉入法

在待连接管的承口处，横放一根后背方木，将方木、滑轮（或滑轮组）和钢丝绳连接好，启动牵引机械（如卷扬机、绞磨），将对好胶圈的插口拉入承口中。

安装球墨铸铁管滑入式（T形）接口所使用的工具，按照顶推工艺的要求不同而有所差异。常用的工具有吊链、手扳葫芦、环链、钢丝绳、钩子、扳手、撬棍、探尺和钢卷尺等，也有一些专用工具，如连杆千斤顶和专用环。

对墨铸铁管滑入式（T 形）接口进行安装拆卸比较方便。连杆千斤顶适用的管径为 $DN80 \sim DN250$，专用环适用的管径为 $DN300 \sim DN2000$。

（3）给排水管道敷设质量验收标准

给排水管道敷设质量验收标准包括以下几点。

①管道埋设深度、轴线位置应符合设计要求，无压管道严禁倒坡。

②刚性管道无结构贯通裂缝和明显缺损情况。

③柔性管道的管壁不得出现纵向隆起、环向扁平和其他变形情况。

④管道敷设安装必须稳固，管道安装后应线形平直，无线漏、滴漏现象。

⑤管道内应光洁平整，无杂物、油污。

⑥管道无明显渗水和水珠现象。

⑦管道与井室洞口之间无渗漏水。

⑧管道内外防腐层完整，无破损现象。

⑨钢管管道开孔应符合相应规定。

⑩闸阀安装应牢固、严密，启闭灵活，与管道轴线垂直。

2）给水钢管安装

钢管具有强度高、耐振动、长度大、接头少和加工接口方便等优点，但易生锈、不耐腐蚀、价格高。通常只在口径大，水压高以及穿越铁路、河谷和地震地区使用。

钢管在下管前一定要检查其质量是否符合要求，钢管在运输和安装过程中一定要注意保护防腐层不被破坏。管道安装前，管节应逐根测量、编号，宜选用管径相差最小的管节组对对接。

钢管的接口形式有焊接、法兰连接和各种柔性接口等。

（1）钢管过河架空施工

给水管道跨越河道时一般采用架空敷设，管材一般采用强度高、重量轻、韧性好、耐振动、管节长和加工接头方便的钢管。在管线高处设自动排气阀。为了防止冰冻与震害，管道应采取保温措施，设置抗震柔口。在管道转弯等应力集中处应设置支墩。钢管过河架空方法一般有管道附设于桥梁上和支柱式架空管（桥管）两种。

①管道附设于桥梁上

管道跨河应尽量利用原建或拟建的桥梁铺设。可采用吊环法、托架法、桥台法或管沟法架设。

吊环法的安装要点：架空管道宜安装在现有公路桥一侧，采用吊环将管道固定于桥旁。仅在桥旁有吊装位置或公路桥设计已预留敷管位置条件下方可使用；管子外围设置隔热材料，予以保温。

托架法的安装要点：将过河管道架设在原建桥旁焊出的钢支架上通过。

桥台法的安装要点：将过河管架设在现有桥旁的桥墩端部，桥墩间距不得大于钢管管道托架要求改道的间距。

②支柱式架空管（桥管）

设置管道支柱时，应事先征得航运部门、航道管理部门及农田水利规划部门的同意，并协商确定管底标高、支柱断面、支柱跨度等。管道宜选择于河宽较窄，两岸地质条件较好的地段。支柱可采用钢筋混凝土桩架式支柱或预制支柱。

连接架空管和地下管之间的桥台部位，通常采用 S 形弯部件，弯曲曲率为 45°～90°。若地质条件较差时，可于地下管道与弯头连接处安装波形伸缩节，以适应管道不均匀沉陷的需要。若处强震区地段，可在该处加设抗震柔性接口，以适应地震波引起管道沿轴向波动变形的需要。

（2）硬聚氯乙烯（聚乙烯管、聚丙烯管及其复合管）给水管道安装

硬聚氯乙烯（聚乙烯管、聚丙烯管及其复合管）给水管道为柔性管道。

①管道及管件的质量检查

管节及管件的规格、性能应符合国家有关标准规定和设计要求，进入施工现场时其外观质量应符合下列规定：

a. 不得有影响结构安全、使用功能及接口连接的质量缺陷。

b. 内、外壁光滑、平整、无气泡、无裂纹、无脱皮和严重的冷斑及明显的痕纹、凹陷。

c. 管节不得有异向弯曲，端口应平整。

②管道敷设

采用承插式（或套筒式）接口时，宜人工布管且在沟槽内连接。槽深大于 3m 或管外径大于 400mm 的管道，宜用非金属绳索兜住管节下管。严禁将管节翻滚抛入槽中。

采用电熔、热熔接口时，宜在沟槽边上将管道分段连接后以弹性敷设管道方法移入沟槽。移入沟槽时，管道表面不得有明显的划痕。

（3）玻璃钢夹砂管道安装

玻璃钢夹砂管是一种柔性的非金属复合材料管道，具有质量小、刚度高、阻力小及抗腐蚀等特点。管节及管件的规格、性能应符合国家有关标准规定和设计要求。进入施工现场时其外观质量应符合要求：内、外径偏差、承口深度（安装标记环）、有效长度、管壁厚度和管端面垂直度等应符合产品标准规定；内、外表面应光滑平整，无划痕、分层、针孔、杂质、破碎等现象；管端面应平齐、无毛刺等缺陷；橡胶圈应符合相应的标准。玻璃钢夹砂管道安装要点如下：

①当沟槽深度和宽度达到设计要求后，在基础相对应的管道接口位置下挖一个长约 50cm、深约 20cm 的接口工作坑。

②下管前进行外观检查，并清理管内壁杂物和泥土，特别是要注意将管内壁的一层塑料薄膜撕干净，以防供水时随水流剥落堵塞水表。

③准确测量已安装就位管道承口上的试压孔到承口端的距离，之后在待安装的管道插口上画限位线。

④在承口内表面均匀涂上润滑剂，然后把两个"○"形橡胶圈分别套装在插口上。

⑤每根玻璃钢管道承口端均有试压孔，安装时一定要将试压孔摆放在上部并使其处于两胶圈之间。

⑥用纤维带吊起管道，将承口与插口对好，采用手拉葫芦或顶推的方法将管道插口送入，直至限位线到达承口端为止。校核管道高程，使其达到设计要求，管道安装完毕。

⑦在试压孔上安装试压接头，进行打压试验，一般试验时间为 3～5min，压力降为零即表示合格。

4.2.4　给水附属构筑物的施工和给水管道严密性试验

1）给水附属构筑物的施工

（1）阀门及阀门井的施工

①阀门检验

阀门的型号、规格符合设计要求，外形应无损伤，配件完整。

对所选用每批阀门按 10% 且不少于一个的数量标准，进行壳体压力试验和密封试验。当不合格时，加倍抽检；仍不合格时，此批阀门不得使用。

阀门试验均由甲、乙双方会签阀门试验记录，检验合格的阀门挂上标志、编号，按设计图位号进行安装。

②阀门的安装

阀门与法兰临时加螺栓连接，吊装于所处位置。阀门起吊时，绳子应该系在法兰上，不应系在手轮或阀杆上，以免损坏这些部件。法兰与管道点焊固位时要做到阀门内无杂物堵塞，手轮处于便于操作的位置，安装的阀门应整洁美观。

将法兰、阀门和管线调整成同轴，在法兰与管道连接处于自由受力状态下进行法兰焊接、螺栓紧固。法兰螺栓紧固时，要注意对称均匀地拧紧螺栓。阀门安装后，做空载启闭试验，做到启闭灵活、关闭严密。

③注意事项

闸阀不要倒装（即手轮向下），否则会使介质长期留存在阀盖空间，容易腐蚀阀杆，同时更换填料极不方便。明杆闸阀不应安装在地下，否则由于潮湿而腐蚀外露的阀杆。升降式止回阀，安装时要保证其阀瓣垂直，以便升降灵活。旋启式止回阀，安装时要保证其销轴水平，以便旋启灵活。减压阀要直立安装在水平管道上，各个方向都不要倾斜。

④阀门井的砌筑

安装管道时，准确地测定井的位置。阀门井的井底距承口或法兰盘下缘以及井壁与承口或法兰盘外缘应留有安装作业空间，其尺寸应符合设计要求。

砌筑时认真操作，管理人员严格检查，选用同厂同规格的合格砖，砌体上、下错缝，内、外搭砌，灰缝均匀一致，水平灰缝、凹面灰缝，宜取 5～8cm，井里口竖向灰缝宽度不小于 5mm，边铺浆边上砖，一揉一挤，使竖缝进浆，收口时，层层用尺测量，每层收进尺寸，四面收口时不大于 3cm，三面收口时不大于 4cm，保证收口质量。

安装井圈时，井墙必须清理干净，湿润后，在井圈与井墙之间摊铺水泥浆后稳井圈，露出地面部分的检查井，周围浇筑混凝土，压实抹光。

⑤直埋式闸阀安装

直埋式闸阀也叫地埋式软密封闸阀，阀门可直接埋入地下，不用垒砌窨井，减少了路面开挖的面积。安装地埋式软密封闸阀的主要注意事项有以下几项：应保持阀门与管道连接自然顺畅，避免产生垂直于管线的弯曲力，闸阀与井室、井管部分应保持竖直安装；安装时，保证伸缩管与伸缩杆连接可靠，井室位置应以井室顶端与地面持平，要求阀门伸缩杆顶端到井室顶端的距离为 8～10cm。

（2）支墩的施工

支墩侧基应建在原状土上，当原状土地基松软或被扰动时，应按设计要求进行地基处理。

①支墩施工

管节及管件的支墩结构和锚定结构位置准确，锚定牢固。钢制锚定件必须采取相应的防腐处理。

支墩应在兼顾的地基上修筑。无原状土做后背墙时，应采取措施保证支墩在受力情况下，不致破坏管道接口。采用砌筑支墩时，原状土与支墩之间应采用砂浆填塞。

支墩应在管节接口做完、管节位置固定后修筑。

支墩施工前，应将支墩部位的管节、管件表面清理干净。

支墩宜采用混凝土浇筑，其强度等级不应低于 C15。采用砌筑结构时，水泥砂浆强度不应低于 M7.5。

管节安装过程中的临时固定支架，应在支墩的砌筑砂浆或混凝土达到规定强度后方可拆除。

管道及管件支墩施工完毕，并达到强度要求后方可进行水压试验。

②支墩的质量要求

所有的原材料质量应符合国家有关标准的规定和设计要求。支墩地基承载力、位置符合设计要求；支墩无位移、沉降。

砌筑水泥砂浆强度、结构混凝土强度符合设计要求；检查数量：每 50m³ 砌体或每浇筑一个台班混凝土留一组试块。

混凝土支墩应表面平整、密实；砖砌支墩应灰缝饱满，无通缝现象，其表面抹灰应平整、密实。

支墩支撑面与管道外壁接触紧密，无松动、滑移现象。

2）给水管道严密性试验（水压试验）

给水管道一般为压力管道（工作压力大于或等于 0.1MPa 的给排水管道），水压试验是检验压力管道安装质量的主控项目。水压试验是在管道部分回填之后和全部回填土前进行的。

水压试验分为预试验和主试验阶段。单口水压试验合格的大口径球墨铸铁管、玻璃钢管、预应力钢筋混凝土管或预应力混凝土管等管道设计无要求时，压力管道可免去预试验阶段，而直接进行主试验阶段。

（1）测定压力降值

采用允许压力降值进行最终合格判定依据时，需测定试验管段的压力降。停止注水补压，稳定 15min 之后，压力下降不超过允许压力降数值时，将试验压力降至工作压力并保持恒压 30min，进行外观检查，若无漏水现象，则水压试验合格。

（2）测定渗水量（放水法）

当采用允许渗水量进行最终合格判定依据时，需测定试验管段的渗水量。水压升至试验压力后开始计时，每当压力下降，应及时向管道内补水，但最大降压不得大于 0.03MPa，保持管道试验压力始终恒定，恒压延续时间不得少于 2h，并计算恒压时间内补入试验管段内的水量。

给水管道必须水压试验合格，网运行前进行冲洗与消毒，经检验水质达到标准后，方可允许并网，通水投入运行。

4.2.5 （钢筋）混凝土排水管道敷设和排水管道严密性试验

1）（钢筋）混凝土排水管道敷设

（钢筋）混凝土排水管道的敷设方法主要根据管道基础和接口形式，灵活地处理平基、稳管、管座和接口之间的关系，合理地安排施工顺序。排水管道常用的敷设方法有普通法、四合一法、前三合一法、后三合一法和垫块法等。前四种方法适用于刚性基础、刚性接口的管道安装。垫块法常用于大、中型刚性接口及柔性接口的管道安装。

（1）管道接口

（钢筋）混凝土排水管的接口有刚性接口和柔性接口两种形式。

刚性接口不允许管道有轴向的交错，但比柔性接口施工简单，造价较低，因此采用较广泛。刚性接口抗震性能差，适合用在地基比较良好、有带形基础的无压管道上。具体方法有水泥砂浆抹带接口和钢丝网水泥砂浆抹带接口。

柔性接口允许管道纵向轴线交错 3～5mm 或交错一个较小的角度，而不致引起渗漏。

柔性接口一般用在地基软硬不一，沿管道轴向沉陷不均匀的无压管道上。柔性接口施工复杂，造价较高，在地震区采用有它独特的优越性。

（2）管道与检查井连接

管道与检查井的连接应按设计图纸进行。当采用承插管件与检查井的井壁连接时，承插管件应由生产厂配套提供。

管件或管材与砖砌或混凝土浇制的检查井连接，可采用中介层做法。即在管材或管件与井壁相接部位的外表面预先用聚氯乙烯胶黏剂，粗砂做成中介层，然后用水泥砂浆砌入检查井的井壁内。中介层的做法步骤如下。

①用毛刷或棉纱将管壁的外表面清理干净。

②均匀地涂一层聚氯乙烯胶黏剂。

③甩撒一层干燥的粗砂，固化 10～20min，形成表面粗糙的中介层。中介层的长度视管道砌入检查井内的长度而定，可采用 0.24m。

当管道与检查井的连接采用柔性连接时，可用预制混凝土套环和橡胶密封圈接头。混凝土套环应在管道安装前预制好，套环的内径按相应管径的承插口管材的承口内径尺寸确定。套环的混凝土强度等级应不低于 C20，最小壁厚不应小于 60mm，长度不应小于 240mm。套环内壁必须平滑，无孔洞、鼓包。混凝土套环必须用水泥砂浆砌筑。在井壁内，其中心位置必须与管道轴线对准。安装时，可将橡胶圈先套在管材插口指定的部位与管端一起插入套环内。

预制混凝土检查井与管道连接的预留孔直径应大于管材或管件外径 0.2m，在安装前预留孔环内表面应凿毛处理。

检查井底板基底砂石垫层应与管道基础垫层平缓顺接。管道位于软土地基或低洼、沼泽、地下水位高的地段时，检查井与管道的连接，宜先采用长 0.5～0.8m 的短管连接，后面接一根或多根（根据地质条件）长度不大于 2.0m 的短管，然后再与上、下游标准管长的管段连接。

2）排水管道严密性试验

污水、雨污水合流管道及湿陷土、膨胀土、流砂地区的雨水管道，在回填土之前必须进行严密性试验。排水管道严密性试验常用闭水试验，如水源缺失时也可用闭气试验。

闭水试验是在要检查的管段内充满水，并具有一定的作用水头，在规定的时间内观察漏水量的多少。闭水试验宜从上游往下游进行分段，上游段试验完毕，可往下游段倒水，以节约用水。

（1）闭水试验准备工作

①试验装置

应预先设计好闭水试验装置。

②试验段的划分

试验段的划分原则主要有以下几点：

a. 试验管段应按井距分隔，抽样选取，带井试验。

b. 当管道内径大于 700mm 时，可按管道井段数量抽样选取 1/3 进行试验，试验不合格时，抽样井段数量应在原抽样基础上加倍进行试验。

c. 若条件允许可一次试验不超过 5 个连续井段。

对于无法分段试验的管道，应由工程有关方面根据工程具体情况确定。

③闭水试验条件

闭水试验时，试验管段应符合相关条件：管道及检查井外观质量检查已验收合格；管道未回填土且沟槽内无积水；全部预留孔应封堵，不得渗水；管道两端堵板承载力经核算应大于水压力的合力，除预留进出水管外，应封堵坚固，不得渗水。

④闭水试验水头

闭水试验水头的规定主要有以下几点：

a. 试验段上游设计水头不超过管顶内壁时，试验水头应以试验段上游管顶内壁加 2m 计。

b. 试验段上游设计水头超过管顶内壁时，试验水头应以试验段上游设计水头加 2m 计。

c. 计算出的试验水头小于 10m，但已超过上游检查井井口时，试验水头应以上游检查井井口高度为准。

（2）试验步骤

①将试验管段两端的管口封堵，如用砖砌，则砌 24cm 厚砖墙并用水泥砂浆抹面，养护 3～4d 达到一定强度后，再向试验段内充水，在充水时注意排气。

②试验管段灌满水后浸泡时间不少于 24h，同时检查砖堵、管身、接口有无渗漏。

③将闭水水位升至试验水头水位，观察管道的渗水量，直至观测结束时，应不断向试验管段内补水，保持标准水头恒定。渗水量的观测时间不小于 30min。

4.2.6　沟槽回填

管线工程完成后即进行道路工程施工，所以回填质量是把握整体工程质量的关键。管线结构验收合格后方可进行回填施工，且回填尽可能与沟槽开挖施工形成流水作业。

沟槽回填压实应分层进行，且不得损伤管道。每层施工包括还土、摊平、夯实和检查四个工序。

1）还土

还土就是将符合规定或设计的回填土或其他回填材料运入槽内的过程，分为人工还土和机械还土。还土时不得损伤管道及其接口。管道两侧和管顶以上 500mm 范围内的回填材料，应由沟槽两侧对称运入槽内，不得直接扔在管道上。回填其他部位时，应均匀运入槽内，不得集中推入。

2）摊平

每还一层土都要采用人工将土摊平，使每层土都接近水平。

3）夯实

沟槽回填土夯实有人工夯实和机械夯实两种。人工夯实工具有木夯和铁夯，机械夯实工具有轻型压实设备（如蛙式夯、内燃打夯机）和重型压实设备（如压路机、振动压力机）。下面主要分析刚性管道沟槽回填的压实作业和柔性管道沟槽回填的压实作业相关规定。

（1）刚性管道沟槽回填的压实作业，应符合下列规定：

①管道两侧和管顶以上 500mm 范围内胸腔夯实，应采用轻型压实机具，管道两侧压实面的高差不应超过 300mm。

②管道基础为土弧基础时，应填实管道支撑角范围内腋角部位；压实时，管道两侧应对称进行，且不得使管道位移或损伤。

③同一沟槽中有双排或多排管道的基础底面位于同一高程时，管道之间的回填压实应与管道与槽壁之间的回填压实对称进行。

④同一沟槽中有双排或多排管道但基础底面的高程不同时，应先回填基础较低的沟槽；当回填至较高基础底面高程后，再按上一款规定回填。

⑤分段回填压实时，相邻段的接槎应呈台阶形，且不得漏夯。

⑥采用轻型压实设备时，应夯实相连；采用压路机时，碾压的重叠宽度不得小于 200mm。

⑦采用压路机、振动压路机等压实机械压实时，其行驶速度不得超过 2km/h。

⑧接口工作坑回填时底部凹坑应先回填压实至管底，然后与沟槽同步回填。

（2）柔性管道的沟槽回填作业应符合下列规定：

①回填前，检查管道有无损伤或变形，有损伤的管道应修复或更换。

②管内径大于 800mm 的柔性管道，回填施工中应在管内设竖向支撑。

③管基有效支撑角范围内，应采用中粗砂填充密实，与管壁紧密接触，不得用土或其他材料填充。

④管道半径以下回填时应采取防止管道上浮、位移的措施。

⑤管道回填时间宜在一昼夜中气温最低时段，从管道两侧同时回填，同时夯实。

⑥沟槽回填从管底基础部位开始到管顶以上 500mm 范围内，必须采用人工回填；管顶 500mm 以上部位，可用机械从管道轴线两侧同时夯实；每层回填高度应不大于 200mm。

⑦管道位于车行道下，敷设后即修筑路面或管道位于软土地层以及低洼、沼泽、地下水位高地段时，沟槽回填宜先用中、粗砂将管底腋角部位填充密实后，再用中、粗砂分层回填到管顶以上 500mm。

⑧回填作业的现场试验段长度应为一个井段或不少于 50m，因工程因素变化，改变回填方式时，应重新进行现场试验。

4）检查

每层回填完成后必须经质检员检查、试验员检验认可后，方准进行下层回填作业。

管道埋设的管顶覆土最小厚度应符合设计要求，且满足当地冻土层厚度要求；管顶覆土厚度或回填压实度达不到设计要求时应与设计单位协商进行处理。

为了避免井室周围下沉的质量通病，在回填施工中应采用双填法进行施工，即井室周围必须与管道回填同时进行。待回填施工完成后对井室周围进行两次台阶形开挖，然后用 9% 灰土重新进行回填。

4.3　市政给排水管道非开挖施工技术

4.3.1　顶管施工

由于给排水管道大多埋藏于地下，在市区进行施工时，非开挖技术因为具有不会阻碍交通、不会破坏地表、不会产生明显噪声等特点，逐渐取代了传统的开挖技术。

顶管法是最早使用的一种非开挖施工方法，它是将新管用大功率的顶推设备顶进至终点来完成敷设任务的施工方法。

1）顶管的工艺组成

（1）掘进设备

顶管掘进机是安装在管段最前端，起到导向和出土的作用，它是顶管施工中的关键机具，在手掘式顶管施工中不用顶管掘进机而只用工具管。

（2）顶进设备

①主顶装置

主顶装置由主顶油缸、主顶油泵、操纵台、油管等组成，其中主顶油缸是管子顶进的动力，主油缸的顶力一般采用 1000kN、2000kN、3000kN、4000kN，由多台千斤顶组成，主顶千斤顶呈对称状布置在管壁周边，一般为双数且左右对称布置。千斤顶在工作坑内常用的布置方式为单列、双列、双层并列等形式，主顶进装置除了主顶千斤顶以外，还有千斤顶架（以支承主顶千斤顶），主顶油泵（供给主顶千斤顶以压力油），控制台（控制千斤顶伸缩的操纵控制）。操纵方式有电动和手动两种，前者使用电磁阀或电液阀，后者使用手动换向阀。油泵、换向阀和千斤顶之间均用高压软管连接。

②中继间

当顶进距离较长，顶进阻力超出主顶千斤顶的容许总顶力、混凝土管节的容许压力、工作井后靠土体反作用力，无法一次达到顶进距离要求时，应使用中继间作接力顶进，实行分段逐次顶进。中继间之前的管道利用中继千斤顶顶进，中继间之后的管节则利用主顶千斤顶顶进。利用中继间千斤顶将降低原顶进速度，因此，当运用多套中继间接力顶进时，应尽量使多套中继间同时工作，以提高顶进速度。根据顶进距离的长短和后座墙能承受的反作用力的大小以及管外壁的摩擦力，确定放置中继间的数量。

③顶铁

若采用的主顶千斤顶的行程长短不能一次将管节顶到位时，必须在千斤顶缩回后在中间加垫块或几块顶铁。顶铁分为环形、弧形、马蹄形三种。环形顶铁的作用是使主顶千斤顶的推力可以较均匀地加到所顶管道的周边。弧形和马蹄形顶铁是为了弥补千斤顶行程不足而用。弧形开口向上，通常用于手掘式、土压平衡式中；马蹄形开口向下，通常用于泥水平衡式中。

④后座墙

后座墙是主顶千斤顶的支承结构，后座墙由两大部分组成：一部分是用混凝土浇筑成的墙体，亦有采用原土后座墙的；另一部分是靠主顶千斤顶尾部的厚铁板或钢结构件，即钢后靠，钢后靠的作用是尽量把主顶千斤顶的反力分散开来。

⑤导轨

顶进导轨由两根平行的轨道所组成，其作用是使管节在工作井内有一个较稳定的导向，引导管段按设计的轴线顶入土中，同时使顶铁能在导轨面上滑动。在钢管顶进过程中，导轨也是钢管焊接的基准装置。

（3）泥水输送设备（进排泥泵）

进排泥泵是泥水式顶管施工中用于进水输送和泥水排送的水泵，是一种离心式水泵，前者称为进水泵或进泥泵，后者称为排泥泵。

不是所有的离心泵都能担任泥水式顶管施工中的进排泥泵的。选用时应遵循下述几条原则：

①不仅能泵送清水，而且能泵送泥浆。

②由于被输送的泥水中有大量的砂粒，会对泵产生较大磨损。因此，选用的泵应具有很强的耐磨性能，包括密封件也应有很高的耐磨性能。只有这类离心泵可以被选为进排泥泵。

③由于输送的泥水中，可能有较大的块状、条状或纤维状物体。其中，块状物可能是坚硬的卵石，也可能是黏土团。而进排泥泵在输送带有上述物体过程中不应受到堵塞。尤其是输送粒径占进排泥管直径 1/3 的块状物时，泵的叶轮不允许卡死。

④能在额定流量和扬程下长期连续工作，并且寿命比较长，故障比较少，效率比较高。

只有具备了以上四个条件离心泵才可被选作进排泥泵。

（4）测量设备

管道顶进中应不断观测管道的位置和高程是否满足设计要求。顶进过程中及时测量纠偏，一般每推进 1m 应测定标高和中心线一次，特别对正在入土的第一节管的观测尤为重要，纠偏时应增加测量次数。

（5）注浆设备

现在的顶管施工都离不开润滑浆，也离不开注润滑浆的设备。只有当所顶进的管道的周边与土之间有着一个很好的浆套把管子包裹起来，才能有较好的润滑和减摩作用。它的减摩效果有时可达到惊人的程度，即其综合摩擦阻力仅为没有注润滑浆时的 30%～50%。

现在使用的注润滑浆设备大体有三类：往复活塞式注浆泵、螺杆泵和胶管泵。

在往复活塞式的注浆泵中，有的是高压大流量的，有的是低压小流量的，而顶管施工中常用的则是低压小流量的，这种注浆泵在早期的顶管施工中使用得比较多。由于这种往复式泵有较大的脉动性，不能很好地形成一个完整的浆套包裹在管子的外周上，于是也就降低了注浆的效果。

为了弥补上述往复式注浆泵的不足，现在大多采用螺杆泵，也有称作为曲杆泵的注浆泵。这种泵体的构造较简单，外壳是一个橡胶套，套中间有一根螺杆。当螺杆按设计的方向均匀地转动时，润滑浆的浆液就从进口吸入，从出口均匀地排出。

这种螺杆式注浆泵的最大特点是它所压出的浆液完全没有脉动，因此，由它输出的浆液就能够很好地挤入刚刚形成的管子与土之间的缝隙里，很容易在管子外周形成一个完整的浆套。但是，螺杆泵除了无脉动和有较大的自吸能力这两个优点以外，也有两个较大的缺点，那就是浆液里不能有较大的颗粒和尖锐的杂质如玻璃等。如果有了，那就很容易损坏橡胶套，从而使泵的工作效率下降或无法正常工作。另外是螺杆泵绝对不能在无浆液的情况下干转，空转会损坏。

第三种注浆泵是胶管泵，这类泵在国内的顶管中使用得很少，国外则应用得较普遍。它的工作原理如下：当转动架按设计图中箭头所指示的方向旋转时，压轮把胶管内的浆液由泵下部的吸入口向上部的排出口压出，而挡轮则分别挡在胶管的两侧。当下部的压轮一边往上压的时候，胶管内已没有浆液。这时，由于胶管的弹性作用，在其恢复圆形断面的过程中把浆液从吸入口又吸到胶管内等待着下一个压轮来挤压，这样重复几次，就能使泵正常工作了。

（6）吊装设备

用于顶管施工的起重设备大体有两类：行车和吊车。

用于顶管的行车起吊吨位的大小与顶进的管径有关，管径小的用起吊吨位小的行车，管径大的则用起吊吨位大的行车。一般而言，决定起吊吨位大小的主要因素是所顶管节的质量。

顶管施工中所用的另一类起重设备就是吊车。吊车的类型有汽车吊、履带吊、轮胎吊等。使用吊车时其起吊半径较小，没有行车灵活，而且随着其活动半径的增大起重吨位就下降。另外，吊车自重比较大，所停的工作坑边要有非常坚固的地基。使用吊车的噪声也比较大。除非行车的起自重不够，不能起吊诸如掘进机等大的设备，才会起用吊车，一般情况下多采用行车。

（7）通风设备

在长距离顶管中，通风是一个不容忽视的问题。因为长距离顶进过程的时间比较长，人员在管内作业要消耗大量的氧气。久而久之，管内就会出现缺氧，影响作业人员的健康。另外，管内的涂料，尤其是钢管内的涂料会散发出一些有害气体，也必须用大量新鲜空气来稀释。在掘进过程中可能遇到一些土层内的有害气体逸出，也会影响作业人员健康，这在手掘式及土压式中表现较为明显。还有，在作业过程中还会有一些粉尘浮游在空气中，也会影响作业人员健康，最后还有钢管焊接过程中有许多有害烟雾，它不仅影响作业人员健康，而且也影响测量工作。所有以上这些问题，都必须靠通风来解决。

常用的通风形式有三种：鼓风式、抽风式和组合式。

鼓风式通风是把风机置于工作井的地面上，且在进风口附近的环境要好一些，把地面上的新鲜空气通过鼓风机和风筒鼓到掘进机或工具管内。

抽风式通风又称吸入式抽风，它是将抽风机安装在工作坑的地面上，把抽风管道一直通到挖掘面或掘进机操作室内。

组合式通风的基本形式有两种：一种是"长鼓短抽"，另一种是"长抽短鼓"。所谓"长鼓短抽"就是以鼓风为主，抽风为辅的组合通风系统。在该系统中鼓风的距离长，风筒长；抽风的距离短，风筒也短。长抽短鼓"是以抽风为主的通风系统称为长抽短鼓式，即抽风距离比较长，鼓风距离比较短。

（8）照明设备

照明用电一般为 220V 电源。照明设备一般有高压网和低压网两种。小管径、短距离顶管中一般直接供电，380V 动力电源送至掘进机中，大管径、长距离顶管中一般采用高压电输送，经变压器降压至 220V 后送至掘进机的电源箱中。

2）顶管工作井的基本知识

（1）工作坑和接收坑的种类

顶管施工虽不需要开挖地面，但在工作坑和接收坑处则必须开挖。

工作坑是安放所有顶进设备的场所，也是顶管掘进机或工具管的始发地，同时又是承受主顶油缸反作用力的构筑物。

接收坑则是接收顶管掘进机或工具管的场所。工作坑比接收坑坚固、可靠，尺寸也较大。工作坑和接收坑按其形状来区分，有矩形的、圆形的、等腰圆形的、多边形的几种。

工作坑和接收坑按其结构来分，有钢筋混凝土坑、钢板桩坑、瓦楞钢板坑等。在土质条件好而所顶管子口径比较小，顶进距离不长的情况下，工作坑和接收坑也可采用放坡开挖式，只不过在工作坑中需浇筑一堵后座墙。

工作坑和接收坑如果按它们的构筑方法分，则可分为沉井坑、地下连续墙坑、钢板桩坑、混凝土砌块或钢瓦楞板拼装坑以及采用特殊施工方法构筑的坑等。

（2）工作坑和接收坑的选取原则

①在工作坑和接收坑的选址上应尽量避开房屋、地下管线、河塘、架空电线等不利于顶管施工作业的场所。尤其是工作坑，坑内不仅要布置有大量设备，而且在地面上又要有堆放管子、注浆材料和提供渣土运输或泥浆沉淀池以及其他材料堆放的场地，还要有排水管道等。

②在工作坑和接收坑的选定上也要根据顶管施工全线的情况，选取合理的工作坑和接收坑的个数。工作坑的构筑成本肯定会大于接收坑，因此，在全线范围内应尽可能地把工作坑的数量降到最少。

③尽可能地在一个工作坑中向正反两个方向顶，这样会减少顶管设备转移的次数，从而有利于缩短施工周期。例如，有两段相连通的顶管，这时应尽可能地把工作坑设在两段顶管的连接处，分别向两边的两个接收坑顶。设一个工作坑，配两个接收坑，这样比较合理。

④在选取哪一种工作坑和接收坑时，也应全盘综合考虑，然后再不断优化。

3）顶管施工一般规定

（1）施工前应进行现场调查研究，并对建设单位提供的工程沿线的有关工程地质、水文地质和周围环境情况，以及沿线地下与地上管线、周边建（构）筑物、障碍物及其他设施的详细资料进行核实确认；必要时应进行坑探。

（2）施工前应编制施工方案，包括下列主要内容：顶进方法以及顶管段单元长度的确定；顶管机选型及各类设备的规格、型号及数量；工作井位置选择、结构类型及其洞口封门设计；管节、接口选型及检验，内外防腐处理；顶管进、出洞口技术措施，地基改良措施；顶力计算、后背设计和中继间设置；减阻剂选择及相应技术措施；施工测量、纠偏的方法；曲线顶进及垂直顶升的技术控制及措施；地表及构筑物变形与形变监测和控制措施；安全技术措施，应急预案。

（3）施工前应根据工程水文地质条件、现场施工条件、周围环境等因素，进行安全风险评估，并制订防止发生事故以及事故处理的应急预案，备足应急抢险设备、器材等物资。

（4）根据工程设计、施工方法、工程和水文地质条件，对邻近建（构）筑物、管线，应采用土体加固或其他有效的保护措施。

（5）施工中应根据设计要求、工程特点及有关规定，对管（隧）道沿线影响范围地表或地下管线等建（构）筑物设置观测点，进行监控测量。监控测量的信息应及时反馈，以指导施工，发现问题及时处理。

（6）监控测量的控制点（桩）设置应符合《给水排水管道工程施工及验收规范》（GB

50268—2008）的规定，每次测量前应对控制点（桩）进行复核，如有扰动，应进行校正或重新补设。

（7）施工设备、装置应满足施工要求，并符合下列规定：

①施工设备、主要配套设备和辅助系统安装完成后，应经试运行及安全性检验，合格后方可掘进作业。

②操作人员应经过培训，掌握设备操作要领，熟悉施工方法、各项技术参数，考试合格方可上岗。

③管道内涉及的水平运输设备、注浆系统、喷浆系统以及其他辅助系统应满足施工技术要求和安全、文明施工要求。

④施工供电应设置双路电源，并能自动切换；动力、照明应分路供电，作业面移动照明应采用低压供电。

⑤采用顶管、盾构、浅埋暗挖法施工的管道工程，应根据管道长度、施工方法和设备条件等确定管道内通风系统模式；设备供排风能力、管道内人员作业环境等还应满足国家有关标准规定。

⑥采用起重设备或垂直运输系统：起重设备必须经过起重荷载计算，使用前应按有关规定进行检查验收，合格后方可使用；起重作业前应试吊，吊离地面100mm左右时，应检查重物捆扎情况和制动性能，确认安全后方可起吊；起吊时工作井内严禁站人，当吊运重物下井距作业面底部小于500mm时，操作人员方可近前工作；严禁超负荷使用；工作井上、下作业时必须有联络信号。

⑦所有设备、装置在使用中应按规定定期检查、维修和保养。

4）管道顶进

（1）顶力计算

顶管的顶力可根据管道所处土层的稳定性，地下水的影响，管径、材料和重量，顶进的方法和操作熟练程度，计划顶进长度，减阻措施，以及经验等因素进行相关计算。

（2）后背土体稳定性

后背是千斤顶的支撑结构，承受着管子顶进时的全部水平力，并将顶力均匀地分布在后座墙上，后座墙在顶进时承受所有阻力，故应具有足够稳定性。

一般以顶进管所承受的最大顶力为先决条件，反过来验算工作坑后座墙是否能承受最大顶力的反作用力。若工作坑能承受，那么这个最大顶进力为总顶进力；若后座墙不能承受，那么以后座墙能承受的最大顶进力为总顶进力。在施工全过程决不允许超过最大顶进力，否则会使管子被顶坏或后座墙被顶翻，有时会造成相当严重的后果，这在顶管施工中必须引起足够重视。

（3）管道顶进技术

①技术措施

a. 中继间技术，以满足长距离顶进要求。

b. 管节表面采用熔蜡、触变泥浆套等措施可减少顶进阻力，减少管外壁摩擦阻力和稳定周围土体。

c. 使用机械、水力等管内土体水平运输方式，以减小劳动强度、加快施工进度。

d. 采用激光定向等测量技术，以保证顶进控制精度、缩短测量周期。

②中继间顶进规定

采用中继间顶进时，其设计顶力、设置数量和位置应符合施工方案，并应符合下列规定：

a. 设计顶力严禁超过管材允许顶力。

b. 第一个中继间的设计顶力，应保证其允许最大顶力能克服前方管道外壁摩擦阻力及顶管机的迎面阻力之和；而后续中继间设计顶力应克服两个中继间之间的管道外壁摩擦阻力。

c. 确定中继间位置时，应留有足够的顶力安全系数，第一个中继间位置应根据经验确定并提前安装，同时考虑正面阻力反弹，防止地面沉降。

d. 中继间密封装置宜采用径向可调式，密封配合面的加工精度和密封材料的质量满足要求。

e. 超深、超长距离顶管工程，中继间应具有可更换密封止水圈的功能。

③触变泥浆注浆工艺的规定

注浆工艺方案应包括泥浆配比、注浆量及压力的确定；制备和输送泥浆的设备及其安装；注浆工艺、注浆系统及注浆孔的布置。

确保顶进时管外壁和土体之间的间隙能形成稳定、连续的泥浆套。

泥浆材料的选择、组成和技术指标要求，应经现场试验确定；顶管机尾部同步注浆宜选择黏度较高、失水量小、稳定性好的材料；补浆的材料宜黏滞小、流动性好。

触变泥浆应搅拌均匀，并具有下列性能：在输送和注浆过程中应呈胶状液体，具有相应的流动性；注浆后经一定的静置时间应呈胶凝状，具有一定的固结强度；管道顶进时，触变泥浆被扰动后胶凝结构破坏，又呈胶状液体；触变泥浆材料对环境无危害。

顶管机尾部的后续几节管节应连续设置注浆孔。

应遵循"同步注浆与补浆相结合"和"先注后顶、随顶随注、及时补浆"的原则，制定合理的注浆工艺。

施工中应对触变泥浆的黏度、重度、pH 值，注浆压力，注浆量进行检测。

④控制地层变形。根据工程实际情况正确选择顶管机，顶进中对地层变形的控制应符合下列要求：

a. 通过信息化施工，优化顶进的控制参数，使地层变形最小。

b. 采用同步注浆和补浆，及时填充管外壁与土体之间的施工间隙，避免管道外壁土体扰动。

c. 发生偏差应及时纠偏。

d. 避免管节接口、中继间、工作井洞口及顶管机尾部等部位的水土流失和泥浆渗漏，并确保管节接口端面完好。

e. 保持开挖量与出土量的平衡。

⑤施工测量

顶管施工测量一般建立独立的相对坐标，设工作坑及接受坑的中心连线是 z 轴，工作坑的竖直方向是 y 轴，两轴的零点位置根据现场情况确定，如可以把顶进方向的工作坑壁作为零点。

顶管测量分中心水平测量和高程测量两种，一般采用经纬仪和水准仪，测站设在千斤顶的中间。

中心水平测量是先在地面上精确地测定管轴线的方位，再用重球或天地仪将管轴线引至工作坑内，然后利用经纬仪直接测定顶进方向的左右偏差。随着顶进距离的增加，经纬仪测量越来越困难，当顶管距离超过 300～400m 时应采用激光指向仪或计算机光靶测量。

高程测量一般采用水准仪。当管道距离较长时，宜采用水位连通器。这种方法是在工作坑内设置水槽，确立基准水平面；工具管后侧设立水位标尺，水槽与水位标尺间以充满水的软管相连，则可以水准面测定高差。

⑥误差校正。产生顶管误差的原因很多：开挖时不注意坑道形状质量，坑道一次挖进深度较大；工作面土质不匀，管子向软土一侧偏斜；千斤顶安装位置不正确会导致管子受偏心顶力、并列的两个千斤顶的出程速度不一致、后背倾斜等。另外在弱土层或流砂层内顶进管端很容易下陷；机械掘进的工具管质量较大使管端下陷；管前端堆土过多，外运不及时使管端下陷等。

顶管过程中，如果发现高程或水平方向出现偏差，应及时纠正，否则偏差将随着顶进长度的增加而增大。管道标高及水平方向坐标允许偏差。

4.3.2 原位固化法

非开挖管道修复技术在我国发展很快，随着该领域整体技术的进步和国内市场的逐步完善，非开挖管道修复技术将在市政供水排水管道工程大量运用。由于篇幅所限，下文仅对原位固化法进行阐述。

1）原位固化法原理

原位固化法在城市排水管道的非开挖修复技术的应用越来越多。原位固化法（Cured-in-Place Pipe，CIPP）是由英国于 1971 年研制成功的，当时主要用于修复下水道。在发展初期，原位固化法仅是一种管线施工的普通工法，用于在不扰动土层的情况下更新老化或失效的地下管线，随着技术不断发展，该技术逐渐成为国外维护城市地下管线设施的首选方案。

根据旧管道的现况尺寸和损坏程度，在仓库预制加工成一定设计厚度的浸透热固性树脂，并带有防渗膜的纤维增强软管或编织软管作衬里材料的软管，在施工现场将浸有树脂的软管一端翻转（拉入）并用夹具固定在待修复冲洗干净的旧管入口处，然后利用水压或气压使软衬管浸有树脂的内层翻转到外面并与旧管的内壁紧贴，一旦软衬管到达终点即向管内注入循环热水、热蒸汽或者紫外线的方式进行管内加热使树脂固化，形成一层紧贴管内壁的具有防腐蚀防渗功能的整体性强、高强度、寿命长、光滑的树脂内衬新管，"管中管"从而使已发生破损的或失去输送功能的地下管道在原位得到修复。

2）原位固化法技术的特点

（1）内衬管耐久实用。内衬材料耐腐蚀、耐磨损、强度大、承压能力高，使用年限按设计要求不低于 30 年，最长可达 50 年。

（2）修复后管道无接头，内壁表面光滑，连续提高了管道流量，不结垢。

（3）适合对长距离管道（900m）修复，整管无接口，施工内径为 150～2200mm，能适应非圆形断面和弯曲管道。

（4）占用道路面较小，对道路交通影响小，不开挖路面，保证交通畅通。

（5）施工速度快、周期短，从内衬材料运至施工现场，准备内衬、固化现场施工周期一般不超过 24h。

（6）施工设备占地面积小，施工设备简单。只需要小型的锅炉和热循环泵设备，噪声低。

（7）不生产废弃物，无污染，对周边环境影响小。

（8）减少工程投资，经济效益和社会效益好。

（9）适用于各种管材和形状的管道修复（铸铁管、钢管、混凝土管、陶管等）。

（10）整体性强，可以封闭原有的洞孔、裂缝及缺口，阻止渗出，彻底解决地下水渗入问题。

3）适用与不适用范围

（1）适用范围

①原位固化法一般是翻转后固化成型，其适用于管道几何截面为圆形、方形、马蹄形等，管道材质为钢筋混凝土管、水泥管、钢管及各种塑料管的雨污排水管道。

②适用于管径 150～2200mm 的排水管道、检查井的井壁和拱圈开裂的局部和整体修理。紫外线加热固化比较适用于管径小于 600mm 的排水管道。

③适用管道结构性缺陷呈现为破裂、变形、错位、脱节、渗漏、腐蚀且接口错位不宜超过管道直径的 15%，管道基础结构基本稳定、管道线形无明显变化的情况。

④适用于对管道内壁局部沙眼、露石、剥落等病害的修补。

⑤适用于管道接口处在渗漏预兆期或临界状态时预防性修理。

⑥适用于各种材质检查井损坏修理。

（2）不适用范围

①不适用于管道基础破裂、管道破裂、管道脱节呈倒栽状、管道接口严重错位、管道线形严重变形等结构性缺陷严重损坏的修理。

②不适用于严重沉降、与管道接口严重错位损坏的检查井。

4）材料

（1）主要材料

原位固化法主要材料是树脂和聚酯纤维毡。其中辅助材料有针刺毛毡、玻璃丝纤维、添加剂、填充剂、聚合物涂层、胶黏剂等，其中，树脂是系统的主要结构元素。

树脂通常可以分为不饱和聚酯树脂、乙烯树脂和环氧树脂三类。每一种都有自己独特的化学耐腐蚀性能和结构性能。其中不饱和聚酯树脂是原位固化法工艺中使用最多的固化材料。乙烯树脂和环氧树脂具有特殊的耐腐蚀、抗溶解性和高稳定性能，主要用于工业管道和压力管道。

原位固化法所采用的树脂应符合以下要求：

①具有良好的耐久性、耐腐蚀、抗拉伸、抗裂性，与软管有良好的相容性。应以满足施工和固化后强度要求为前提。

②树脂应能在热水、热蒸汽或者紫外线的作用下固化，且初始固化温度应低于80℃。

③黏度在 1500～2500MPa·s，低于 1500MPa·s 时，树脂黏度不够，毡体本身又比较薄，内衬时携带树脂少，会出现树脂分布不匀现象，造成内衬复合材料起泡甚至塌落。树脂黏度高于 2500MPa·s 会造成树脂浸渍物困难，而且内衬复合材料容易粘连，给内衬施工造成困难。

④黏结强度要求高，树脂应能将内衬复合材料与待修复的管道黏结在一起。

原位固化法所采用的聚酯纤维毡应符合以下要求：

①聚酯纤维毡与树脂应紧密溶合，固化后，不得产生分离现象。

②有良好的耐酸碱性，有足够的抗拉伸、抗弯曲性能，有足够的柔性以确保能承受安装压力，内衬时适应不规则管径的变化或弯头；有良好的耐热性，能够承受树脂固化温度。

（2）软管

软管由一层或多层聚酯纤维毡缝制而成，且尚未浸渍树脂的管材。主要功能是携带和支持树脂，要求软管在一定拉伸变形的情况下，能够承受内衬管敷设过程中的拉伸应力，同时还应具有柔性，以满足侧向连接和产生一定的膨胀，以适应原有管道的不规则性。

软管的材料大部分采用非编织材料，但是也可以采用编织材料。为了在工程施工中保护树脂材料，在软管的内外表面通常要涂覆非渗透性的聚丙烯或聚乙烯材料涂层。增加纤维与毛毡的层数可以有效提高内衬材料的抗拉强度。增强纤维可以是聚酯、丙纶或玻璃丝纤维。

原位固化法所采用的软管应符合以下要求：

①软管应包含单层或多层聚酯纤维毡或同等性能的材料，其应能浸渍树脂并不与树脂发生反应，且能承受施工拉力、压力和固化温度。

②软管的外表面应包覆一层与所采用的树脂相溶的非渗透性的透明塑料膜。

③当软管由多层毡叠加而成时，各层之间的接缝必须错开，不得叠加。接缝连接必须牢固。

④玻璃纤维增强的纤维软管应至少包含两层由抗腐蚀的玻璃纤维形成能够浸渍树脂的软管，内表面应为聚酯黏毡层，外表面应为单层或多层抗苯乙烯并不透光的薄膜。

⑤软管应能够伸展具有足够的柔性，并具有一定的韧性，翻转内衬时应能够适应待修复管道内局部管径的略微变化，其长度应大于待修复管道的长度。软管直径的大小应保证在固化后能恰好与旧管道的内壁紧密贴合。

⑥生产商应提供软管固化后的初始结构性能的检测报告，其应符合规范和要求。

软管制作需要满足以下要求：

①软管的施工制作长度必须同时满足修复管段两检查井中心距离，检查井井深两端部所需长度及施工时静水压力所需高度。

②在确定软管外径时，应考虑到软管材料有横向的伸长性，确保其固化后外壁紧贴。故应根据软管材料的横向伸长率，确定软管的外径与待修复管道的内径之间的修正关系。一般情况下，软管外径应略少于待修复管道的内径。

③聚酯纤维毡及树脂均属易燃材料，应使其远离火源，避免燃烧。热固性树脂在紫外线的照射下会固化，因此热固性树脂浸渍场地必须防止日光照射。软管制作及树脂浸渍场地应选在室内，并具有防尘、防火等设施。

④制作软管时，采用单层或多层聚酯纤维毡叠加缝制而成，聚酯纤维毡厚度可能与软管设计厚度有所偏差，故必须控制其制作厚度，只允许出现正偏差，软管制作厚度应大于固化管的内壁设计厚度 t，宜为 $1.1\sim1.3t$，确保浸渍热固性树脂并加热固化后壁厚满足验收要求。

⑤软管缝制的接合缝应平整、密实、牢固，多层聚酯纤维毡叠加缝制的接合缝应错开，不得重叠，接合缝必须是平缝。

⑥软管外层应粘贴或喷涂一层与热固性树脂相溶、具有一定耐磨性的且强度满足施工静水压力的塑料涂层或薄膜，起到保护和防水作用。

（3）树脂浸渍软管

真空条件下浸渍树脂的软管应满足以下要求：

①日光和强光源中的紫外线长时间照射，会引起热固性树脂逐渐固化，从而导致软管材料报废，所以浸渍树脂过程应安排在合适的室内场地，并应采取措施避免阳光、强光源照射。

②浸渍热固性树脂时，室内温度不宜高于 18℃。若室内温度高于 18℃，有条件的情况下，宜采用空调设备降低室温，防止树脂固化。若无人工降温设备，可采用在软管上加敷冰块的方式替代。

③为避免树脂浸渍不均匀及浸渍后产生干斑或者气泡等问题，在浸渍树脂前，应对软管进行抽真空处理，不得在未抽真空或抽真空时间不足的条件下盲目浸渍树脂，并保证软管材料充分浸渍树脂。抽真空的布点选择可以根据软管的长度和厚度，选择抽真空速度，均匀选点，确保软管各部位在树脂浸渍过程中，边浸渍边抽真空。抽真空时需切开塑料涂层或膜。

④浸渍热固性树脂前及浸渍过程中应用真空表进行真空度测量，软管真空度应达到 0.08MPa。

⑤树脂、填料、固化剂等混合次序及搅拌方法和时间应严格按照操作程序进行，控制搅拌速度和时间，搅拌过程中应避免搅拌过快或不均匀造成空气进入树脂，这样做易使浸渍后的软管产生气泡，影响固化管的强度

⑥热固性树脂的浸渍量应满足固化管管壁设计厚度要求。用量应要求精确称量，考虑到树脂的聚合作用及渗入待修复管壁缝隙和连接部位的可能性，宜增加 5%～10% 热固性树脂的余量。

⑦树脂浸渍软管应采用机械碾压设备碾压平整。

⑧树脂混合后应及时进行浸渍，停留时间不得超过 20min；如不能及时浸渍，应将树脂冷藏，冷藏温度不宜低于 15℃，冷藏时间不得超过 3h。

⑨树脂浸渍过程完成后，塑料涂层或膜表面抽真空时留下的切口应采用一定强度和密封性能的塑料膜胶贴封固。

5）设备

原位固化法施工时有一些是常规设备，有一些是专用设备，根据施工现场的情况需要进行必要的调整和配套，主要施工设备见表 4.1。

表 4.1　原位固化法施工设备

序号	机械或设备名称	数量	主要用途
1	吊车	1 台	设备吊运、大口径软管吊装
2	冷藏车	1 辆	浸润软管储运
3	运输车	1 辆	机械设备人员运输
4	堵水气囊	1 套	临时堵水
5	高压清洗车	1 辆	管道清洗
6	CCTV 检测设备	1 套	管道检测
7	翻转设备	1 套	软管翻转
8	全自动热水锅炉	1 台	加热固化

序号	机械或设备名称	数量	主要用途
9	专用搅拌器	1台	树脂加工
10	真空泵	1台	树脂灌注
11	气动隔膜泵	1台	树脂灌注
12	四合一气体检测仪	1台	毒气检测
13	碾胶设备	1套	软管加工
14	轴流风机	2台	管道通风
15	发电机	1台	供电、照明
16	空压机	1台	辅助
17	电动卷扬机	1台	垂直运输
18	水泵	1台	降水、调水
19	温控仪	2台	水温检测
20	无线通信设备	2台	通信
21	气动切割锯	1台	端头处理

设备的要求主要有以下几点：

①抽真空、搅拌、传送、碾压等是浸渍过程中的关键步骤，采用的设备一般有：真空泵、专用搅拌器、棍杠或滚轴输送机、碾胶机等，其性能完好与否决定了树脂浸渍软管的质量，故以上设备的型号、性能等应在施工组织设计中予以明确。利用搅拌设备搅拌树脂时，必须控制其搅拌速度，不应过缓或过快，确保树脂搅拌均匀，防止空气在搅拌过程中进入树脂，影响固化管质量。树脂碾压设备，应确保碾压材料厚度均一、无褶皱。称量热固化性树脂、固化剂等计量设备应按计量法的相关标准。

②树脂浸渍软管固化过程中所需的热水由现场锅炉设备提供，因此应根据修复管道的容积，选择容量合理的锅炉，要求热水锅炉容量与所需加热的水量相匹配，使其供热量满足水温的上升速率。

③热固化性树脂、固化剂计量设备必须干净、精确、完好。

6）材料储运

树脂及聚酯毡材料的运输可以在常温下进行，应在25℃以下阴凉干燥，在通风良好的环境下保存。其他的引发剂、固化剂等配料中过氧化物必须在0～10℃之间运输保存，其余的填料及添加剂可在常温下运输，在通风干燥的室内保存。

当室外温度高于18℃时，树脂浸渍软管在储运过程中应叠放在冰水槽或冷柜中。

树脂浸渍软管在储运过程中，应避免日光及强光源照射。

树脂浸渍软管在储运与装卸过程中，应避免与硬质、尖物体发生刮擦与碰撞，避免外部塑料涂层或膜破损后使树脂外溢及施工过程中的水直接进入树脂。

树脂浸渍软管在安装完成前不得产生固化现象。储运树脂浸渍软管应充分考虑运输及安装时间，应记录储存和运输过程中的温度和时间。长时间运输应用冷柜车运输，树脂浸渍软管应在树脂固化前运至安装现场直至安装完毕。

7) 原位固化法施工

（1）施工的基本准备工作

施工的基本准备工作包括技术准备、组织准备、物资准备和现场准备等工作。

技术准备是施工准备工作的核心。技术准备必须认真做好图纸会审和技术交底、现场及周围环境调查、编制施工组织设计、管道检测、降水清淤、地基加固和防渗处理和编制施工预算等工作。

组织准备工作包括建立组织机构，合理设置施工班组，集结施工力量、组织劳动力进场，施工组织设计、施工计划、施工技术与安全交底和建立健全各项管理制度。

物资准备工作包括工程材料、工程施工设备、安全、消防、劳保生活用品的准备。

现场准备工作包括搞好"四通一平"（施工现场应水通、电通、通信通、路通和平整场地），建造临时设施，安装调试施工机具，材料的试验和物资堆放，雨期、冬期、高温期施工安排，建立消防、保安措施，建立健全施工现场各项管理制度。

（2）施工原理

目前主流工艺为水翻、气翻与拉入蒸汽固化三种，其工艺原理如下：

①水翻

水翻所利用的翻转动力为水，翻转完成后直接使用锅炉将管道内的水加热至一定温度，并保持一定时间，使吸附在纤维织物上的树脂固化，形成内衬牢固贴附修复管道内壁的修复工艺，特点是施工设备投入较小，施工工艺要求较其他两种简单。

②气翻

气翻使用压缩空气作为动力将内衬管翻转至被修复管道内的工艺，使用蒸汽固化，特点是现场临时施工设施较少，施工风险较大，设备投入成本较高。

③拉入蒸汽固化

拉入采用机械牵引将双面膜的内衬管拖入被修管道，使用蒸汽固化。特点是施工风险较大，内衬强度高，现场设备多，准备工艺复杂。

（3）施工流程

①管道清淤

此部分前文已做具体阐述，此处不再赘述。

②管道检测

管道检测可采用 CCTV 检测和人工检测。

CCTV 检测应符合以下要求：

a. 采用闭路电视进行管道检测和评估应以相邻两座检查井之间的管段为单位进行；

b. 检测前应对设备进行全面的检查，并在地面试用，以确保设备能够正常工作；

c. 在仪器进入井内进行检查前，应先拍摄看板，看板上应用清晰端正的字体写明本次检测管道的地点、管道材质、编号、管径、时间、负责人员姓名等信息；

d. 采用闭路电视进行检测时，管道内水位高度不应大于管道垂直高度的 20%；

e. 遇到管道内缺陷或异常，检测设备应暂时停止前进，变换摄像头对缺陷异常部位进行仔细摄像后再继续前进；

f. 当检测遇障碍物无法通过时，应退出检测器，清除障碍物之后继续检测；

g. 当旧管道内壁结垢、淤积或严重腐蚀剥落等影响电视图像效果时，应对管道内部进行清洗后继续检测。

人工检测应符合以下要求：

a. 对于直径大于800mm的管道，也可采用人工进入管道进行检查。人工检测距离一次不宜超过100m；

b. 采取人工进入检测时，管道内积水深度不得超过管径的1/3并不得大于0.5m，管内水流流速不得超过0.3m/s，管道内水流过大时，应采取封堵上游入水口或设置排水等措施降低管内水位；

c. 采用潜水员检查管道时，管径不得小于1200mm，流速不得大于0.5m/s；

d. 井检测工作人员应与地面工作人员保持通信联络；

e. 井下检测人员应携带摄像机，对管道内缺陷位置进行详细拍摄记录，摄像画面应清晰。

③翻转准备

在翻转井上方搭建翻转作业台，在接收井内设置挡板等工作。要使之坚固、稳定，以防止事故发生，影响正常工作。

④送入辅助内衬管

送入辅助内衬管为保护树脂软管，并防止树脂外流影响地下水水质等，把事先准备好的辅助内衬管翻转送入管内。要注意检查各类设备的工作情况，防止机械故障。

⑤软管翻转

在事先已准备的翻转作业台上，把通过冷藏运到工地的树脂软管安装在翻转头上，应用压缩空气或水把树脂软管通过翻转送入管内。如果天气炎热，要在树脂软管上加盖防护材料以免提前发生固化反应影响质量。

将浸渍后的软管翻转置入待修复管道可采用水压或气压的方法。翻转压力应足够大以使浸渍软管能翻转到管道的另一终点，并使软管与旧管管壁紧贴在一起。在翻转时压力不得超过软管的最大允许张力。翻转完毕后，应保证软管的防渗塑料薄膜朝内（与管内水或蒸汽相接触）。

翻转施工为连续性工作，施工期间不得停顿，为确保翻转施工过程的顺利进行，应满足下列要求：

a. 翻转施工前应对修复管道内部情况进行检查，在管道内平铺防护带，减小摩擦阻力，保护树脂浸渍软管在翻转过程中不会发生磨损扭曲或结扎现象。

b. 施工人员需在钢管支架上进行翻转操作，且翻转端部需固定在支架上，故支架应搭接稳固。为防止在翻转过程中，凸出部位刺破树脂浸渍软管，故需将支架连接处等凸出部位用聚酯纤维毡、胶布等进行包裹。

c. 钢管支架搭设高度应根据翻转所需水头高度确定。从下游往上游翻转或管内有较多的滞留水时，应该提高翻转水头。

d. 翻转与加热用水应取自水质较好的水源，宜为自来水或Ⅲ类水体及以上的河道水。

e. 为降低翻转摩擦阻力可将润滑剂直接涂在树脂浸渍软管上或直接倒入翻转用水中，不应对内衬材料、加热设备等产生污染或腐蚀影响。

f. 接合缝不得破裂或渗漏。

g. 树脂浸渍软管的翻转速度应保持均匀。翻转要在适当的速度之内进行，使软管与厚管道能都粘贴。注意水头高度（水压）不要剧烈上升或下降，注水流量应严格控制，防止突然流量加大引起软管翻转速度加快，造成软管局部拉伸变薄。

　　h. 翻转完成后，应保证树脂浸渍软管比原管道两端各长 200mm 以上。在翻转施工进行过程中，无法顺利翻转到位或发生不可预计情况需中断施工。而树脂浸渍软管已经进入待修复管道的，在全部作业人员安全上井的前提下，应立即将其拖出，以避免树脂浸渍软管在未完全翻转到位的情况下固化。若发生这种情况，不仅该段软管必须报废，更有可能需要大开挖施工，才能将待修复管道与固化管一并挖除更换。

　　⑥加热固化

　　树脂软管翻转送入管内后，在管内接入温水输送管。同时把温水泵、锅炉等连接起来，开始软管的加热固化工作。此时要严格控制好温度和时间，以免发生未完全固化等质量问题。

　　采用热水或热蒸汽对翻转后的浸渍树脂软管进行固化。

　　采用热水固化应满足下列要求：

　　a. 热水的温度应均匀地升高，使其缓慢达到树脂固化所需的温度。

　　b. 在热水供应装置上应安装温度测量仪检测水流入和流出时的温度。

　　c. 应在修复段起点和终点的浸渍树脂软管与旧管道之间安装温度感应器以监测管壁温度变化。温度感应器应安装在至少距离旧管道端口里侧 0.3m 处。

　　d. 可通过温度感应器监测树脂放热曲线判定树脂固化的状况。

　　采用热蒸汽固化应满足下列要求：

　　a. 应使热蒸汽缓慢升温并达到使树脂固化所需的温度。固化所需的温度和时间应符合规定。

　　b. 蒸汽发生装置应具有合适的监控器以精确测量蒸汽的温度。应对内衬管固化过程中的温度进行测量和监控。

　　c. 可通过温度感应器监测树脂放热曲线判定树脂固化的状况。

　　d. 软管内的水压或气压应大于使软管充分扩展的最小压力，且不得大于内衬管所能承受的最大内部压力。

　　软管固化完成后，应先进行冷却，然后降压。采用水冷时，应将内衬管冷却至 38℃ 以下然后进行降压；采用气冷时，应冷却至 45℃ 以下再进行降压。在排水降压时必须防止形成真空使内衬管受损。

　　加热完成后，若立即放空管内热水，可能因降温过快致使固化管热胀冷缩产生褶皱甚至裂缝，故需待固化管内热水逐渐冷却至 38℃ 以下，方可释放静水压力，避免产生褶皱或收缩裂缝。

　　⑦端部处理

　　软管加热固化完毕以后，把管的端部为了扎紧内衬材料而多余的部分（根据管道直径大小，长度为 0.5～1.0m），用特殊机械切开。同时为了保证良好的水流条件，井的底部做一个斜坡。

　　软衬管内冷却水抽除或空气压力释放后，才能切割端部软衬管，切口宜平整。

　　软衬管端部切口必须用快速密封胶（或树脂混合物）封闭软衬管与原管内壁的间隙。

　　为保证内衬管与井壁的良好衔接，切割内衬管时，在修复段的出口端将内衬管端头切割整齐，应做到切口平整，并与井壁齐平，并在管口外留出适当余量，一般可为管径的 5%～10%。

固化管端部切口必须封固，如果内衬管与旧管道黏合不紧密，固化管端部与待修复管道内壁之间的空隙，应采用灰浆或环氧树脂类快速密封材料或树脂混合物等进行填充、压实，防止漏水。

⑧施工后管道检测

为了解固化施工后管道内部的质量情况，在管端部切开之后，对管道内部进行检测。检测采用 CCTV 检测设备，把检测结果拍成录像资料，根据委托方要求，把录像及检查结果提供给发包方。

⑨清理交验

现场清理，交工验收。

8）季节性施工

（1）雨期施工

根据工程特点和施工进度的安排要求，针对施工部位，认真组织有关人员分析施工特点，制定科学合理的雨期施工措施，对雨期施工项目进行统筹安排，本着先重点后一般的原则，采取合理的交叉作业施工，确保工程雨季不受天气影响。

设专人负责记录天气预报，及时了解长期、短期、即时天气预报，准确掌握气象趋势，做好防雨、防风、防雷、防汛等工作，雷区应设置防雷措施，露天使用的电气设备要有可靠的防漏电措施，在雷阵雨时要暂停施工，台风区要有防风和防洪等措施。

做好施工人员的雨季施工培训工作，组织相关人员进行一次全面检查，检查施工现场的准备工作，包括临时设施、临时供（用）电、机械设备等。

按现场施工平面图的要求，检查和疏通现场排水系统，做好现场排水，保证雨后路干，道路畅通。

提前准备好雨期施工所需的材料、雨具及设备，料场周围应有畅通的排水沟，以防积水。堆在现场的配料、设备、材料等必须避免存放在低洼处，必要时应将设备垫高，同时用苫布盖好，以防雨淋日晒，并有防腐蚀措施。

施工现场外露的管道或设备，应用防雨材料盖好；敷设于潮湿场所的管路、管口、管子连接处应作密封处理。

所有机电设备应设有防雨罩或置于棚内，并有安全接零和防雷装置，移动电闸箱有防雨措施，漏电保护装置可靠，保证雨季安全用电；使用用电设备前，对其进行绝缘检测，达不到绝缘要求的电动工具严禁使用；雨期施工内应充分加强电缆及用电设备的监护。

对敷设的电缆及导线两端用绝缘防水胶布缠绕密封，防止进水影响其绝缘性。

考虑到雨季的实际情况，施工中每一个阶段都必须仔细规划好施工现场的排水设施，并严格按照已经拟订的方案实施，并于施工中保持排水沟的畅通。

雨天作业必须设专人看护，防止塌方，存在险情的地方未采取可靠的安全措施之前禁止作业施工。

施工人员要注意防滑、防触电，加强自我保护，确保安全生产。

集中力量，快速施工，工作面不宜过大，应逐段分期施工。

（2）冬期施工

对现场全体人员进行冬期施工技术及安全措施交底。

冬期施工应有防风、防火、防冻、防滑等措施，加强安全工作，保护好"四口"（即洞口、电梯井口、通道口、楼梯口）、"五临边"（即楼面临边、屋面临边、阳台临边、升降口临边、基坑临边），场地内临时道路等需要及时清理积水、冻雪、冰凌等，并采取适当的防滑措施，避免意外事故的发生。

入冬前组织相关人员进行一次全面检查，做好施工现场的过冬准备工作，包括临时设施、机械设备及保温等项工作，及时地对打过压、灌过水的各类管道及附件的易积水处做详细检查，彻底放净积水，防止冻坏事故发生。

组织技术人员、工长、现场管理人员进行冬期施工的交底，明确职责。让施工人员了解冬期施工的施工方法和注意事项。

冬期施工中要加强天气预报工作，及时接收天气预报，防止寒流突然袭击。

冬期施工结合冬季施工特点，做好安全技术交底，作业面要配备足够的消防器材。

复查施工进度安排，对不满足冬期施工要求的施工部位，应及时调整施工进度计划，合理统筹安排劳动力，对于工程技术要求高的施工项目，要进行冬期施工技术可行性综合分析。

加强对冬期施工的领导，组织定期不定期的工程质量、技术检查，了解措施执行情况；安排专人检查水管的防冻保温措施，每天进行巡视，记录检查情况。

施工结束后清理工作场地，并切断各种机具设备的电源及使用的水源。

（3）高温期施工

根据夏季高温施工特点，结合实际，组织编制有针对性的夏季施工方案，采取有效的防暑降温措施。密切关注天气变化情况，做好防暑降温知识的宣传教育。合理安排施工作息时间，高温期施工宜选在一天温度较低的时间进行。施工现场尽量遮阳。高温期施工应有防暑降温措施。加强高温期间施工安全监管。

4.3.3　管道非开挖垫衬法再生修复施工新技术

市政给排水管道的工程质量直接关系着当地民生经济。国内大量的市政给排水管道是早期修建的，其中很多是需要进行维护修复处理的，而管道非开挖垫衬法再生修复施工新技术有利于提高市政给排水管道工程施工水平，保障市政给排水管道工程质量，进而促进当地民生经济。

1）技术原理

管道非开挖垫衬法再生修复施工新技术是指在不需要进行任何土石方开挖的前提下，采用速格垫作为修复的内衬材料（将速格垫预制成工程实地需要的规格），安装在需要修复的管内，然后通过充气或注水的方法使其与管壁充分接触，通过灌浆的方法将速格垫与管壁之间的空隙进行填充，使速格垫与原管道形成整体。利用速格垫与灌浆料形成新的管腔结构层，以达到对老旧管道进行维护修复的目的。

管道非开挖垫衬法再生修复施工利用检查井，在不开挖、不需要进人的条件下，在旧的管道内再敷设一根高强度的塑料管。灌浆厚度可根据实际需要进行调整，可在修复结构层内安装预应力钢丝。灌浆料固化后的结构层对被修复的管道起着加固作用。

（1）技术特点

管道非开挖垫衬法再生修复施工新技术的特点主要有以下几点：

①高耐腐蚀性能

速格垫是一种高分子树脂材料，具有良好的耐酸碱性及耐化学腐蚀性。

②高抗压性能（起到加固作用）

高徽浆（灌浆料）是一种特制的材料，固化后抗压强度高，与原管道结构形成一体，共同受力。且在修复同时，灌浆料可进入原管壁破损等病害部位，对原管道起到结构加固作用。

③高抗变形性能

速格垫具有较高的抗拉伸性能和抗撕裂强度，可适应管道的再次变形。

④高防渗漏性能

速格垫是一种高分子树脂材料，抗渗漏性能优越，可有效修复、预防管道的渗漏问题。

⑤施工方便

"0"开挖，不需人工进入管内，安全可靠。对处于地理环境复杂的管道均可进行修复施工，如建筑物基层下，分叉管。施工周期短，可在 2～3d 内完成修复施工。

⑥社会经济效益好

施工占地面积少，占地时间短，对行人交通影响小。无须大型机械施工，不影响周边环境。对缓解城市内涝、地陷等地质灾害有一定的积极作用；综合成本低，社会效益和经济效益好。

（2）技术应用

管道非开挖垫衬法再生修复施工新技术主要有修复（包括管道结构性修复、方形箱涵修复、地下河暗渠箱涵修复、拱形异形涵洞修复、渡槽防渗加固防碳化修复和渠道防渗保护修复）和新建预制（包括内衬速格垫钢筋混凝土排水管、渠道、水池和渡槽）。

2）材料选择

（1）速格垫

速格垫结合了热塑性塑料的优点（柔韧性、延展性、耐腐蚀）和混凝土的特点（强度高、刚性好）可为混凝土结构提供长期保护，满足了耐酸结构的最高要求，从而延长建筑的使用寿命。

速格垫的渗透系数为 1×10^{-12}，糙率系数 $n = 0.009$（以提高流速），含有耐高度的酸碱（可防腐蚀），500%的延伸率可适应结构变形，具体物理性能指标见表 4.2。

表 4.2　速格垫的物理性能指标

项目	技术指标	
抗拉强度/（N/cm）	$L \geqslant 21$，$T \geqslant 21$	
拉断伸长率/%	$L \geqslant 500$，$T \geqslant 800$	
撕裂强度/（kN/m）	$L \geqslant 100$，$T \geqslant 100$	
固定键拉拔强度/（N/cm²）	$\geqslant 170$	
低温弯折温度/℃	-20	-35
	无裂纹	
加热伸缩量/mm≤	$-6 \sim 2$	
热空气老化（%）	拉伸强度保持率	$L \geqslant 80$，$T \geqslant 80$
	拉断伸长率保持率	$L \geqslant 70$，$T \geqslant 70$
耐碱性（%）	拉伸强度保持率	$L \geqslant 80$，$T \geqslant 80$
	拉断伸长率保持率	$L \geqslant 80$，$T \geqslant 90$

（2）高徽浆

高徽浆主要由水泥、专用外加剂，并辅以多种矿物改性组分和高分子聚合物材料配合组成，具有低水胶比、高流动性、零泌水、微膨胀、强耐久性的特点。施工时，可直接加水搅拌使用。

高徽浆广泛应用于各种预应力管道压浆及设备基础、锚杆等构件灌浆，也可用于核电站壳体灌浆、混凝土疏松、裂缝和孔洞等病害修补。高徽浆物理性能指标见表 4.3 所示。

表 4.3 高徽浆物理性能指标

项目	技术指标	
凝胶时间/h	初凝	≥5
	终凝	≤6
流动度/s	出机流动度	10～17
	30min 流动度	10～20
抗压强度/MPa	7d	≥40
	28d	≥50
抗折强度/MPa	7d	≥6
	28d	≥10
自由膨胀率/%	3h	0～2
	24h	0～3

3）施工流程

施工流程主要有以下几点步骤：

（1）施工准备

准备所需的人工费用、材料、机具等，技术方案。

（2）排水管道清洗

清洗排水管道有若干种方法，一般可分为水力方法、机械方法、组合方法、化学方法和生物方法。通常建议采用不要在排水管道内有操作人员的方法。当使用高压水射车清洗排水管道时，应使用不会损坏排水管道结构的水压（使用水射车有时会损坏排水管道，主要是塑料和沥青纤维排水管道）。如果需要清除不可进入排水管道中的硬堵塞物，建议使用机械工具。如果排水管道中有水垢和固体沉积物，应使用铣刀、凿子或气动管刀清除。

通常需要采用可通过电视摄像机远程控制的机器人来伸入清除排水管道的管线和堵塞物。类似的工具也可以用来清除侵入排水管道的树根。然而，这种方法并不是特别有效，因为切断树根后，树根会迅速重新生长，在某些情况下，树木在切断树根后会枯萎。这种情况更适合使用生物腐烂法，该方法可以使排水管道附近的根腐烂，也不会损坏树木。

选择清洗方法的决定因素主要有：管道的可达性，管道覆土深度，管道的横截面类型和尺寸，检查井之间的距离，直径变化或管道错位/重定位，管材类型，结构状况，天气状况（雨、雪、霜），交通状况，堵塞、沉积物情况等。

管道清洗的基本技术主要有冲洗、高压水射流、机械方法和其他方法。

①冲洗

冲洗分为浪涌冲洗和阻塞冲洗，这两种方法都是通过提高管道中水流流速来去除沉积物。

　　a. 浪涌冲洗：冲洗原理基于井室或冲洗水箱中的蓄水（污水或饮用水）。一旦达到所需的井内水位，打开克拉克控制阀，对排水管道进行冲洗。冲洗效果取决于蓄水的水位、体积以及管道坡度。

　　b. 阻塞冲洗：将专用工具插入排水管道系统（冲洗护罩、冲洗船、清洁球等），从而在水流中形成阻塞滞留污水（产生回水）。水的余压作用促使设备移动并向前推动沉积物。

　　②高压水射流

　　高压水射流是目前使用最广泛的去除排水管道系统沉积物的方法。冲洗水通过高压泵从水箱输送到喷嘴，喷嘴在管壁上产生高压水，通过分解和旋转沉积物来实现清理管道的目的。如果喷射压力不足以清除非常坚硬的沉积物和侵入的植物根，则应使用特殊的压力喷嘴、铣削调整片（头）或链条清洁器。在第一清洗阶段，流体动力效应将清洗喷嘴从起始检查井向上推到目标检查井中。在第二阶段，将清洗喷嘴缓慢地从目标检查井下拉到起始检查井。由射流的水力作用使沉积物逐渐向下移动，最终被吸入清洁车。

　　喷嘴的数量取决于管道的内径、管道污染类型和清洁水的体积。

　　③机械方法

　　基于沉积物类型、结壳、合适设备的可用性和辅助入口之间的距离，机械清洗用于分解和清除沉积物。专用清理设备包括冲击设备、钻孔和研磨设备、钻铣设备、切割设备、切割设备、抛光设备。

　　④其他方法

　　其他操作方法基于化学或生物反应，主要包括通过添加空气或聚合物来提高流速、化学清洗方法、化学除根和生物清洗方法。

　　（3）CCTV检测

　　此处与原位固化法CCTV检测相同，不做赘述。

　　（4）内衬安装

　　内衬进入管内后进行固定密封，以支撑定形。

　　（5）灌浆施工

　　配料灌浆之后进行闭浆处理，等待固化。

　　（6）检查验收

　　检查施工质量，记录结果。

4.3.4　检查井和管道设施结构性离心浇筑修复技术

　　离心浇筑修复技术可用于对任意形状及管径（井径）在700mm以上的水平或垂直结构进行浇筑内衬修复。

　　1）检查井离心浇筑修复技术

　　离心浇筑灰浆（或环氧树脂）内衬，可确保现场成型的检查井内衬层具有最佳的质量。在泵量和旋喷头上、下速度一定的情况下，内衬的厚度只需通过浇筑次数控制。旋喷头的上、下运行是由专用的电动绞车控制的，这能确保在井壁形成连续均匀的内衬。内衬的覆盖范围可以得到很好地控制。由于在内壁圆周进行均匀浇筑，内衬的厚度可使用测厚仪在内衬表面进行随机测量。

（1）检查井容易发生的主要问题

检查井容易发生的主要问题是渗漏、腐蚀和结构损坏。渗漏包括井里水往外渗、地下水往井里漏。腐蚀包括化学腐蚀和生化腐蚀。结构损坏包括结构脱落、年久失修。

（2）检查井内衬厚度选择

内衬设计厚度与诸多因素有关，包括既有检查井的状况、结构构成材料、深度、椭圆度、地下水压力、交通荷载等。设计师应详细了解产品供应商提供的设计指南，确定不同因素共同作用下的最佳参数。若使用 MS-10000 灰浆材料，对于大多数深度不超过 3.7m 的检查井，采用 12.7mm 内衬厚度是适合的。

（3）技术特点

检查井离心浇筑修复技术主要有以下特点：

①结构性修复。内衬井完全可以承担各种荷载的作用，设计寿命超过 50 年。

②无须人员进入，安全性好；可用于任何深度、任何尺寸的检查井、竖井的修复。

③修复过程不开挖、全自动离心浇筑，施工速度效率高，对地表、地面交通几乎没有影响。

④内衬浆料亲水，可在潮湿表面浇筑；内衬层与修复基面紧密黏合成整体、水密性好，防止渗漏。

⑤内衬层厚度均匀、抗压强度高，修复后 24h 即可投入使用。

⑥能有效抵御硫化氢等有害气体对混凝土的腐蚀。

2）管道离心浇筑修复技术

管道离心浇筑修复技术是将预先配制好的膏状内衬浆料送到位于管道中轴线上，由压缩空气驱动的高速旋喷头上，浆料在离心力的作用下均匀浇筑到管道内壁，同时旋喷头在牵引绞车的带动下沿管道中轴线缓慢滑行，使内衬浆料在管壁形成连续致密的内衬层。当完成第一层浇筑后，可以适时进行第二层、第三层浇筑，直到内衬层达到设计厚度。

（1）内衬设计

内衬设计基础资料包括管径、管道埋深、地下水位、管周土体形状和交通荷载等级。

（2）技术特点

管道离心浇筑修复技术主要有以下几方面特点：

①永久性、全结构性修复，其适用管径为 0.7～4.0m。

②管道离心浇筑修复技术是在检查井离心浇筑修复技术的基础上发明的，技术成熟、可靠性高。

③全自动旋转离心浇筑，内衬均匀、致密。

④内衬浆料与结构表面紧密黏合，对结构上的缺陷、孔洞、裂缝等具有填充和修复作用，充分发挥了结构抗压强度高的优势。

⑤一次性修复距离长、中间无接缝，不受管道弯曲段制约；内衬层厚度可根据需要灵活选择。

⑥全结构性修复，材料可选的方案多，可最大限度节约工程成本。

⑦对于超大断面管涵，可在喷内衬之间加筋（钢筋网、纤维网等），增加整体结构抗压强度。

⑧修复结构防水、防腐蚀、不减少过流能力，设计使用寿命可达到 50 年。

4.4 市政给排水管道检测、监测技术

4.4.1 市政给排水管道检测、监测常用技术

管道检测技术在我国应用的时间不长，但发展非常迅速。目前主要的管道检测技术包括闭路电视、电子潜望镜、声呐检测、探地雷达、红外线温度记录分析、管道扫描与评价、多重传感器等较为精准的管道物探检测技术。

1) 声呐检测技术

声呐检测可用于在有水的情况下检查各类管道、沟渠水平面以下的淤泥沉积、沉积物厚度、垃圾堵塞、堵塞物、大小管道变形、管道错口等情况。声呐检测仪可以将传感器头浸入水中进行检测。和闭路电视检测不同，声呐检测采用一个恰当的角度对管道内侧进行检测，声呐探头快速旋转，向外发射声呐信号，然后接收管壁或管中物反射的信号，经计算机处理后，形成管道的横断面图。置于水中的声呐发生器使传感器产生响应，当扫描器在管道内移动时，可通过监视器来监视其位置与行进状态，测算管道的断面尺寸、形状，并判断管道破损、缺陷的位置。该系统适用于充满度较高的排水管道，适用管径的范围为300～6000mm。声呐系统包括水下探头、连接电缆和带显示器的声呐处理器、探头可安装在爬行器、牵引车或漂浮筏上，使其在管道内移动，连续采集信号。

（1）声呐检测原理

①多波束声呐成像的原理

多波束超声检（监）测的原理是将一系列换能器交联剂按一定的形状和尺寸排列，构成一个超声矩阵换能器，进行多光谱束的发射和接收。使用多波束的明显优势是可以获得宽覆盖和窄波束的可能性，使用较少数量的探针通过精确扫描来辨认大表面。多波束技术过去曾用于与海洋有关的方面，特别是在其他军事部门的水下地质勘探、水下陆地测量和成像探索中。基于上述应用，多光束检（监）测技术有望在管材检（监）测中得到广泛的应用。一组线性发射器在垂直于管轴的方向上发射声波，并通过内壁的圆周发出超声波，在一定程度上辐射内壁。即使照射区域具有反射回波，也只有两个覆盖区域构成了管壁的一部分，用于观察来自发射网络的照射和接收。根据收集到的数据，入口相位的位移和重叠允许在声呐扫描区域的不同部分获得管路内壁缺陷的单独信息。

②管道声呐成像技术原理

声呐成像技术的工作原理是基于反射脉冲波。仪器内部装有步进电机驱动器和声浓度感受转换元件（由步进电机驱动器驱动），进行测量并记录在管路横截面图中，这使得通过观察其完整性来检（监）测问题的存在。换能器与管壁的距离可根据反射信息载体的传输时间计算。

（2）技术分析

①多波束超声换能器操作体系设计

采用多波束超声换能器阵列的超声发射接收方式对管路进行扫描检（监）测成像。由感受转换元件构成圆周阵列，通过电子操作选择不同的感受转换元件组实现对管路内壁的圆周扫描成像。选用单片微操作器操作超声信息载体的发射；采用高速数据获取卡和个人计算机（Personal Computer，PC机）实现对多波束感受转换元件信息载体的接收获取。在信息载

体的发射、获取接收体系中最重要的是发射、接收的同步问题，根据检（监）测管路的管径设定相应的回波获取接收时间段，合理准确的减少数据的获取量。

②超声发射操作体系硬件设计

考虑管路内壁操作的具体特点、精度要求、管路直径和机器人检（监）测的负载能力，选择超声波换能器的工作频率为 200kHz 左右。感受转换元件定向锐利，避免了噪声，提高了信噪比。尽管相对较低的频率会增加传输损耗，但传输和接收困难度较低。

使用单片微操作器 C8051F120 微电路（低电平）作为频率操作电路，利用 IRFU024NMOS 管和 CD40106 逆变器完成 TTL（Transistor-Transistor Logic，晶体管-晶体管逻辑电平）到 CMOS（Complementary Metal Oxide Semiconductor，互补金属氧化物半导体）电平作为超声波感受转换元件的转换。电路功率放大触发超声波。具有功率放大的超声波发射体系需要注意的一点是脉冲的激发时间不应小于所需时间的 20 倍，以避免损坏过载的功率器件。

③超声信息载体获取接收体系硬件设计

高速数据获取卡用于收集回波信息。快速数据获取卡采用 PCI-1714 卡（一款基于 PCI 总线架构的高性能数据采集卡），四路同步采样率高达 30MS/s，并可以向存储出口高速引入连续数据流。

④通信端口的硬件设计

下降机通过串行舱口与 PC 通信，并通过串行管路操作下降机。因此，在体系中设计了用于单微电路与 PC 的串行通信模块。中控板与驱动机之间的距离往往大于 10m，为保证数据传输的可靠性，采用 RS232 串联 RS485 进行通信模块的转换。

⑤主操作器设计

主操作器是体系操作核心，通过 USB（Universal Serial Bus，通用串行总线）接口接收计算机操作命令，并根据协议代码构成"命令包"发送给探头。主操作器接收通过长距离电力线传输的"数据包"，包括模拟和数字信息载体，在 XC95144XL CPLD（Complex Programmable Logic Device，一种用户根据各自需要而自行构造逻辑功能的数字集成电路）微电路中以常规格式解码，经过模拟信息载体处理后，由微电路转换为数据传输到微操作器 IS61WV25616AL 内存，经过专用算法分析，消除干扰波，获取有用数据，最后通过 USB 接口传输至电脑。

探头是整个体系的感受转换元件复合体，包括声呐、压力感受转换元件、温度感受转换元件、姿态监测器等。探头接收到主操作器发送的"命令包"后，通过解码协议格式执行命令，然后将获取到的数据（包括声呐信息载体代码、温度值、电压值、斜率值、转子值等），发送到主操作器后形成"数据包"。

2）闭路电视检测技术

（1）应用原理

闭路电视检测是通过摄像机器人对管道内部进行全程摄像检测，对管道内的锈层、结垢、腐蚀、穿孔、裂纹等各种缺陷状况进行探测和摄像，可实现管道内部长距离检测，实时观察并能够保存录像资料，再对影像资料进行判读，有效查明管道内部各类缺陷、混接点位置等。闭路电视检测系统主体由主控器、操纵线缆架、带摄像镜头的机器人爬行器三部分组成。主控器可安装在汽车上，操作员通过主控器控制爬行器在管道内的前进速度和方向，并控制摄像头将管道内部的视频图像通过线缆传输到主控器显示屏上，操作员可实时监测管道内部状况，同时将原始图像记录存储下来。闭路电视检测适用于排水管道里无水，或者低水位的情况。

（2）闭路电视检测技术缺点

①存在检测盲区

闭路电视检测技术使用的检测工具具有一定的局限性。比如在生活中，商店门口的监控总会有一个监控不到的死角，与之类似，应用闭路电视检测技术来对管道进行检测时，常会出现有盲区，有关人员也就不能及时发现这些盲区位置出现的故障。另外，定位方式不准，也会降低其精确度，进而影响排水管道的具体位置，无法确切地对整个管道每个角落进行质量的检测。

②摄像清晰度问题

闭路电视检测技术在使用中，摄像头清晰度常常会出现问题，这除了影响工作效率外，也会影响视频质。所以在使用中加入清洗液，解决除雾问题，减少摄像头故障的出现。

③智能化的缺陷判读

在人工识别过程中也会出现很多问题，因为人工判读在级别交界部分，所以会有漏判、错判等情况出现。在实际运用中，借助计算机技术，可以更好地识别缺陷，减少此类情况。

（3）闭路电视检测技术的优点

闭路电视检测技术在使用过程中有其应用价值和优点。随着时代的发展，闭路电视检测技术逐步完善，已经达到比较成熟的状态，这也是闭路电视检测技术相比于其他技术的优势所在。其他技术在应用的过程中还会存在各种各样的问题，比如可能会消耗大或者效率较低等问题，而闭路电视检测技术的资源消耗相对较小。

（4）检测技术应用优势

①安全性。闭路电视检测技术是利用摄像机以及其他的机械设备，深入城市地下管道内部进行检测。闭路电视检测技术的应用不需要工作人员深入地下对管道的状况进行一手的观察和检测，这大大增加了工作的安全性，降低了工作人员在进行作业时的风险。近几年，关于地下作业的事故层出不穷，这些事故造成了无法挽回的损失。闭路电视检测技术无法避免出现事故，但是能对工作人员的安全有一定的保障，这就大大增加了工程作业的安全性。

②绿色性。闭路电视检测技术的应用有助于检测市政给排水管道中的污染，减少了人力、物力的消耗，有利于保护环境闭路电视检测技术也在朝着更加绿色化的方向发展，从而实现人与自然的协调发展，不对环境造成过大的压力。

③易操作。闭路电视检测技术借助的设备大多是轻巧便利的，比较容易操作，给检测人员的工作带来了很大的便利。小型的摄像头可以深入管道内部，进行360°的旋转，对于管道内部的腐蚀情况进行检测。

④可以为相关的方案制定提供依据。使用该技术可以对市政给排水管道使用情况进行调查，在此基础上进行整体评估和决策，对会出现的问题及时进行处理，不仅可以节约资源，也可以保证管道检测的完成效果，提高工作效率，更好地保养管道，制定相应的维修方案。

4.4.2 基于全息感知和数字孪生技术的地下管网安全性能评估及智能运维关键技术

随着我国的经济发展与城市化建设的速度的加快，日益增长的城市人口规模以及基础设施规模给城市的"生命线"带来巨大的工作荷载压力，因此保障城市管道网络，即管网运输供给是维持城市正常运转的重要环节。

下文对基于全息感知和数字孪生技术的地下管网安全性能评估及智能运维关键技术进行阐述。

1）具体技术路线

（1）通过先进的技术仪器与设备，进行地下管网的腐蚀情况检测，建立地下管网检测评估综合体系以及地下管网运行安全监测体系，两个体系的数据互通互补。

（2）通过开发相关地下管网腐蚀数据以及安全性能指标计算的程序，将管网的检测评估综合体系与运行安全检测体系数据作为输入，计算得到相应的可靠性指标，通过指标筛选出重点检测管道位置，进行第二轮检查与检测。

（3）对于重点检测管道，进行可靠度指标的重计算与对比，对不符合设计规范要求，或超过设计阈值的管道进行修复与补强材料的选择与制备，增强管道的韧性。

2）仪器设备的测量

（1）管道内部表观损伤检测

依据《水工隧洞安全监测技术规范》（SL 764—2018）及管道检测工程实践成果，管道内部缺陷类型包括裂缝、渗水点、混凝土剥蚀、伸缩缝、钢筋锈蚀外露和管道淤泥等。该类缺陷的检测方法以视觉检测为主，目前通常在检修期，管网暂停运营时开展人工检查，辅助以管道 CCTV 等机器检查手段，管道缺陷视觉检测的结果分析几乎均为有经验的工程师来进行判断，耗费较多的人力资源。此外，当管道内积水较多情况下，管道淤泥可采用图像声呐等方式开展检测。

（2）管道变形检测

针对管道变形，通常采用断面激光扫描等设备开展检测。埋地管道的实际变形状况反映了管道质量、施工回填质量中存在的问题，对于混凝土管道和 FRPM 管，当上部存在车辆荷载、堆积重物等情况时，管道直径有增大的趋势，同时检测结果可为后续数值分析提供输入条件。由此可知，变形检测可以发现管道服役期间所受荷载的规律。

综上所述，可以通过现场的检测装备，有效获得与管道腐蚀相关的指标。

3）管道腐蚀模型的计算

管道受腐蚀影响可能会出现如下四种腐蚀坑情况：管道外壁环向腐蚀；管道外壁轴向腐蚀；管道内壁环向腐蚀；管道内壁轴向腐蚀。

管道腐蚀可能存在两种失效情况，应力极限状态失效，刚度极限状态失效。一般有限元软件可以进行管道应力的分析，但是有学者指出，对于管道裂缝，腐蚀坑等状态破坏的分析，有限元软件不能有效地模拟裂缝扩散过程，需要用断裂因子进行计算。因此需要用更准确的基于断裂因子的计算公式来衡量管道的腐蚀情况。

4）管道安全性能指标计算

管道的性能指标通常可用可靠度来衡量，可靠度指的是管道某服役年限下失效的概率。管道的性能不能用绝对的数值正常工作或者失效来定义，随着工作时间的增加，管道失效的风险也在增大，因此采用概率的形式进行计算具有普适性与重要意义。一般结构或者构件的可靠度计算如式（4.1）和式（4.2）所示。

$$G\ (R,\ S)\ =R-S \tag{4.1}$$

$$P_f = p \ [R-S \leqslant 0] = p \ [G \ (R, \ S) \leqslant 0] \tag{4.2}$$

式中：$G \ (R, \ S)$——该种破坏模式下结构功能函数；

　　　　R——结构或者构件的承载能力，kPa；

　　　　S——荷载作用时，结构或者构件的效应；

　　　　P_f——结构可靠度；

　　　　p——概率。

结构或者构件的荷载效应超过结构的极限承载能力时，结构失效。因此，我们需要计算每个时间点，腐蚀坑附近构件所受最大应力与强度因子的大小，与构件自身的屈服强度以及应力强度因子的大小，即可计算在不同腐蚀坑下，构件的失效概率。

5) 管网智能化运维操作平台

操作界面分为两个部分，管道检测信息的输入以及管道随机变量信息的输入。管道检测信息根据实时检测的数据和制作成 Excel 格式的文件，主要包括腐蚀坑大小、管道直径、管道壁厚、管道埋深等信息；管道随机变量信息输入则是在管道计算模型中的变量因子信息，通过查阅不同的设计规范，可以进行对应信息的输入，输入完毕后，点击"运行"按钮，即可进行管道的可靠性指标的计算。上述操作过程并不涉及计算流程，点击"运行"后程序自动进行计算，这样即可实现实时的检测数据传入与分析过程。

6) 管道断裂韧性指标数值仿真试验

对不同腐蚀坑大小、管道直径以及管道壁厚、管道埋深的管道，开发设计相应的计算代码，可直接进行断裂因子与可靠度指标计算。对于不同直径和厚壁的管道进行内外部环向裂缝和内外部轴向裂缝试验。

管道的不同腐蚀模式确实会对管道的工作性能，即发生断裂失效的概率产生影响，具体试验结论主要有：管道的外部轴向腐蚀失效模式上，在相同管道直径、内径以及荷载条件下，管道外部轴向受腐蚀的影响最大；管道腐蚀失效模式下计算的断裂失效概率会随着腐蚀坑尺寸的增大而增大；管道腐蚀深度与腐蚀宽度的比值也会影响最后的计算结果，腐蚀宽度与腐蚀深度比值越大，可靠度越低；埋深也会影响管道的安全性能，埋深越深，管道的可靠度越高。

4.5　市政给排水管道智慧管理系统

4.5.1　地理信息系统

1) 地理信息系统简介

地理信息系统（Geographic Information System，GIS）是一种非常重要的空间信息系统，是由计算机硬件、软件、地理数据以及系统管理人员组成的、可对任意形式的地理信息进行高效获取、存储、更新、操作、分析及显示的集成平台。GIS 是一种基于计算机的工具，可以对空间信息进行分析和处理，把地图独特的视觉化效果和地理分析功能与一般的数据库操作（例如查询和统计分析等）集成在一起。通过 GIS，可将现场采集到的各种管道的相关数据整合到一起，将管道特征对应到真实地理坐标上，将管道的各种信息体现到地图中（例如管道长度、直径、压力、材质等），还可将管网的竣工资料存档并进行管理。通过

GIS，可将数字化数据转换成更容易理解的图像数据。整合后的数据便于运营者查看发生事件的管道位置，分析管道的潜在威胁，评价管道的完整性，提高决策制定过程中数据的价值，节省人力物力。

随着科技的飞速发展，GIS 不但在测绘、制图、资源和环境等众多领域得到应用，而且已经在城市规划、商业策划、文化教育乃至人们的日常生活领域中发挥着独特的作用。在市政给排水管道方面，GIS 也在管道管理和检验方面起到越来越重要的作用。

GIS 数据存储主要包括两部分：①图形库，主要包括背景地图、管线图、管道附件图等；②数据库，主要包括管道信息数据的描述和管道附属设施的数据等。数据库管理员还可以对其中的数据和图形进行输入和编辑，通过不断维护来确保数据库和现场情况保持一致。普通访问者可以对数据库进行查询统计，如对图形进行拖动、放大、缩小，对故障进行分析等。

2）地理信息系统在管道检测中的应用

（1）现场检验

GIS 的数据库是以图形为基础的，根据不同的要求使用不同的数据结构。对管道来说，除了地理图和地形图所需的数据外，还包括管道性质、材质类型以及道路、山丘、铁路、水文和电缆等数字化的数据。通过 GIS，可以根据使用要求生成不同比例的地图。在 GIS 中，每一个覆盖地域的数据都可以综合起来，通过对这些数据的处理，可以得到各种数据的影响结果。

对于某些管道分布比较复杂，分支相对较多的情况，如果事先不对管线数据进行整理，直接进行现场检验，肯定会出现漏检、错检的现象。所以事先将检验区段的管线数据做成列表清单是十分必要的。通过查询 GIS，结合地图搜寻需要检验的管段，就可将管段表一一列出，最后将 GIS 图打印出来。有了 GIS 图和管线清单，将极大提高现场检验检测的效率，在现场不必花费大量时间去寻找管位、阀井和测试桩。

在现场检验的过程中，如果需要管线的数据，也可以及时登录 GIS 进行查询，不必再去档案室翻阅厚重的资料。过去查资料需要很长时间，现在运用 GIS，几分钟就能查到想要的数据。数字化管理极大地提高了工作效率，也可更方便地获取自己所需要的资料。

（2）数据整合

现场检验获取的资料需要及时整理并且输入 GIS 数据库中，比如现场检测防腐层的破损位置、管道的占压情况等，都可以输入 GIS 中。及时的数据整理以及反馈可以让管理者更加快速地对管道的安全状况进行评估，并对管道的损坏或者缺陷进行及时的处理。

以往的检验结果汇报只有检测数据，使用单位往往只能通过口头交流才能了解大概情况，对检测的详细情况并不能完全掌握。检测报告也只是一个存档的文件，对实际管理起不到很大的作用。而结合了 GIS 和手持式北斗全球定位系统（Global Positioning System，GPS），检验中存在的问题都能通过 GPS 进行准确的定位，并结合现场的照片和数据的输入，将现场情况及时准确地反映到 GIS 中。通过 GIS 的资料汇总做出的工作报告能够让管道使用单位管理者更加直观地了解管道的现状，比以往的数据式分析报告更加清晰。

结合 GIS 将检验后得到的信息（如阀井状况、数值、井盖状况、现场照片、防腐层破损位置等）整合在一起，在向使用单位汇报结果时，能更加清晰明确地将现场检验的情况告知用户。同时能够使用户省去大量的时间寻找现场问题管道的位置，更及时地处理存在的隐患。

（3）风险评估

风险评估是指在风险事件发生之前或之后（但还没有结束），对该事件给人们的生活、生命、财产等各个方面造成的影响和损失的可能性进行量化评估的工作。或者说，风险评估就是量化测评某一事件或事物带来的影响或损失的可能程度。

在市政给排水管道风险评估中，GIS 技术不仅可以收集管理数据，而且可以构建综合性的模型来完成具体工作。因此，可以将风险评估与 GIS 技术相结合。所有的管道信息都详细地存储在 GIS 中，通过系统分析可以把风险数据显示在管段上。利用 GIS 的风险评估，能充分发挥 GIS 的图形空间分析能力，高效地进行评价分析，提高评价的准确性。

尽管 GIS 技术带给我们许多便利，但是由于我国 GIS 技术发展较晚，相比国外较为落后，仍有许多问题需要改进和优化。随着技术的发展和经验的积累，GIS 将不断地发展和完善，将会不断便利市政给排水管道的日常检验和管理工作。

4.5.2 数据采集与监视控制系统

1）数据采集与监视控制系统概念

数据采集与监视控制（Supervisory Control and Data Acquisition，SCADA）系统，是以计算机为基础的生产过程控制与调度自动化系统。它可以对现场的运行设备进行监视和控制，以实现数据采集，设备控制、测量，参数调节以及各类信号报警等功能。

SCADA 系统在电力系统中应用最为广泛，技术发展也最为成熟。它作为能量管理系统的一个最主要的子系统，有着完整、能提高效率、能正确掌握系统运行状态、能加快决策、能帮助快速诊断出系统故障状态等优势，已成为电力调度不可缺少的工具。它对提高电网运行可靠性、安全性与经济效益，减轻调度员的负担，实现电力调度自动化与现代化，提高调度的效率和水平等有着不可替代的作用。

SCADA 系统主要完成对运行参数的监视和记录、调度员直接控制等，这是调度自动化系统的基本功能。SCADA 系统主要有数据采集和预处理，信息显示和报警，调度员遥控操作，数据的统计、保存和打印和事故追忆和事故顺序记录的功能。

2）数据采集与监视控制系统构成

市政给排水管道 SCADA 系统一般包括控制中心系统和站控系统两部分，构成一个单独的广域网。

控制中心系统的硬件设备一般由服务器、操作站、打印机和网络设备组成。控制网络采用以太网。打印机分为报警/事件打印机、报告打印机、屏幕硬拷贝机。控制中心的操作系统采用 Unix 或 Windows NT 操作系统。远程通信的方式一般包括两种：有线通信和无线通信。有线通信包括电话专线、电话拨号线、DDN（Digital Data Network，数字数据网络）；无线通信包括微波、卫星、无线电台。

站控系统的硬件设备包括操作员站、PLC（Programmable Logic Controller，可编程逻辑控制器）、数据通信接口、打印机等。操作系统一般采用 Windows NT 系统。

3）数据采集与监视控制系统的功能

SCADA 系统在市政给排水管道工程管理中起到的作用主要有以下几点：

（1）操作员权限控制

操作员权限控制包括操作员权限管理、操作员身份确认、操作员行为记录，

（2）数据采集与处理

数据采集与处理包括数据的量化、归档。

（3）设备的操作

控制系统要求全天候实时监控站场及阀室主要工艺运行参数及设施，确保 SCADA 系统安全可靠平稳运行。系统主要有以下三种操作模式进行工作：

①现场设备级

由站场单体设备（如泵、阀）的控制系统对设备自动/手动控制，调控中心只具有监视、记录功能以及关键点的重要安全控制功能。

②站控级

由各工艺站场的远程监控站对所在站实行自动/手动控制。

③控制中心级

由调度控制中心对全线集中监视和控制，主要有以下几方面的内容：

a. 报警管理：显示所有存在的报警，并显示报警中没有经过报警确认的报警情况；列出报警时间、报警内容；没有确认的报警将一直闪烁；在报警总汇中，点击"报警确认"即可进行报警确认，并显示报警记录、报警打印、报警屏蔽、报警确认及分析。

b. 趋势图管理：实时显示趋势曲线；查询历史趋势图；打印趋势图；分析历史趋势曲线。

c. 监视控制画面：实时监控站场工艺流程及设备运行状态；重要操作显示确认画面，防止误操作；具备监控画面截图拷贝功能。

d. 操作及事件记录：包括站场任何操作、操作时间和设备的状态变化及改变时间。

e. 报表生成：定时打印历史参数报表；按要求打印报表。

第5章 城市水环境综合整治技术

5.1 城市水环境综合整治技术概述

5.1.1 水环境概念和综合整治原则

1）水环境概念

水环境即自然界中水的形成、分布和转化所处空间的环境，是指围绕人群空间及可直接或间接影响人类生活和发展的水体，其正常功能的各种自然因素和有关的社会因素的总体。也有的指相对稳定的、以陆地为边界的天然水域所处空间的环境。在地球表面，水体面积约占地球表面积的71%。水由海洋水和陆地水两部分组成，分别占总水量的97.28%和2.72%。后者所占总量比例很小且所处空间的环境十分复杂。水在地球上处于不断循环的动态平衡状态。天然水的基本化学成分和含量，反映了它在不同自然环境循环过程中的原始物理化学性质，是研究水环境中元素存在、迁移、转化和环境质量（或污染程度）与水质评价的基本依据。水环境主要由地表水环境和地下水环境两部分组成。地表水环境包括河流、湖泊、水库、海洋、池塘、沼泽和冰川等，地下水环境包括泉水、浅层地下水、深层地下水等。水环境是构成环境的基本要素之一，是人类社会赖以生存和发展的重要场所，也是受人类干扰和破坏最严重的领域。水环境的污染和破坏已成为当今世界主要的环境问题之一。

2）水环境综合整治的原则

对水环境污染进行有效治理的前提是控制污染源，只有外源得到了有效控制，作为末端治理技术的水环境污染治理才能见效，不然只能起到事倍功半的效果，甚至徒劳。

水环境综合整治原则：以水质目标为导向、截污优先、（先支流后主流）治理为本、开源增流、生态恢复、系统治理。

把污染源截住，把管网建设好，做好污水截流处理，这是前提。底泥疏浚则是解决内源污染的保证。增大生态流量，恢复水生态，提高水体的自净能力，系统治理，是水环境可持续发展、利用的根本。

水环境治理、水生态的恢复必须进行中长期治理、流域系统规划、管理才能达到实效。

5.1.2 水环境综合整治的主要措施

水环境综合整治采用的主要措施大致分为如下三种：

（1）工程性（物理性）防治措施：疏浚、挖掘底泥沉积物。

（2）化学性防治措施：利用凝聚沉降原理，采用多种阳离子使磷有效地从水溶液中沉淀出来。

（3）生物性防治措施：利用水生生物和微生物吸收氮、磷元素进行代谢活动以去除水体中氮、磷营养物质。

黑臭水体治理是水环境治理中最为复杂和困难的问题，主要原因如下：

①黑臭水体污染源的复杂性。既有天然源，又有人为源；既有外源性，又有内源性。

②营养物质去除难度高，至今还没有任何单一的生物学、化学和物理措施能够彻底去除废水的氮、磷营养物质。

目前以采用物理性防治措施为主，即敷设管网，雨污分流，对污水进行处理，截断外源污染；疏浚底泥，去除内源污染。

5.2　城市水环境污染控制技术

5.2.1　沿河截污技术

城市河流截污工程包括通过建设和改造位于河道两侧的企事业单位、居住小区等污水产生单位内部的污水管道，并将其就近接入敷设的城镇污水管道系统中的污水收集工程，也包括对合流制入河管网进行入河污水截污工程。在河流截污系统设计和施工中，要充分考虑从流域地质地貌和市政排水管道分布等情况，通过综合经济技术比选，争取在现有条件的基础上，合理规划和施工，以最小的投入获得最大的经济效益与环境效益。通过截污纳管工程，将水收集后排至市政污水管道系统，最大限度地削减河道外源污染物，是河道水质改善的根本和前提。

从布置形式上分，截污管道大致分为四种形式：沿河流两岸道路敷设截污管道、沿宽广但非河岸边的道路设置截污管道、沿河堤边坡架小管径截污管道、沿河堤基础敷设截污管道。

1）沿河流两岸道路敷设截污管道

将直排式合流制系统改造为截流式合流制系统，平行于河流在河岸上敷设截污干管，并在直排合流管出口处设置截流溢流井。晴天时，将污水全部经截流干管截流，输送至下游污水处理厂进行处理；雨天时，初期雨水与污水一起截流至污水处理厂处理。随着雨水量的增加，当混合污水量超过截流干管的截污能力时，部分混合污水经溢流井溢出排至受纳水体。这种管道布置形式为截流式合流制污水系统的传统管道布置形式。此形式工程量相对较小，节约投资，见效快，而且这种方式可以在今后管网完善过程中逐步改造为分流制，可满足以后排水系统的发展要求。

2）沿宽广但非河岸边的道路设置截污管道

截污主干管管径通常在 600mm 以上，埋深较大，对地下土质要求较高，施工作业面较大，所以在污水整体规划时往往会将这些管道安排在主要干道或较为宽广畅通的道路上，方便支管的接入。

当河流两岸道路较窄或两岸没有道路，而且直排式排水管分布较为集中，排出口数目较少时可以选择在与河流平行而且施工环境较好的、较宽广的、离河流较近的道路上敷设截污管，同时在直排式排污口上设置溢流井。个别分散并且量少，难以纳入截污管的排污口可通过自身改造进行分散处理。这种设置方式既可截留污水，又可避免为了在河岸边建污水管而采用拆迁河流两岸建筑物或施工时通过高代价方式来换取截污管的建设。

3）沿河堤边坡架设小管径截污管道

当河流两岸均没有道路，直排式排水管分散，排水口较多时，管径较小，为了避免河流水体受污染和拆迁过多的建筑物，可采用在河堤边架设支架，截污管道敷设并固定于支架之上的管道布置形式。

4）沿河堤基础敷设截污管道

当河流两岸道路突然被某建筑物或构筑物阻挡不能通行时，在河流两岸道路敷设截污式合流管道会被中断。在这种情况下，采用沿河堤基础敷设污水管道的方法可解决上述问题。这种方法主要是在河堤基础旁边按管道设计标高做好河底基础，然后将截污管敷设于新建基础之上，管道再用钢筋混凝土包裹保护，并在管道两边砌筑检查井，将中断的截污合流管道连接起来。

5.2.2 中、小河道清淤技术

1）常用河道清淤技术

由于近些年我国港口、航道、内河以及湖泊清淤工程众多，疏浚、清淤技术得到长足发展，装备能力也大大提升，但能够进入中、小河道和农村河道的专用船只和设备却并不常见。常用中、小河道清淤技术包括排干清淤、水下清淤和环保清淤。

（1）排干清淤

对于没有防洪、排涝、航运功能的流量较小的河道，排干清淤指可通过在河道施工段构筑临时围堰，将河道水排干后进行干挖或者水力冲挖的清淤方法。排干后又可分为干挖清淤和水力冲挖清淤两种工艺。

①干挖清淤。作业区水排干后，大多数情况下都是采用挖掘机进行开挖，挖出的淤泥直接由渣土车外运或者放置于岸上的临时堆放点。倘若河塘有一定宽度时，施工区域和储泥堆放点之间出现距离，需要有中转设备将淤泥转运到岸上的储存堆放点。

一般采用挤压式泥浆泵，也就是混凝土输送泵将流塑性淤泥进行输送，输送距离可以达到200～300m，利用皮带机进行短距离的输送也有工程实例。干挖清淤其优点是清淤彻底，质量易于保证而且对于设备、技术要求不高；产生的淤泥含水率低，易于后续处理。

②水力冲挖清淤。采用水力冲挖机组的高压水枪冲刷底泥，将底泥扰动成泥浆，流动的泥浆汇集到事先设置好的低洼区，由泥泵吸取、管道输送，将泥浆输送至岸上的堆场或集浆池内。水力冲挖具有机具简单，输送方便，施工成本低的优点，但是这种方法形成的泥浆浓度低，为后续处理增加了难度，施工环境也比较恶劣。

一般而言，排干清淤具有施工状况直观、质量易于保证的优点，也容易应对清淤对象中含有大型、复杂垃圾的情况。其缺点是，由于要排干河道中的流水，增加了临时围堰施工的成本；同时很多河道只能在非汛期进行施工，工期受到一定限制，施工过程易受天气影响，并容易对河道边坡和生态系统造成一定影响。

（2）水下清淤

水下清淤一般指将清淤机具装备在船上，由清淤船作为施工平台在水面上操作清淤设备开挖淤泥，并通过管道输送系统输送到岸上堆场中。水下清淤有以下几种方法：

①抓斗式清淤。利用抓斗式挖泥船开挖河底淤泥，通过抓斗式挖泥船前臂抓斗伸入河底，利用油压驱动抓斗插入底泥并闭斗抓取水下淤泥，之后提升回旋并开启抓斗，将淤泥直

接卸入靠泊在挖泥船舷旁的驳泥船中，开挖、回旋、卸泥循环作业。清出的淤泥通过驳泥船运输至淤泥堆场，从驳泥船卸泥仍然需要使用岸边抓斗，将驳船上的淤泥移至岸上的淤泥堆场中。

抓斗式清淤适用于开挖泥层厚度大、施工区域内障碍物多的中、小型河道，多用于扩大河道行洪断面的清淤工程。抓斗式挖泥船灵活机动，不受河道内垃圾、石块等障碍物影响，适合开挖较硬土方或夹带较多垃圾的土方；且施工工艺简单，设备容易组织，工程投资较省，施工过程不受天气影响。但抓斗式挖泥船对极软弱的底泥敏感度差，开挖中容易产生"掏挖河床下部较硬的地层土方，从而泄漏大量表层底泥，尤其是浮泥"的情况；容易造成表层浮泥经搅动后又重新回到水体之中。根据工程经验，抓斗式清淤的淤泥清除率只能达到30％左右，加上抓斗式清淤易产生浮泥遗漏、强烈扰动底泥，在以水质改善为目标的清淤工程中往往无法达到原有目的。

②泵吸式清淤。泵吸式清淤也称为射吸式清淤，它将水力冲挖的水枪和吸泥泵同时装在一个圆筒状罩子里，由水枪射水将底泥搅成泥浆，通过另一侧的泥浆泵将泥浆吸出，再经管道送至岸上的堆场，整套机具都装备在船只上，一边移动一边清除。而另一种泵吸法是利用压缩空气为动力进行吸排淤泥的方法。该方法是将圆筒状下端有开口泵筒在重力作用下沉入水底，陷入底泥后，在泵筒内施加负压，软泥在水的静压和泵筒的真空负压下被吸入泵筒，然后通过压缩空气将筒内淤泥压入排泥管，淤泥经过排泥阀、输泥管输送至运泥船上或岸上的堆场中。

泵吸式清淤的装备相对简单，可以配备小、中型的船只和设备，适合进入小型河道施工。一般情况下容易将大量河水吸出，造成后续泥浆处理工作量的增加。同时，我国河道内垃圾成分复杂、大小不一，容易造成吸泥口堵塞的情况发生。

③普通绞吸式清淤。普通绞吸式清淤主要由绞吸式挖泥船完成。绞吸式挖泥船由浮体、铰刀、上吸管、下吸管泵、动力等组成。它利用装在船前的桥梁前缘铰刀的旋转运动，将河床底泥进行切割和搅动，并进行泥水混合，形成泥浆，通过船上离心泵产生的吸入真空，使泥浆沿着吸泥管进入泥泵吸入端，经全封闭管道输送（排距超出挖泥船额定排距后，中途串接接力泵船加压输送）至堆场中。

普通绞吸式清淤适用于泥层厚度大的中、大型河道清淤。普通绞吸式清淤是一个"挖、运、吹"一体化施工的过程，采用全封闭管道输泥，不会产生泥浆散落或泄漏；在清淤过程中不会对河道通航产生影响，施工不受天气影响，同时采用 GPS 和回声探测仪进行施工控制，可提高施工精度。普通绞吸式清淤由于采用螺旋切片绞刀进行开放式开挖，容易造成底泥中污染物的扩散，同时也会出现较为严重的回淤现象。根据已有工程的经验，底泥清除率一般在 70％左右。另外，吹淤泥浆浓度偏低，导致泥浆体积增加，会增大淤泥堆场占地面积。

④斗轮式清淤。利用装在斗轮式挖泥船上的专用斗轮挖掘机开挖水下淤泥，开挖后的淤泥通过挖泥船上的大功率泥泵吸入并进入输泥管道，经全封闭管道输送至指定卸泥区。

斗轮式清淤一般比较适合开挖泥层厚、工程量大的中、大型河道、湖泊和水库，是工程清淤常用的方法。清淤过程中不会对河道通航产生影响，施工不受天气影响，且施工精度较高。但斗轮式清淤在清淤工程中会产生大量污染物扩散，逃淤、回淤情况严重，淤泥清除率在 50％左右，清淤不够彻底，容易造成大面积水体污染。

（3）环保清淤

环保清淤包含两个方面的含义，一方面指以水质改善为目标的清淤工程，另一方面则是在清淤过程中能够尽可能避免对水体环境产生影响。

环保清淤的主要特点如下：

①清淤设备应具有较高的定位精度和挖掘精度，防止漏挖和超挖，不伤及原生土。

②在清淤过程中，防止扰动和扩散，不造成水体的二次污染，降低水体的混浊度，控制施工机械的噪声，不干扰居民正常生活。

③淤泥弃场要远离居民区，防止途中运输产生的二次污染。

环保清淤的关键和难点在于如何保证有效的清淤深度和位置，并进行有效的二次污染防治。为了达到这一目标，一般使用专用的清淤设备，如使用常规清淤设备时必须进行相应改进。专用设备包括日本的螺旋式挖泥装置和密闭旋转斗轮挖泥设备。这两种设备能够在挖泥时阻断水侵入土中，故可高效率挖泥且极少发生污浊和扩散现象，几乎不污染周围水域。意大利研制的气动泵挖泥船用于疏浚水下污染底泥，它利用静水压力和压缩空气清除污染底泥，此装置疏浚质量分数高，可达70%左右，对湖底无扰动，清淤过程中不会污染周围水域。

环保绞吸式清淤是目前最常用的环保清淤方式，适用于工程量较大的大、中、小型河道、湖泊和水库，多用于河道、湖泊和水库的环保清淤工程。环保绞吸式清淤是利用环保绞吸式清淤船进行清淤。

环保绞吸式清淤船配备专用的环保绞刀头，清淤过程中，利用环保绞刀头实施封闭式低扰动清淤。环保绞吸式清淤船配备专用的环保绞刀头具有防止污染淤泥泄漏和扩散的功能，可以疏浚薄的污染底泥而且对底泥扰动小，避免了污染淤泥的扩散和逃淤现象，底泥清除率可达到95%以上；清淤浓度高，清淤泥浆质量分数达70%以上，一次可挖泥厚度为20～110cm。同时环保绞吸式挖泥船具有高精度定位技术和现场监控系统，通过模拟动画，可直观地观察清淤设备的挖掘轨迹；高程控制通过挖深指示仪和回声测深仪，精确定位绞刀深度，挖掘精度高。

2）河道淤泥的处理处置技术

河道清淤必然产生大量淤泥，这些淤泥一般含水率高、强度低，部分淤泥可能含有毒有害物质，这些有毒有害物质被雨水冲刷后容易浸出，从而对周围水环境造成二次污染。因此有必要对清淤后产生的淤泥进行合理的处置。淤泥的处理方法受到淤泥本身的基本物理和化学性质的影响，这些基本性质主要包括淤泥的初始含水率（水与干土质量比）、黏粒含量、有机质含量、黏土矿物种类及污染物类型和污染程度。在实际的淤泥处理工程中，可以根据待处理淤泥的基本性质和拥有的处理条件，选择合适的处理方案。

（1）资源化利用与常规处置

淤泥从本质上来讲属于工程废弃物，按照固体废弃物处理的减量化、无害化、资源化原则，应尽可能对淤泥考虑资源化利用。广义上讲，只要是能将废弃淤泥重新进行利用的方法都属于资源化利用，例如利用淤泥制砖瓦、陶粒以及固化、干化、土壤化等方法都属于淤泥再生资源化技术。而农村地带可将没有重金属污染但氮、磷含量比较丰富的淤泥进行还田，成为农田中的土壤；或者将这种淤泥在洼地堆放后作为农用土地进行利用。当然在堆场堆放以后如果能够自然干化，满足人及轻型设备在表面作业所要求的承载力的话，作为公园、绿地甚至市政、建筑用地都是可以的。当淤泥中含有某些特殊污染物如重金属或某些高分子难降解有机污染物而无法去除，进行资源化利用会造成二次污染，这时就需要对其进行一步到位的处置，即采用措施降低其生物毒性后进行安全填埋，并需做好填埋场的防渗设置。

（2）污染淤泥的钝化处理技术

工业发达地区的河道淤泥中重金属污染物往往超标，通常意义上的污染淤泥多指淤泥中的重金属污染。对于重金属超标的淤泥，可以采用钝化处理技术。钝化处理是根据淤泥中的重金属在不同的环境中具有不同的活性状态，添加相应的化学材料使淤泥中不稳定态的重金属转化为稳定态的重金属而减小重金属的活性，达到降低污染的目的。同时添加的化学材料和淤泥发生化学反应会产生一些具有对重金属物理包裹的物质，可以降低重金属的浸出性，从而进一步降低重金属的释放和危害。钝化后重金属的浸出量小于相关标准要求之后，这种淤泥可以在低洼地处置，也可作为填土材料进行利用。

（3）堆场淤泥处置技术

清淤工程中通常设置淤泥堆场，堆场处理技术就是从初始的吹填阶段开始，采用系列的处理措施促沉、快速固结，并结合表层处理技术，将淤泥堆场周转使用或者达到淤泥堆场的快速复耕。

堆场周转技术目的是减小堆场数量和占地，堆场表层处理技术是为后续施工提供操作平台，而堆场的快速复耕技术则是通过系列技术的结合达到使淤泥堆场快速还原为耕地。

①堆场周转使用技术

堆场周转使用技术是指通过技术措施将堆场中的淤泥快速处理，清空以后重新吹淤使用，如此反复达到堆场循环利用的目的。堆场周转技术改变了以前的大堆场、大容量的设计方法，而提出采用小堆场、高效周转的理念，特别适合于土地资源紧缺的东部地区。堆场周转技术的设计主要考虑需要处理的淤泥总量、堆场的容量、周转周期和周转次数等，该技术通常可以和固化或者干化技术相结合，就地采用固化淤泥或干化淤泥作为堆场围堰，同时也可以对堆场内的淤泥进行快速资源化利用。

②堆场表层处理技术

清淤泥浆的初始含水率一般在 80% 以上，而淤泥的颗粒极细小，黏粒含量都在 20% 以上，这使得泥浆在堆场中沉积速度非常缓慢，固结时间很长。吹淤后的淤泥堆场在落淤后的两三年时间内只能在表面形成 20cm 左右厚的天然硬壳层，而下部仍然为流态的淤泥，含水率仍在 1.5 倍液限以上，进行普通的地基处理难度很大。堆场表层处理技术则是利用淤泥堆场原位固化处理技术，人为地在淤泥堆场表面快速形成一层人工硬壳层。这一硬壳层具有一定的强度和刚度，满足小型机械的施工要求，可以进行排水板铺设和堆载施工，从而方便对堆场进一步的处理。

人工硬壳层的设计是表层处理技术的关键，主要考虑后续施工的要求，结合下部淤泥的性质，通过试验和模拟确定硬壳层的强度参数和设计厚度，人工硬壳层技术又往往和淤泥固化技术相结合形成固化淤泥人工硬壳层，也可以利用聚苯乙烯泡沫塑料颗粒形成轻质人工硬壳层，这样效果更佳。

③堆场快速复耕技术

堆场快速复耕技术主要包括泥水快速分离技术和透气真空快速固结技术。

泥水快速分离技术是指首先在吹淤过程中添加改良黏土颗粒胶体离子特性的促沉材料，

促使固体土颗粒和水快速分离并增加沉降淤泥的密度，另一方面则是在堆场中设置具有截留和吸附作用的排水膜进一步提高疏浚泥沉降速度，同时可利用隔埝增加流程和改变流态，从而达到疏浚泥浆的快速密实沉积的效果。

透气真空快速固结技术则是通过人工硬壳层施工平台，在淤泥堆场中插设排水板或设置砂井，然后在硬壳层上面铺设砂垫层，砂垫层和排水板搭接，其上覆盖不透水的密封膜与大气隔绝，通过埋设于砂垫层中带有滤水管的分布管道，用射流泵进行抽气抽水，孔隙水排出的过程使有效应力增大，从而提高了堆场淤泥的强度，达到快速固结的目的。透气真空固结技术和常规的堆载预压技术结合在一起进行可以达到更理想的效果。对于部分淤泥堆场来说，由于堆存的淤泥深度较深，若将整个淤泥堆场的淤泥处理完成来满足复耕的目的，投资较大，同时对于堆场复耕来说，对承载力要求相对较低，因此基于堆场表层处理的复耕技术在堆放淤泥较深的堆场经常被使用。通过淤泥堆场原位固化处理技术，将淤泥堆场表层（80～120cm）淤泥进行固化处理，处理完成后再对表层的固化土进行土壤化改良，以满足植物种植的要求。

（4）淤泥资源化利用技术

上面阐述的淤泥固化、干化、土壤化等各种能把废弃淤泥变为资源重新进行使用的技术都属于淤泥的资源化利用范畴。此外，淤泥资源化利用技术还包括把淤泥制成砖瓦的热处理方法。

热处理方法是通过加热、烧结将淤泥转化为建筑材料，按照原理的差异又可以分为烧结和熔融。烧结是通过将淤泥加热至800～1200℃，使其脱水、有机成分分解、粒子之间形成黏结，如果淤泥的含水率适宜，则可以用来制砖或水泥。熔融则是通过将淤泥加热至1200～1500℃使其脱水、有机成分分解、无机矿物熔化，熔浆通过冷却处理可以制作成陶粒。热处理技术的特点是产品的附加值高，但热处理技术能够处理的淤泥量非常有限，从淤泥的大规模产业化处理前景来讲，固化、干化、土壤化的淤泥资源化利用技术是具有生命力的，若与堆场处理技术相结合则更能显示出效益。

（5）联锁式护坡

联锁式护坡主要优点有：减少淤泥，有助于生态循环，施工快、造价低，坡面稳定，具有美观和警示作用。

①减少淤泥

中、小水流河道由于水浅是最容易形成淤泥的环境，针对这一点，联锁式护坡采用土工布作为反滤层，保证坡面自由排水的同时，有效防止土体外漏沉积而形成淤泥。

②有助于生态循环

使用联锁式护坡建造或恢复的自然护岸仍可生长草本植物，可有效控制底泥营养盐的释放，吸收水体中过剩的营养物质，抑制浮游藻类的生长。混凝土内添加灭螺木质纤维，可有效集中钉螺和孔洞中生长的杀螺植物，集中杀灭蚂蟥。开孔内生长的植物作为过滤屏障，对防止岸坡顶的水土流失、垃圾及有害水体在地表径流作用下直接进入河道、溪沟起到一定的净化作用，减少对河水的污染。

③施工快、造价低

联锁式护坡施工无须机械，人工施工为80～100m²/（人·天）；局部维修方便，可重复使用；土工布代替传统砂、石料作为反滤层；结构创新但不增加成本。

④坡面稳定

超强联锁式的自锁定装置，采用楔形榫槽，四边穿插式组装，块与块之间形成巨大的结合力，网边支撑相当于铰连接，将刚性材料做柔性处理，具有可靠的稳定性，同时具有变形调整能力，可适合坡面轻微的塌陷变形。在倾斜面的稳定性试验中，联锁式护坡砌块在1∶2、1∶1、1∶0.6的倾斜面不会发生脱离现象。

⑤具有美观和警示作用

由于联锁式护坡块在生产工艺中进行了二次布料，砌块面层可着多种颜色、用彩色砌块铺就的带明显警戒标识的联锁式护坡面使得水位警戒线一目了然，便于检查和观测。

5.2.3　黑臭水体治理技术

2015 年 4 月 16 日国务院印发的《水污染防治行动计划》（简称"水十条"）提出，到2020 年，地级及以上城市建成区黑臭水体控制在 10% 以内；到 2030 年，全国七大重点流域水质优良比例总体达到 75% 以上，城市建成区黑臭水体总体得到消除。

1）黑臭水体概述

（1）黑臭水体的定义

2015 年 9 月，住房城乡建设部发布的《城市黑臭水体整治工作指南》中对于城市黑臭水体给出了明确定义。一是明确水体范围在城市建成区，也就是居民身边的黑臭水体；二是从"黑"和"臭"两个方面界定，即呈现令人不悦的颜色和（或）散发令人不适气味的水体，以百姓的感观判断为主要依据。根据城市水体黑臭程度的不同，可细分为"轻度黑臭"和"重度黑臭"两级。城市黑臭水体污染程度分级标准见表 5.1。

表 5.1　城市黑臭水体污染程度分级标准

特征指标	轻度黑臭	重度黑臭
透明度/cm	25～10*	<10*
溶解氧/（mg/L）	0.2～2.0	<0.2
氧化还原电位/mV	−200～50	<−200
氨氮/（mg/L）	8.0～15	>15

注：* 表示水深不足 25cm 时，该指标依据水深的 40% 取值。

（2）黑臭水体的成因

城市污水排放量不断增加，大量污染物入河，水体中化学需氧量、氮、磷等污染物浓度超标，河流水体污染严重，水体出现季节性或终年黑臭。

城市水体黑臭主要是由水体缺氧、有机物腐败造成的，同时，也与水体富营养化和底泥有关。

水体变黑的机理主要有两种：一种是在缺氧、厌氧条件下，水体中的铁、锰等金属离子与水中的硫离子形成硫化亚铁、硫化锰等化合物，吸附在悬浮颗粒上或以固态形式存在；另一种是溶于水的腐殖质类有机化合物导致水体变黑。水体变臭的主要机理是有机污染物分解消耗大量水中溶解氧，之后在缺氧条件下厌氧分解产生甲烷、硫化氢、氨等具有异味易挥发的小分子化合物溢出水面进入大气，因而散发出臭味。具体来说，水体发生黑臭的主要原因有如下几个方面：

①外源有机污染物和氨氮消耗水中的氧气。城市水体一旦超量接受外源有机污染物，如城镇污水、工业废水、农业面源污染物等，水中的溶解氧就会被快速消耗。当溶解氧降低至阈值时，大量有机物厌氧分解生成硫化氢、氨气等小分子化合物，从而散发臭味。此外，过量营养物质导致藻类大量繁殖，藻类死亡后腐败分解也会产生腥臭味道。

②内源底泥释放污染物。污染物从河道底泥中释放或者厌氧发酵也是水体黑臭的重要原因之一。当水体被污染后，部分污染物通过沉降作用或颗粒物的吸附作用沉积在水体底泥中，在酸性、还原性条件下，污染物和氨氮从底泥中被释放出来，厌氧发酵产生的甲烷及氮气导致底泥上浮，使水体发黑。

③水体流动性变小和水温升高。随着城市化进程的发展，多数水体原有河道被破坏，流水不畅，缺少活水措施，导致水体复氧能力衰退，进而引发水体水质问题。另外，水温升高将加快水体中微生物和藻类残体分解有机物及氨氮速度，加速溶解氧消耗，加剧水体黑臭。

（3）黑臭水体的危害

黑臭水体不仅降低城市美观、损坏城市景观、恶化饮用水源地水质，而且威胁人体健康，其危害主要有以下几种：

①破坏水体生态系统，损坏城市景观。城市河流是城市景观和生态环境的重要组成部分，黑臭水体臭气熏天、浮游生物丛生、水面上漂浮大量垃圾，污水流过的沙滩，留下不少黑色沉积物，破坏周边景色，使人群避而远之，并损害整个城市形象，影响城市旅游开发，限制城市自身发展甚至影响城市声誉。

②危害市民身体健康。沿河湖流域的地区和城市因河湖水被污染，居民饮用水安全受重大威胁，一些城市的自来水已不符合严格饮用水标准，对人体健康存在潜在危害。黑臭水体散发的难闻气味会刺激人类呼吸系统，使人厌食、恶心、呕吐，甚至头晕和头痛，严重时可损伤中枢神经系统。

③易滋生致病微生物导致大规模疾病暴发，严重危害流域周边居民身体健康。有研究表明，黑臭水体周围空气中存在微生物污染风险。对不同时间段、不同距离空气微生物取样结果表明：对短期暴露在黑臭水体 100m 范围内的儿童健康危害最大，风险远高于成人。

（4）黑臭水体治理的难点

①黑臭水体成因复杂，影响因素众多。

②采取有效技术措施，短时间内能消除黑臭现象，但其治理后的水质长效保持难度大，黑臭会"反弹"。

③许多黑臭水体治理工程，因重治理轻保持、重短期轻长效而导致水体返黑，水质反复恶化。

黑臭水体治理困难的根本原因是没有掌握水质变化的规律，所以，需要不断分析和开发黑臭水体成因和黑臭水体治理技术。

2）点源污染控制和面源污染控制

（1）点源污染控制技术

影响城市黑臭水体的点源污染主要包括城市居民生活污水、工业废水、规模化畜禽养殖与水产养殖废水、污水处理厂出水等。

城市居民的生活污水应采取集中处理方式，出水稳定达标并满足受纳水体的水环境功能区及水环境承载力的需求；对出水水质要求优于一级 A 标准的，可选用膜生物反应器、活性污泥法（二级）＋曝气生物滤池、人工湿地深度处理等工艺。

工业园区与城市污水的排放标准应逐步并轨。对于难降解的污染物可采取高级氧化法等处理工艺；对于高盐废水可采取膜分离（反渗透、正渗透）＋多效蒸发等组合工艺。鼓励企业实施清洁生产和再生水回用，必要时可增加高级氧化、吸附和膜技术等强化处理单元，改善出水水质。

规模化畜禽养殖场废水应达标排放，鼓励实施畜禽养殖粪尿分离、雨污分离、固体粪便堆肥处理利用、污水就地处理等生态化改造和粪污资源化利用技术。可采用脱氮除磷效率高的"厌氧＋兼氧"生物处理工艺进行达标处理。

规模化水产养殖废水，尽量考虑养分回用，利用其出水灌溉农田或草地，农田排水再做一些简单处理后作为养殖用水。

严格排查城市水体周边的饭店、宾馆、旅游景点、农家乐餐饮等分散直排的单位，修建截污管道，将其纳入城镇污水处理厂或自建污水处理设施处理后排放或回用。

新建项目应截污纳管，原则上不允许新增排污口；对现有的排污口进行综合整治，按照回用优先、集中处理、搬迁归并、调整入水体等方式分类制定排污口整治方案。

针对城乡接合部区域，要统筹城乡建设，生活垃圾进行源头分类与资源化利用；距离城镇污水管网较近的地区，污水应集中纳管；距离城镇污水管网较远的区域应就地处理与资源化利用；针对土地紧张地区，可采取地埋式污水处理设施。

（2）面源污染控制技术

影响城市黑臭水体的面源污染除包括城市的地表径流外，还可能包括城市周边的种植业面源污染、村镇的雨水和生活污水污染等。

针对初期雨水，可采用收集存蓄、水力旋流、快速过滤、人工湿地等处理技术，也可采用绿色屋顶、渗透铺装、雨水花园、植物浅沟、草滤带等低影响开发技术。

针对种植业面源污染防治，实施源头减量—过程拦截—末端净化。鼓励开展测土配方施肥、增施有机肥、水肥一体化等，从源头上减少化肥投入；通过优化施肥时机、秸秆还田，农田生态化改造等措施拦截农田生产过程氮、磷流失；采用生态沟渠、滞留塘、生态净化塘等，减少农田雨水径流量，减少农田径流污染物排放量。

针对村镇雨水，对于人口密集、经济发达，并且建有污水排放基础设施的村镇，宜采取合流制或截流式合流制；对于人口相对分散、干旱半干旱地区、经济欠发达的村镇，可就近处理或采用边沟和自然沟渠输送，或采用合流制。

针对村镇生活污水，对于分散居住的农户，鼓励采用低能耗小型分散式污水处理方式，可选用庭院式小型湿地、沼气净化池和小型净化槽等；在土地资源相对丰富、气候条件适宜的村镇，鼓励采用集中自然处理方式，可选用氧化塘、湿地、快速渗滤及一体化装置等；对于人口密集、污水排放相对集中的村落，宜采用集中处理，例如活性污泥法、生物膜法和人工湿地等处理技术。

3）清淤疏浚技术

修复黑臭水体的物理学技术主要有机械曝气复氧、清淤疏浚、机械除藻，限于篇幅，下文主要阐述清淤疏浚技术。

大量污染物和垃圾在河道底部沉积，既会影响河流水质，引发黑臭，也会导致河道淤泥层急剧增厚，使得河道的防洪排涝、航运功能受到影响。因此，很多地区每年花费大量财力、人力、物力用于河道的清淤和综合整治。

（1）清淤疏浚概述

①适用范围。一般而言适用于所有黑臭水体，尤其是重度黑臭水体底泥污染物的清理，快速降低黑臭水体的内源污染负荷，避免其他治理措施实施后，底泥污染物向水体释放。

②施工要点。施工中需考虑城市水体原有黑臭水的存储和净化措施。清淤前，需做好底泥污染调查，明确疏浚范围和疏浚深度；根据当地气候和降雨特征，合理选择底泥清淤季节；清淤工作不得影响水生生物生长；清淤后回水水质应满足"无黑臭"的指标要求。

③限制因素。每种清淤方式都有边界条件。例如，底泥疏浚需合理控制疏浚深度，过深容易破坏河底水生生态，过浅不能彻底清除底泥污染物；高温季节疏浚后容易导致形成黑色块状漂泥；底泥运输和处理难度较大，存在二次污染风险，需要按规定安全处理。

清淤疏浚根据采用的方式不同可分为干式清淤、半干式清淤和湿式清淤。对于淤泥处理常用的技术手段有淤泥"机械脱水固化一体化"处理、自然脱水干燥、真空预压法、土工管袋法、直接搅拌固结法等。

（2）淤泥处理技术原理

底泥处理主要包括原位处理和异位处理两大类。原位处理主要通过化学、生物方法使河道底泥性质保持稳定，减少二次污染；异位处理则是通过清淤的方式对底泥进行处理以消除对水体的危害。下文主要介绍异位处理技术原理。

①固化剂固化。河道清淤过程中将会产生大量的含水率高的底泥，底泥的消纳问题成为难题之一。固化剂固化法是众多底泥处理方法中造价低、固化效果好的方法之一。淤泥固化的主要原理是通过掺入固化剂，将底泥中的自由水吸附结合，形成不易运动的矿物结合水，并利用反应放热将剩余未结合的自由水蒸发，达到固化的效果。

②真空预压技术。真空预压固化法借鉴了传统软基处理真空预压法的思想。

传统真空预压法是在软土中设置竖向塑料排水带或砂井，上铺砂层，再覆盖薄膜封闭，抽气使膜内排水带、砂层等处于真空状态，排除土中的水分，使土预先固结以减少地基后期沉降的一种地基处理方法。真空预压固化法需就近找一片空地作为底泥接纳点，在底泥接纳点四周设置临时围堰，将河道底泥吹至围堰中，再进行真空预压处理，处理完毕后用于湿地开发或造地工程。该技术通过真空系统给予淤泥一定真空负压，在真空负压引起的巨大吸力形成的预压荷载作用下，使淤泥中的大部分孔隙水较迅速地通过排水管排出，发生压缩固结，达到淤泥固化的目的。该技术具有高效、节能、环保、低成本、工期短的特点。例如浙江省疏浚工程有限公司在湖州西山漾国家湿地公园、宁波市东钱湖等项目中采用了该技术。

③分级净化资源利用技术。分级净化资源利用技术是利用机械原理将清淤后的污泥进行分级净化，保证分级后的沙粒能满足各种用途的品质要求，实现淤泥资源化再利用。分级利用后污染物富集在最小颗粒的淤泥上，使淤泥减量。分级利用后剩余的污泥可进行固化脱水处理，实现无害化处置。

④污泥干化技术。污泥干化技术是通过蒸发、渗滤、挤压等工作，使污泥中的自由水大量去除，达到污泥干燥、减量的效果，使污泥易于处理。污泥干化工艺包括自然晾干、热风干、机械干化等方法。其中，热风干是通过加热去除水分，机械干化是通过压板框等物理方法去除水分。随着污泥干化技术手段的提升，新型的干化技术和工艺，如低温风冷干化、低温真空脱水干化、流化床式干化工艺等也被逐步开发使用，具有较好的干化效果。

（3）射流式环保清淤技术

射流式环保清淤技术是新型的清淤技术，其工作原理是用高压水枪喷射淤泥后形成泥浆，然后通过头部的泵管（吸头）将泥浆吸除，再通过泥浆管进行外运。在整个清淤过程中，搅起的泥浆均被吸头吸除，外界不会有泥浆扰动。射流式环保清淤技术能彻底吸除有机底泥污染物，但对河道挖深、杂物清除无效果。

与其他传统清淤方式相比，射流式环保清淤技术在适用性、环境影响、科技化程度、效率等方面都具有明显优势。射流式环保清淤技术可全天候作业，将底泥抽出，还可与配套的淤泥减量处理装置一体化实施，实现清淤固化同步进行。

（4）绞吸式等生态清淤技术

绞吸式等生态清淤技术采用专业设计的挖泥船设备和泵送系统，针对河道、湖泊底层的淤泥进行带水清淤施工作业。挖泥船采用高机械化和自动化的设计，配置专业的淤泥泵送系统，使清淤施工覆盖整个需要清淤的河段和适应不同工况条件，有效去除湖泊、河流水体内源污染负荷，提高水体自净能力，改善水体水质，保护原生物种生存环境，促进生态修复；还能增加河流、湖泊的水容量，增强水体防汛抗洪能力，缓解城市内涝。

该类技术的优点：可带水作业，无须排水就可以去除河底沉积物质；不会影响河岸边水生态环境和生物种群；通过水泵沿河底抽吸，不会产生浑浊液体，对河流水体和周围环境不会产生负面影响；可在很难靠近的区域进行清淤；通过声呐测试，还可对有些区域按等级优先进行清淤工作；不需要污泥中间储存池，也不需要铺设临时卡车运输通道；被处理污泥体积大幅下降，运输费用和处理费用下降；脱水之后的沉积物质采用自卸车运输，因此，也不需要考虑特殊运输问题；明确分离和处理各种垃圾；脱水后的淤泥可通过各种途径进行后处理。

环保清淤设备主要有绞吸式挖泥船、耙吸式挖泥船、抓斗式挖泥船、水上挖掘机、水陆两用搅吸泵、水力冲挖机组和水陆两栖清淤船。

①绞吸式挖泥船。绞吸式挖泥船是利用绞刀绞松河底土壤，与水混合成泥浆，经过吸泥管吸入泵体并经过排泥管送至排泥区。绞吸式挖泥船施工时，挖泥下输泥和卸泥都是一体化，生产效率较高。适用于风浪小、流速低的内河湖区和沿海港口的疏浚，以开挖砂、砂壤土、底泥等土质比较适宜，采用有齿的绞刀后可挖黏土，但是工效较低。

②耙吸式挖泥船。耙吸式挖泥船是一种装备有耙头挖掘机具和水力吸泥装置的大型自航、装舱式挖泥船。挖泥时，将耙吸管放到河底，利用泥泵的真空作用，通过耙头和吸泥管自河底吸收泥浆进入挖泥船的泥舱中，泥舱装满后，起耙航行至抛泥区开启泥门卸泥，或直接将挖起的泥土排出船外。有的挖泥船还可以将卸载于泥舱的泥土自行吸出进行吹填。这种挖泥船具有良好的航行性能，可以自航、自载、自卸，并且在工作中处于航行状态，不需要定位装置。适用于无掩护、狭长的沿海进港航道的开挖和维护，开挖底泥时效率最高。

③抓斗式挖泥船。抓斗式挖泥船有自航式和非自航式两种。自航式的一般带泥仓，泥仓装满后自航至排泥区卸泥；非自航式则利用泥驳装泥和卸泥；挖泥时运用钢缆上的抓斗，依靠其重力作用，放入水中一定的深度，通过插入泥层和闭合抓斗来挖掘和抓取泥沙，然后通过操纵船上的起重机，将抓斗提升出水面，回旋到预定位置后将泥沙卸入泥仓或泥驳中，如此反复进行。抓斗挖泥船一般用于航道、港池及水下基础工程的挖泥工作。适合于挖掘底泥、砾石、卵石和黏性土等，但是不适合挖掘细沙和粉沙土。

④水上挖掘机。水上挖掘机由传统挖掘机改造而来，凭借底盘浮箱的强大浮力，可悬浮在浮泥或水上并自由行走，被广泛使用于水利工程、城镇建设中的河道清淤和水域治理，湿地沼泽及江、河、湖、海、滩涂的资源开发，盐碱矿的治理开发，鱼塘、虾池改造，洪灾抢险，环境整治等复杂的工程中。新一代水上挖掘机能在水深 5m 的区域内进行清淤作业，并可以在较为狭窄的区域作业。但其缺点也较为明显，不能输送底泥，清淤效率较低。

⑤水陆两用搅吸泵。水陆两用搅吸泵是在水上挖掘机的基础上改造而来，与水上挖掘机原理基本一致，但又在水上挖掘机的基础上有所改进，将挖斗改装为搅吸泵，集搅、吸、送于一体，效率大大提高。

⑥水力冲挖机组。水力冲挖机组，俗称泥浆泵，工作时放置于底泥上，配合高压水枪施工，可在狭窄的空间内施工作业，操作方便，但施工效率相对较低。可用于城镇污水处理厂、企业污水处理厂、硬底河道、养鱼池、人工景观湖、喷泉池底、游泳池底等。

⑦水陆两栖清淤船。水陆两栖清淤船船体尺寸较小，船体高度约 1.35m，可穿过城市中低矮的道路桥梁，船体宽度约 2m，适宜狭窄的小型河流（涌）作业。船体自重仅 2600kg，运输方便，配合履带装置上下岸方便，并能灵活地在水上、沼泽地及无水状态作业，配合不同的工具能清理水面杂草，同时对河岸作简单的整固。最大清淤深度可达 2.5m，配置的泥浆螺杆吸头在清淤的同时不会对河水产生二次污染。泥浆可通过连接管道直接泵送至岸上。

4）人工湿地技术

可以通过环境生态工程技术治理黑臭水体，而环境生态工程技术包括人工湿地技术（土地渗滤系统）、植物浮床（人工浮岛）技术、水生植物处理系统、曝气生态净化系统、生物修复技术等。限于篇幅，下文仅介绍人工湿地技术。

人工湿地，是一种为了达到污染去除与生态改善效果，模仿自然湿地而人工设计的复杂的具有渗透性能的生态系统。人工湿地主要由基质、植物、微生物等组成，它充分利用物理、化学和生物的三重协同作用，通过过滤、吸附、沉淀、离子交换、植物吸收和微生物分解等作用来实现对污水的高效净化。

（1）人工湿地的类型

按照不同的分类方式，人工湿地可分为不同种类。例如，按湿地植物种类可分为挺水植物人工湿地系统、浮水植物人工湿地系统和沉水植物人工湿地系统。若按湿地的功能定位和用途，人工湿地又可分为水质净化类人工湿地、生态修复类人工湿地、景观类人工湿地。

在黑臭水处理领域，按照系统布水方式及污水在系统中的流动方式，可将人工湿地分为表面流人工湿地和潜流人工湿地（潜流人工湿地又包括水平流和垂直流两种）。不同类型的人工湿地污水处理系统具有不同的技术特征和适应性，其水质净化效果亦有差异。

①表面流人工湿地

表面流人工湿地具有自由水面，所以也称自由水面人工湿地。其与自然湿地相类似，污染水体在湿地的表面流动，水深较小，多为 0.1～0.6m。通过生长在植物水下部分的茎、秆上的生物膜来去除污水中的大部分有机污染物。氧的来源主要靠植物光合作用、水体表面扩散和植物根系的传输，但传输能力十分有限。这种类型的湿地系统具有投资少，操作简单，运行费用低等优点，但占地面积大，负荷小，处理效果较差，易受气候影响，卫生条件差。处理效果易受到植物覆盖度的影响，与潜流湿地相比，需要较长时间的适应期才能达到稳定运行。

②水平潜流人工湿地

水平潜流人工湿地一般由土壤和各种填料组成的基质层、表层种植的湿地植物及其深入基质层的发达根系构成的根区微生物组成。底部一般设有隔水层，用于将系统底部与地表分开，防止污水渗入地下；且系统纵向有一定的坡度保证污水顺畅流过。污水常由沿垂直来水方向构建的布水沟（内置填料）或布水管进入湿地系统，沿基质层下部形成潜流并呈水平渗滤推进，通过基质表层的生物膜、丰富的植物根系及基质的截留等作用得到净化，然后，从系统末端集水管流出。为减少占地面积可设计为多层潜流方式，可在出水端填料层不同高度处设置出水管，从而达到控制、调节系统内水位的目的。与表面流人工湿地相比，由于水平潜流人工湿地中基质的作用得到了充分发挥，故系统中悬浮物、生物需氧量、化学需氧量及重金属等污染物去除效果较好，该系统还具有保温性良好，水力负荷高，运行效果受气候条件影响小、卫生条件较好等特点，但其存在投资较高、管理相对复杂且对氮、磷去除效果欠佳等缺点。

③垂直潜流人工湿地系统

垂直潜流人工湿地是在水平潜流人工湿地的基础上改进的一种工艺，兼具水平潜流湿地和土地渗滤处理系统的特征。污水经地表布水装置，垂直下行渗流入床体底部，通过系统地表与地下渗滤过程中发生的物理、化学和生物反应得到净化，最后经底部集水管或集水沟流出。垂直潜流湿地通常采用间歇进水，氧通过空气自由扩散与植物根茎运输进入湿地内部，使整个系统处于不饱和状态或半饱和状态，故该系统硝化能力强，氮去除效果较好。同样，垂直潜流人工湿地具有水力负荷较大，占地面积相对较小的优点，但是存在施工要求高、操控复杂、有机物去除能力欠佳、易发生堵塞及蚊虫滋生等问题，不如水平潜流湿地应用广泛。

（2）人工湿地的水质净化机理

人工湿地系统对景观水体的净化机理十分复杂，但一般认为，净化过程综合了物理、化学和生物的三重协同作用。

物理作用主要是对可沉固体、生物需氧量、氮、磷、难溶有机物等的沉淀作用，填料和植物根系对污染物的过滤和吸附作用；氨氮和磷化氢等的挥发作用。

化学作用是指人工湿地系统中由于植物、填料、微生物的多样性而发生的各种化学反应过程，包括化学沉淀、化学吸附、离子交换、氧化还原等。

生物作用则主要是依靠微生物的代谢（包括同化、异化作用）、硝化与反硝化、植物和动物的代谢与吸收等作用。

最后，通过对栽种植物的收割、干湿交替脱膜或对湿地填料的更换，而使污染物质最终从系统中去除。

（3）人工湿地中植物的选择

人工湿地中常见的植物有芦苇、香蒲、灯芯草、风车草、水葱、香根草、浮萍等，其中应用最广的是芦苇和香蒲。植物的选择最好是取当地的或本地区天然湿地中存在的植物，以保证对当地气候环境的适应性，并尽可能地增加湿地系统的生物多样性以提高湿地系统的综合处理能力。人工湿地系统要求水生植物对各种高浓度的污染物有一定的承受能力。所选的植物品种要能更有效地利用多余的营养物，或更能忍受污染物，植物的改变对污染物的去除是有利的。不同的生长环境，适宜的湿地植物是不同的。但所选择的湿地植物通常应具有下列特性。

①能忍受较大的水位、温度和pH值变化，受潮汐影响范围内的湿地以及本底矿化度高的地区，要考虑耐盐性能。

②在本地适应性好的植物，最好是本土物种。

③有广泛用途或经济观赏价值高，例如空心菜、马蹄莲等。

任何一种湿地植物都有其自身特点，在具体操作中应考虑选择几种湿地植物进行合理搭配，这样不仅可以提高湿地的净化效率，而且大大加强与保障了净化效果。各种湿地植物对污染物的处理能力略有差异，其净化能力依据植物本身的根系生长情况以及繁殖能力而定。相对来讲，生命力越顽强的植物其总体对污染物的处理能力越高，但是在具体配置植物时需要综合考虑季节性，不仅可以保证最大限度地进行污染物的净化，而且效果也比较有保障。

（4）人工湿地中基质的种类与选择

湿地中的基质多样，包括土壤、细砂、粗砂、砾石、沸石、碎瓦片、粉煤灰、泥炭、页岩、铝矾土、膨润土、陶粒、火山岩等的一种或几种。基质在湿地中的作用主要包括为植物和微生物提供生长介质，通过沉淀、过滤和吸附等作用直接去除污染物等。基质对污染物的截留有利于后续植物和微生物作用的充分发挥，由于基质的理化性状影响湿地的净化能力和运行稳定性，选择合适的基质能显著提高湿地的污染物去除效率。根据需要将不同粒径的材料，按照一定的比例和次序铺设。

目前，对于基质种类的研究主要集中在基质间的组合和基质改良。相关研究表明，将沸石和铝土矿按1∶1组合，对污染物的去除率高于单一的沸石或铝土矿。

基质是影响人工湿地中水力性能、植物生长和系统通畅度的重要因素。影响基质选择的因素包括粒径、孔隙率、水力传导率、比表面积、吸附、解吸附特性和产生的二次污染问题等。粒径越大的基质，其孔隙率和水力传导率也越大。在实际应用中，应针对不同污水水质和基质本身特性，本着就近取材的原则选用适当的基质。而有些基质，如高炉矿渣、钢渣、粉煤灰，虽然对水质净化效率较高，但可能会造成二次污染，因此需要慎重选用。

（5）人工湿地的水质净化效率

表面流湿地的除污能力高于天然湿地处理系统，它能显著去除有机物，但对氮磷的去除效果有限，与垂直流、潜流式人工湿地相比，其负荷较低且除污效果相对较差。由于水平潜流湿地充分利用了填料表面生长的生物膜、丰富的植物根系及表层土和填料截留等作用，它对生物需氧量、化学需氧量、悬浮物及重金属的处理效果相对较好。垂直流湿地由于排水及间歇阶段大气复氧作用明显，湿地内部溶氧浓度较高，硝化作用较其他两种类型湿地彻底，因而垂直流人工湿地对氨氮的去除率相对较高，适合处理氨氮含量高的污水。相关研究认为，去除生活污水或类似浓度污水的湿地在最佳条件下随生物量去除的氮量只占氮去除总量的10％～16％，同时受植物种类和收割频率的影响较大，而不同植物对氮磷的去除效果有差异性。湿地基质主要通过沉淀、过滤和吸附等作用直接去除污染物，但其本身并不是降解污染物的主要因素，基质、污染物浓度、水力负荷均为影响湿地净化效果的重要因素，三者相互影响、交互作用。实际工程中，湿地进水浓度过高，必然加重湿地系统的污染负荷，导致系统内部污染物没有足够的时间供生物吸收降解，加速基质堵塞，出水水质不达标，缩短湿地使用年限；若进水浓度低，湿地系统在低负荷而非最佳负荷状态下运行，必然会造成资源的浪费；水力负荷是平衡这二者的主要因素，在一定的有机负荷下，通过水力负荷的调控，使湿地在最佳负荷下运行；在保证污水处理效果的同时，有效防止基质堵塞，延长湿地使用寿命。

此外，湿地净化效果还受到环境温度的影响。相关研究表明，夏季湿地系统对化学需氧量、铵离子和总氮含量的去除率最高可达 80%；而冬季的最高去除率仅为 51%。因此，冬季选择耐寒湿地植物、植物覆盖、地膜覆盖、冰层覆盖、启动应急曝气、降低进水负荷等是推荐的应对措施。

总之，湿地对污水的净化是湿地工艺流程、植物、基质、水力负荷、污染物浓度及环境温度等多因素共同作用的结果。表面流湿地与垂直流、水平潜流人工湿地相比，其负荷较低且去污效果相对较差，但因其更接近天然湿地生态系统、建设及维护成本低，表面流湿地仍有较多的应用。

5.3　城市河湖防洪治理技术

5.3.1　防洪标准

河湖防洪治理主要是为了有效地减轻或降低洪水所造成的一系列危害，如，土地淹没、建筑物损坏、自然环境破坏等。在进行防洪治理过程当中，相关人员必须充分遵循均衡生产、安全度汛、"先险后夷"的原则，对河湖所处的地理位置、自然环境、汛期特性、气候特点等的情况进行全面的了解，掌握河湖存在的水质恶化、污染严重、岸线水土流失以及存在安全隐患等问题，对防洪治理工程进行科学规划。与此同时，还需根据不同地区的防洪需求来进行相关的设施建设，全面提升防洪基础设施的应用效率，并安排专人对其进行有效的管理，并结合具体情况来进行防汛（防凌）、灾后恢复重建、洪水调度和安排等环节工作的规划与组织。

住房和城乡建设部 2014 年发布的《防洪标准》（GB 50201—2014）中的基本规定和涉及河湖防洪的水利水电工程防洪标准内容如下：

1）基本规定

（1）防护对象的防洪标准应以防御的洪水或潮水的重现期表示；对于特别重要的防护对象，可采用可能最大洪水表示。防洪标准可根据不同防护对象的需要，采用设计一级或设计、校核两级。

（2）各类防护对象的防洪标准应根据经济、社会、政治、环境等因素对防洪安全的要求，统筹协调局部与整体、近期与长远及上下游、左右岸、干支流的关系，通过综合分析论证确定。有条件时，宜进行不同防洪标准所可能减免的洪灾经济损失与所需的防洪费用的对比分析。

（3）同一防洪保护区受不同河流、湖泊或海洋洪水威胁时，宜根据不同河流、湖泊或海洋洪水灾害的轻重程度分别确定相应的防洪标准。

（4）防洪保护区内的防护对象，当要求的防洪标准高于防洪保护区的防洪标准，且能进行单独防护时，该防护对象的防洪标准应单独确定，并应采取单独的防护措施。

（5）当防洪保护区内有两种以上的防护对象，且不能分别进行防护时，该防洪保护区的防洪标准应按防洪保护区和主要防护对象中要求较高者确定。

（6）对于影响公共防洪安全的防护对象，应按自身和公共防洪安全两者要求的防洪标准中较高者确定。

（7）防洪工程规划确定的兼有防洪作用的路基、围墙等建筑物、构筑物，其防洪标准应按防洪保护区和该建筑物、构筑物的防洪标准中较高者确定。

（8）下列防护对象的防洪标准，经论证可提高或降低：

①遭受洪灾或失事后损失巨大、影响十分严重的防护对象，可提高防洪标准；

②遭受洪灾或失事后损失和影响均较小、使用期限较短及临时性的防护对象，可降低防洪标准。

（9）按本标准规定的防洪标准进行防洪建设，经论证确有困难时，可在报请主管部门批准后，分期实施、逐步达到。

2）水利水电工程防洪标准

（1）水库工程防洪标准

水库工程水工建筑物的防洪标准，应根据其级别和坝型，防洪标准见表5.2。

表5.2 水库工程水工建筑物的防洪标准

水工建筑物级别	防洪标准〔重现期/年〕				
	山区、丘陵区			平原区、滨海区	
	设计	校核		设计	校核
		混凝土坝、浆砌石坝	土坝、堆石坝		
1	1000～500	5000～2000	可能最大洪水（PMF）或10000～5000	300～100	2000～1000
2	500～100	2000～1000	5000～2000	100～50	1000～300
3	100～50	1000～500	2000～1000	50～20	300～100
4	50～30	500～200	1000～300	20～10	100～50
5	30～20	200～100	300～200	10	50～20

当山区、丘陵区的水库枢纽工程挡水建筑物的挡水高度低于15m，且上下游最大水头差小于10m时，其防洪标准宜按平原区、滨海区的规定确定；当平原区、滨海区的水库枢纽工程挡水建筑物的挡水高度高于15m，且上下游最大水头差大于10m时，其防洪标准宜按山区、丘陵区的规定确定。

土石坝一旦失事将对下游造成特别重大的灾害时，1级建筑物的校核洪水标准应采用可能最大洪水或10000年一遇。

土石坝一旦失事将对下游造成特别重大的灾害时，2级～4级建筑物的校核洪水标准可提高一级。

混凝土坝和浆砌石坝，洪水漫顶可能造成极其严重的损失时，1级挡水和泄水建筑物的校核洪水标准，经过专门论证并报主管部门批准后，可采用可能最大洪水或10000年一遇。

低水头或失事后损失不大的水库工程的1级～4级挡水和泄水建筑物，经过专门论证并报主管部门批准后，其校核洪水标准可降低一级。

规划拟建的梯级水库，其上下游水库的防洪标准应相互协调、统筹规划、合理确定。

（2）水电站工程防洪标准

水电站厂房的防洪标准可按水库工程水工建筑物的防洪标准确定。河床式水电站厂房作为挡水建筑物时，其防洪标准应与主要挡水建筑物的防洪标准相一致。水电站副厂房、主变压器场、开关站和进厂交通等建筑物的防洪标准见表5.3。

表 5.3　水电站厂房的防洪标准

水电站厂房级别	防洪标准［重现期/年］	
	设计	校核
1	200	1000
2	200～100	500
3	100～50	200
4	50～30	100
5	30～20	50

抽水蓄能电站的上、下水库水工建筑物防洪标准，可按水库工程水工建筑物的防洪标准确定。库容较小，失事后对下游危害不大，且修复较容易时，其水工建筑物的防洪标准可根据电站厂房的级别按水电站厂房的防洪标准确定。

（3）拦河水闸工程防洪标准

拦河水闸工程水工建筑物的防洪标准，应根据其级别并结合所在流域防洪规划规定的任务，按表5.4的内容确定。

表 5.4　拦河水闸工程水工建筑物的防洪标准

水工建筑物级别	防洪标准［重现期/年］	
	设计	校核
1	100～50	300～200
2	50～30	200～100
3	30～20	100～50
4	20～10	50～30
5	10	30～20

位于防洪（潮）堤上的水闸，其防洪（潮）标准不得低于所在堤防的防洪（潮）标准。

（4）灌溉与排水工程防洪标准

灌溉与排水工程中调蓄水库的防洪标准，应按水库工程水工建筑物的防洪标准确定。

灌溉与排水工程中引水枢纽、泵站等主要建筑物的防洪标准，应根据其级别按表5.5的内容确定。

表 5.5　引水枢纽、泵站等主要建筑物的防洪标准

水工建筑物级别	防洪标准［重现期/年］	
	设计	校核
1	100～50	300～200
2	50～30	200～100
3	30～20	100～50
4	20～10	50～30
5	10	30～20

（5）供水工程防洪标准

供水工程中调蓄水库的防洪标准，应按水库工程水工建筑物的防洪标准确定。

供水工程中引水枢纽、输水工程、泵站等水工建筑物的防洪标准，应根据其级别按表5.6的内容确定。

表5.6 供水工程水工建筑物的防洪标准

水工建筑物级别	防洪标准［重现期/年］	
	设计	校核
1	100～50	300～200
2	50～30	200～100
3	30～20	100～50
4	20～10	50～30
5	10	30～20

供水工程利用现有河道输水时，其防洪标准应根据工程等别、原河道防洪标准、输水位抬高可能造成的影响等因素综合确定，但不得低于原河道的防洪标准。新开挖输水渠的防洪标准可按供水工程等别、所经过区域的防洪标准及洪水特性等综合确定。

供水工程输水渠穿越河流的交叉建筑物防洪标准，应根据工程等别、所穿越河道的水文特性和防洪要求等综合分析确定；特别重要的交叉建筑物的防洪标准经专门论证可提高。穿越堤防的建筑物防洪标准不应低于所在堤防的防洪标准。

（6）堤防工程防洪标准

堤防工程的防洪标准，应根据其保护对象或防洪保护区的防洪标准，以及流域规划的要求分析确定。

蓄、滞洪区堤防工程的防洪标准应根据流域规划的要求分析确定。

堤防工程上的闸、涵、泵站等建筑物及其他构筑物的设计防洪标准，不应低于堤防工程的防洪标准，并应留有安全裕度。

5.3.2 生态型防洪治理技术

1）生态型防洪治理的基本原则和方案

（1）生态型防洪治理的基本原则

城市河湖生态型防洪治理的基本原则主要有以下几点：

①从现场水文、气候、地形等实际条件出发，以生态为主导，开展设计工作，实现水利工程设施与现场自然环境的融合，充分尊重自然规律。

②河湾处宜实施"缓湾宽河"的方案，由此扩宽行洪断面，避免防洪压力过大。

③河岸堤线保持顺畅，以灵活的方式改造折弯，凸显出河道的自然特性。

（2）综合治理方案

河道综合治理时采取多种方法相融合的模式，即"上拦＋下排"。其中，上拦的主要目的在于保护植被，提高水土稳定性；下排的主要目的在于疏浚，避免河道淤堵，此外修筑护岸堤防，提高排泄洪水的效率。

根据"上拦＋下排"的思路提出具体的方法：水保非工措施，根据现场的地质特点以及气候特点种植适量的亲水植物；水保工程措施，重点内容在于建设岸坡，此类设施的应用有利于修正河道，实现对微观水环境的深度优化；根据河岸岸坡的实际情况采取针对性的治理措施，以免河岸因洪水的冲刷而失稳。在整个防洪工程实现方案中，岸坡的治理属于重点内容。

2）城市河湖护岸技术

（1）自然护岸技术

在河岸整治时，以尽可能保持两岸原始风貌为基本前提，辅以清除岸坡杂草以及淤积砂石体等措施。再以自然为本体，适当辅以人工"点缀"的方式，提升河流自然风貌特色，并保证洪水宣泄效果。

（2）格宾挡墙生态护岸技术

以多个网箱为基础单元，经过组合后构成完整的箱体，即格宾挡墙，该装置内部由多个格室组成，取适量鹅卵石料用于填充箱体，构成透水性能突出且具有足够柔韧性的完整结构。通过格宾挡墙的应用抵御高速洪流的冲刷作用，保证墙后岸坡的稳定性。此外，得益于填石间隙的透水能力，增强了自然要素的联系，土壤、水、空气相互作用，营造良好的植被生长环境。

（3）天然鹅卵石生态护岸技术

经过河道疏挖以及新建堤防后，河道的形态具有顺直性，为避免岸坡遭冲刷的问题，着重考虑河道比降较缓的宽浅滩处，于该处采取治理措施，例如散铺鹅卵石造滩，局部存在急流时，则采取新建混凝土灌砌鹅卵石护岸的方法。鹅卵石散铺护岸时严格控制各鹅卵石材料的大小，以便构成规整的、可靠的自然防护坡面。在混凝土灌砌鹅卵石护岸施工中，下设砂砾石垫层并配套护岸基座。

（4）混凝土砌块挡墙护岸技术

混凝土砌块挡墙兼具挡土、排水多重作用，且彻缺间留有足量的孔隙和凹槽，可作为植被的生长场所，有助于优化自然风貌。

（5）液压升降溢流坝技术

综合考虑河道生态环境保护、减缓下游河道受冲刷程度等多重要求，对常见的坝型做对比分析，最终选择的是技术可行性较高、施工便捷、应用效果较好的液压升降坝型。根据实际需求适时升坝拦水，有效保证行洪效果。坝底板预留液压构件支座埋件孔，在底部按特定的间距开设适量的检修底孔，以便后续高效开展检维修工作。

5.4 城市水环境生态修复技术

5.4.1 人工曝气技术

人工曝气技术是指采用各种强化曝气技术，人工向水体中充入空气或纯氧提高水体 DO（溶解氧）含量，使其由缺氧水体转变为富氧水体，提供好氧微生物代谢所必需的 DO，抑制厌氧微生物的厌氧分解，使河水中 DO 的质量浓度水平恢复到 3mg/L 以上，就能恢复水体自净能力；同时水体中 DO 含量升高，可提高水生动物的生存环境，从而抑制藻类的生长。

1）曝气复氧原理

曝气技术是一种基建费用少、运行费用低、占地少、见效快的河流原位治理工艺，具有良好的社会效益和经济效益。其中，移动式充氧平台设备简单，机动灵活，能够避免固定式充氧站曝气点服务面积不足，在相对封闭的水体难以充分发挥作用的缺点。其在水环境治理中的作用主要体现在以下几个方面。

（1）加速水体复氧过程，使水体的自净过程始终处于好氧状态，提高好氧微生物的活力，同时在河底沉积物表层形成一个以兼氧菌为主的环境，且具备了好氧菌群生长的潜能，从而能够在较短的时间内降解水体中的有机污染物。

（2）充入的溶解氧可以迅速氧化有机物厌氧降解时产生的 H_2S（硫化氢）、甲硫醇及 FeS（硫化亚铁）等致黑、致臭物质，有效改善水体的黑臭状况。并且，$Fe(OH)_3$（氢氧化铁）沉淀在水底沉积物表面形成一个较密实的保护层，在一定程度上减弱了上层底泥的再悬浮，减少了底泥中污染物向水体的扩散释放。

（3）增强河道水体紊动，有利于氧的传递、扩散以及液体的混合。研究表明，3hp（hp是功率单位，叫作马力。1hp＝0.735kW）的曝气设备造成的水流在离装置35m远处可以测量到，并且对染料的目视观测显示水流运行可以持续到大约100m远。

（4）可以减缓底泥释放磷的速度。当溶解氧水平较高时，Fe^{2+}（亚铁离子）易被氧化成 Fe^{3+}（铁离子），Fe^{3+} 与磷酸盐结合形成难溶的磷酸铁，使得好氧状态下底泥对磷的释放作用减弱，而且在中性或者碱性条件下，Fe^{3+} 生成的氢氧化铁胶体会吸附上覆水中的游离态磷。

2）人工曝气技术分类

据需曝气河道水质改善的要求（如消除黑臭、改善水质、恢复生态环境）、河道条件（包括水深、流速、河道断面形状、周边环境等）、河段功能要求（如航运功能、景观功能等）、污染源特征（如长期污染负荷、冲击污染负荷等）的不同，河道曝气一般采用固定式充氧站和移动式充氧平台两种形式。

（1）固定式充氧站

①鼓风曝气

鼓风曝气即在河岸上设置一个固定的鼓风机房，通过管道将空气或氧气引入设置在河道底部的曝气扩散系统，达到增加水中溶解氧的目的。一般由机房（内置鼓风机）、空气扩散器和管道组成。近年来，氧转移效率较高的微孔布气管被广泛应用，使该供氧方法的充氧效率得到较大提高。根据一些国外公司的产品介绍，微孔管的氧转移效率可达 25％～35％（水深为5m）。该系统的主要缺点：安置在河底的布气管对航运有一定影响，尤其是在低潮位时；布气管安装工程量较大，水平定位施工精度要求较高，布气管损坏后维修较困难；潮汐河流水位变化较大，选择鼓风机须满足高水位时的风压，导致在低水位曝气时动力效率较低；鼓风机房占地面积较大，考虑到市区内征地和拆迁的费用，其投资较大；鼓风机运行噪声较大，可能对沿岸居民生活带来影响，为了降低噪声的影响，鼓风机房需设置在地下，从而增加了投资费用。鼓风机-微孔布气管曝气系统宜用于郊区不通航河道。

②纯氧曝气

纯氧曝气技术的基本原理是采用深冷空气分离制氧、变压吸附制氧等技术制取高纯度的氧气，利用含氧体积分数90％以上的纯氧取代空气曝气。纯氧曝气可以分为两种形式：纯氧-微孔布气曝气系统（由氧源和微孔布气管组成）；纯氧-混流增氧系统（由氧源、水泵、混流器和喷射器组成）。纯氧曝气系统的氧源可采用液氧和利用制氧设备制氧。

③机械曝气

机械曝气即将机械曝气设备直接固定安装在河道中对水体进行充氧。借助机械设备（如叶片、叶轮等）使水中污染物不断更新与空气接触来增加水中的溶解氧的方法。

目前广泛采用的曝气机主要有表面曝气机和浸没式涡轮曝气机两类。可以分为三种形式：叶轮吸气推流式曝气器（由电动机、传动轴、进气通道和叶轮组成）；水下射流曝气设备（由潜水泵、水射器组成）；叶轮式增氧机（由叶轮、浮筒和电机组成）。

（2）移动式充氧平台

移动式充氧平台是在不影响航运的基础上，在需要曝气的河段设置可以自由移动的曝气增氧设施，主要用于在紧急情况下对局部河段实施有目的的复氧，目前使用最多的是曝气船。搭载充氧设备的移动式水上平台，机动灵活，可以对河道、湖泊局部的突发性污染在较短的时间内进行干预，但单位充氧量的建设成本和运行成本较高。移动式水上充氧平台可以具有动力推进装置，亦可借助其他船只将平台移往需要充氧的水域进行短时期的定点工作。

曝气船是一种移动式的水上充氧平台，选择曝气船充氧设备时应同时考虑到充氧效率、工程河道情况、曝气船的航运及操作性能等因素。由于曝气船在河道中移动，依靠布气管的充氧技术显然是不合适的。叶轮吸气推流曝气器可用于曝气船，兼顾推进与充氧两个功能，但充氧能力有限。考虑到充氧设备与船舶结合的可能性、充氧效率等因素，纯氧－混流增氧系统是较合适的曝气船充氧装置。目前国外的曝气船以纯氧－混流增氧系统占主导地位。对于中小河道，一般水体较浅、水面较窄、没有航运要求，往往适合采用机械曝气的形式。值得注意的是，不同的机械曝气设备也可能会产生不同的治理效果。此外，曝气设备的选择还需要考虑如何消除曝气产生的泡沫、与周围环境相协调等因素。

3）曝气设备选型

当河水较深，需要长期曝气复氧，且曝气河段有航运功能要求或有景观功能要求时，一般宜采用鼓风曝气或纯氧曝气的形式。但是，该充氧形式投资成本太大，敷设微孔曝气管需抽干河水、整饬河底，工程量很大，在敷设过程中水平定位施工精度要求较高。

当河道较浅，没有航运功能要求或景观功能要求时，主要针对短时间的冲击污染负荷时，一般采用机械曝气的形式。对于小河道，这种曝气形式优点明显，但对机械曝气的设备还需要进一步改进，需重点考虑如何消除曝气产生的泡沫、与周围景观相协调等。

当曝气的河段有航运功能要求，需要根据水质改善的程度，机动灵活地调整曝气量时，必须考虑可以自由移动的曝气增氧设施。对于较大型的主干河道，当水体出现突发性污染，溶解氧急剧下降时可以考虑利用曝气船曝气复氧。选择曝气船充氧设备时，考虑到充氧效率、工程河道情况、曝气船的航运及操作性能等因素，通常选择纯氧混流增氧系统。

在大规模应用河道曝气技术治理水体污染时，还需要重视工程的环境经济效益评价，即合理设定水质改善的目标，以恰当地选择充氧设备。如景观水体的治理，在没有外界污染源进入的条件下可以分阶段制定水体改善的目标，然后根据每一阶段的水质目标确定所需的充氧设备的能力和数量，而不必一次性备足充氧能力，以免造成资金、物力、人力的浪费。

5.4.2　生态挡墙

在城市河道整治、水土保持的过程中，除了改善河道生态环境，还需考虑如何使河道景观与城市景观相协调，从而满足城市居民亲水性的需求，这就是生态挡墙产生的现实背景。

1）生态挡墙工艺

（1）生态挡墙工艺原理

选用空腹式混凝土预制块制作生态挡墙的优点在于构造轻巧美观、安装便利，提高了护岸的整体性及空间性。生态挡墙以增加基础承载力及受力面为核心，根据不同的地质情况对建基面进行不同处理；通过削坡减荷、设置挡坎及安装连接螺栓等方式来达到降低沉降及偏移的效果。采用混凝土泵车、短臂反铲及长臂反铲等多种机械配合浇筑混凝土、安装空腹式混凝土预制块，设置反滤碎石层、生态植草坡以防止墙背水土流失，增强了挡墙结构稳定性和景观性。

（2）生态挡墙工艺特点

①施工效率更高。空腹式混凝土预制块自身质量小，对基础处理要求较低、处理较为便捷，联锁式安装和箱室填充较为方便，大大提高了施工效率。

②抗沉降能力强。通过增加护岸基础承载力、分散护岸自身重力及降低挡墙侧压力等方式，可有效防止护岸沉降。

③抗偏移能力强。通过加大护岸基础受力面、设置基础混凝土挡坎、分散及卸除护岸所受侧压力等方式，有效抵抗护岸偏移。

④受天气影响小。通过履带式吊装设备安装等，确保雨天照常作业。

⑤更加生态环保。通过设置反滤层可有效防止水土流失，加强河水自净作用，护岸箱室内填充的级配块石留有空隙，方便鱼类畅游。

⑥便于塑造景观。空腹式混凝土预制块从上而下，分层分阶拼装并通过锚杆固定，相邻阶层面上的预制块之间形成花槽，通过在花槽上种植绿化水生植物结合植草式护坡的方式，可以让边坡坡面呈现良好的生态景观，挡墙可以较完美地隐蔽于绿色植物之下。

（3）生态挡墙工艺流程及要点

生态挡墙结构一般由基础、生态预制块、碎石回填、墙后黏土回填等组成，由下至上依次施工。

①施工准备

a. 场地准备。各段开工前首先对场地平整，施工场地内如涉及农作物、民房及城市公共建筑物等，需提前沟通；城市公共建筑物处施工应做好专项施工方案，对于达到一定规模的需上报专项安全方案及聘请专家评审，并严格按方案要求施工。因渠道淤泥会对建基面产生挤压作用导致建基面收缩，故采用先渠道清淤后建基面开挖的顺序进行施工。渠道清淤可根据现场地形、场地及道路等多因素综合考虑后选择反铲组合清淤、水力冲洗配合泥浆泵抽排、挤淤法等方式清淤。

b. 道路准备。生态挡墙施工过程中道路频繁有重型机械通过，故临时道路需做好换填加固、铺垫钢板或者反铲牵引等方式处理，以防止打滑、陷车；并注意架空线路位置及高度，以防止汽车泵误触。

c. 材料准备。当地质情况复杂时，各段渠道基础承载力不同，处理方式也不相同。施工前首先对地基承载力进行预判（可根据相邻段地基情况进行判断），然后对施工材料进行准备。根据不同地基情况和施工段长度准备杉木桩、块石、碎石以及空腹式混凝土预制块等施工材料，进场材料统一堆放。待基础开挖完成后，根据不同地基处理形式所需材料，在施工部位临时堆存材料。

②建基面开挖

开挖步骤一般为：测量放线→场地清理→边坡及基础开挖→人工开挖保护层→测量检测坡比、建基面高程。其中，测量放线和检测验收采用 GPS 和全站仪，过程控制采用水准仪。施工段内场地清理采用人工配合 1m³ 反铲进行施工，清理垃圾采用 1m³ 反铲装 20t 自卸汽车外运至指定弃渣场。边坡及基础开挖可采用 1m³ 反铲开并由 20t 自卸汽车装卸，开挖的合格土（可利用回填土）可运输至指定堆放处储存；不可利用土、垃圾运输至指定弃渣场。开挖完成后进行测量放线以校核建基面位置及高程无误。

③建基面处理

当地质情况复杂多变、水泥搅拌桩施工周期过长时，需要分段进行建基面承载力测定（分段长度不超过 100m，承载力测定由轻型触探试验及试桩法确定，特殊部位单独测定），从而确定各段基础及岸坡相应的处理方式。轻型触探试验中，地基实际承载力＝锤击次数×8−20，试桩法即试打不同长度的杉木桩，观察打入过程的情况及打入后桩顶端是否存在回弹现象；若回弹，表明该长度杉木桩下方依旧为淤泥层，需增加杉木桩长度。

各段地基承载力测定后可采取以下处理方式：a. 地基承载力＞110kPa 时，可直接进行垫层施工；b. 地基承载力为 80～110kPa 时，需进行块石换填＋碎石垫层处理，换填厚度根据淤泥厚度决定（厚度由反铲试挖确定），一般情况为 50cm 左右；c. 地基承载力＜80kPa 时，通过试桩法确定淤泥厚度。其中，淤泥厚度＜1.2m 时，可采用块石换填＋碎石换填处理，厚度为 80cm 左右；淤泥厚度≥1.2m 时，需进行杉木桩（梅花形分布）＋块石换填＋碎石换填处理，可根据淤泥厚度采用 2m、4m 或 6m 长的杉木桩。

建基面处理时，需对所有进场杉木桩原材料进行检测，不符合设计要求的杉木桩严禁用于施工中。施打杉木桩时，应选用熟练机械手，以尽量保证施工杉木桩垂直下压，并严格控制下压深度至设计高程；在两根木桩接桩处需用 4 根 14 钯钉在 360°范围内均匀分布，固定两根木桩接头部位，接桩头应选择在第一根木桩桩头下压剩余 40～50cm 处。杉木桩下压过程中，为保证木桩整体受压、避免杉木桩下压部位接触面不饱满而破坏桩头部位，应选择级配均匀、块径小于 30cm 的块石填充于杉木桩之间，并将填充块石的顶部碎石由人工整平，使其顶部平整、密实饱满。此外，石料换填厚度需按设计厚度填充完成，经由检验后才允许进行下一步施工，如换填厚度达到 80cm，则采用分层填筑挤压处理，压实后换填基础面必须进行复压，观察是否仍有较大变形，若仍有较大变形，及时联系监理人汇报情况。

④基础及挡坎混凝土浇筑

建基面处理完成后，在上部按一定间距布置防拉裂钢筋网，并安装支座垫石以控制保护层厚度。钢筋连接采用人工钢丝绑扎。混凝土浇筑分为两次浇筑，第一次浇筑条形基础以增加基础承载力，基础尺寸通过生态挡土墙类型决定，可根据现场地形及道路条件采用短臂反铲入仓、长臂反铲入仓、天泵入仓及天泵＋短臂反铲入仓等方式，并使用插入式振捣棒振捣，由人工进行平仓，最后预埋挡坎连接处的竖向插筋；第二次浇筑挡坎以防止挡墙偏移，可采用人工平仓收面，根据生态挡墙块的尺寸每隔 8m 左右设置一道沉降缝。浇筑前应通过测量放线确定边线模板位置及高程是否准确，浇筑后复测。

混凝土基础面施工模板外观必须清洁干净，仓位内严禁有积渣杂物、积水；模板上下层拼接严禁错台且必须连接平整，以防止混凝土面挂帘；分缝板安装必须符合设计和规范要求，安装必须牢固，防止混凝土浇筑过程遭到破坏。进场混凝土质量、施工工序、使用的钢筋规格、型号、间排距、安装位置等必须满足设计和规范要求，对于不合格混凝土严禁用于工程施工；混凝土拆模时脱模剂必须按要求涂抹均匀，同时应轻拿轻放，严禁硬拉硬拽破坏混凝土外观。

⑤预制块施工、墙背反滤层及土方回填

待混凝土基础达到一定强度后进行预制块、反滤层及回填施工。施工步骤为：施工准备→测量放线→空腹式混凝土预制块码砌→块石填充→反滤层碎石回填→土方回填。

施工中应注意严格按照测量放线控制空腹式混凝土预制块摆放线形；块箱室及箱室之间缝隙必须采用级配均匀块石填充饱满，镂空较大部位必须采用块石进行填充修整；土工布需按照设计图纸摆放，两段土工布铺筑搭接时应适当放大搭接长度，避免背后回填过程挤压造成搭接长度不满足设计要求。生态挡土墙空间上必须层层上升，每层施工质量合格后允许下一层施工；墙背碎石回填采用人工摊铺均匀、平整，碎石级配必须均匀；墙背土方回填需分层进行，每层进行碾压、打夯，保证其密实度符合设计要求。

⑥修坡

土方回填及修坡需提前做碾压试验，并根据试验中的各项参数进行碾压施工。削坡采用人工辅助机械的方式，根据放坡长度选择短臂反铲或长臂反铲进行削坡压实，然后再由人工辅助填平孔洞处。可采用的碾压方式为：1遍静碾＋1遍弱振碾压＋1遍强振碾压，分层厚度为0.3m，碾压速度为2km/h，碾压搭接宽度不小于0.5m，土料采用土击实试验测定的最优含水率为18%，削坡预留厚度为0.6m。通水后可根据工程整体景观规划于坡角位置种植相应水生植物，于岸坡种植草皮以增加其生态性能及景观效果。修坡需注意控制坡度及密实度符合设计要求，修坡完成后需填充下凹部位，保证其整齐美观。

5.4.3　菌种投加

菌种投加是一种改良土壤的生态方法，有利于水环境生态修复，下文以蚯蚓粪为例，对菌种投加在水环境生态修复起到的作用进行阐述。

蚯蚓粪是土壤具有独特的团粒结构，是由若干土壤单粒黏结在一起形成团聚体的一种土壤结构。这种结构表现为团粒间为大孔隙、团粒内为小孔隙、大小孔隙同时存在且比例适当，总孔隙度高，无效孔隙少。

这种特殊结构对于水环境生态修复具有以下几个方面的优点。

（1）起着空气走廊的作用

团粒之间孔隙较大，有利于空气流通，团粒内部持水孔隙占绝对优势，这种孔隙状况为土壤水、肥、气、热的协调创造了良好的条件。

（2）是微生物和植物生长的小肥料库

团粒内部的持水孔隙水多空气少，既可以保存随水进入团粒的水溶性养分，又适宜于厌氧性微生物的活动。有机质分解缓慢，有利于腐殖质的合成，所以有利于养分的积累，起到保肥的作用。团粒间的充气孔隙中空气多，适宜于好氧性微生物的活动，有机质分解快，产生的速效养分多，供肥性能良好。所以保肥供肥的矛盾得以协调，团粒的养分状况良好。

（3）可维持较高的土壤生物多样性

由于团粒结构的土壤大小孔隙同时存在，且比例适当，水气环境多元、物质能量供应多元，这为不同大小体形、好氧和厌氧生活习性的动物、微生物提供了良好的生存空间。这对于农业生产而言，由于其较高的生物多样性而为土壤的物理、化学和生物肥力提供了重要保障。

（4）具有不亲水性特征

团粒改造后的土（或泥）具有不溶于水的基本特征，这是由于颗粒在外部膜结构的作用下产生自缚现象。

5.4.4　爱尔斯水域生态构建技术系统

1）技术原理

水域生态构建技术是基于水下生态系统构建的综合技术，通过对水体生态链的调控，实现水下生态系统中生产者（水生植被）、消费者（水生动物）、分解者（有益微生物菌群）三者的有机统一，构建水域生态系统实现水域的自净。爱尔斯水域生态构建技术路线如图 5.1 所示。

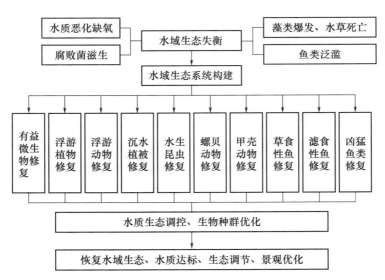

图 5.1　爱尔斯水域生态构建技术路线

2）技术方法

（1）首先向水体中投放专有的微生物制剂，微生物的生长繁殖大量消耗水体中的碳氮磷等营养物质，并能抑制蓝绿藻的产生，提高水体的透明度，创造有利于水草生长的水体环境。

（2）水体透明度增加后，逐步恢复水体内沉水植被，沉水植被替代蓝藻进行水下光合作用，释放出大量的溶解氧，吸收掉水体中过多的氮、磷等富营养物质，并产生化感作用进一步抑制蓝藻。

（3）水生植被恢复后，有益微生物向底泥扩散，促进底泥氧化还原电位升高，形成有利于水生昆虫和底栖生物生长的环境。

（4）再逐步向水体中引入螺、贝、鱼、虾类等高级水生动物，不仅可以清扫水草表面的悬浮物，有利于水草的光合作用，还可以通过食物链把水体中的氮、磷营养物质从水体中转移出，彻底降低水中的富营养化程度，达到彻底净化水质的目的。

3）技术效果

（1）营造多层次水景，增强观赏性

通过沉水植被，挺水植被和浮叶植被的合理分布及水生动物的放养，不仅保持水体清澈明亮的自然状态，而且营造出从水岸到水底多层次的秀美景观。

（2）恢复自然生态系统，保持稳定水质

通过水生态系统技术，改善水生物种群结构，促进生物的多样化，恢复稳定的水生态系统，不仅有效治理水体富营养化等问题，还能使水质达到地表Ⅲ类水标准，水体清澈见底。

（3）打造人文水景，体现"人水共融"

通过"多层次的水景"营造的自然生态景观，不但为水生动植物提供赖以生的环境，而且给人们提供亲水、观水、戏水的机会，体现"人水共融"的和谐景观。

4）技术优势

（1）水质方面。与治标不治本的传统治水方式相比，水下生态构建技术治水更注重前期治本，破坏藻类暴发的条件，从根本上遏止藻类暴发。

（2）景观方面。传统的治水方法，往往水清和水美很难两全。水域生态构建技术既能使水体清澈见底，解决"水清"问题，又能通过水生动植物的构建营造生动美丽的景观，满足"水美"要求，二者相互作用打造优美的生态水景。

（3）成本方面。传统治水工艺需要药剂添加、电费、设备维修损耗、人工管理等，每年费用相当昂贵。一般而言，要达到同等水质标准，水域生态构建技术为传统水景治理方法的 $1/5 \sim 1/3$，维护成本为传统水景治理的 $1/5 \sim 1/2$。

5.5 城市水环境景观技术

5.5.1 "海绵城市"理念下城市水环境景观设计

1）"海绵城市"概述

（1）海绵城市的概念

顾名思义，海绵城市是指城市能够像海绵一样，在适应环境变化和应对自然灾害等方面具有良好的"弹性"，下雨时吸水、蓄水、渗水、净水，枯水时将蓄存的水"释放"并加以利用。海绵城市建设应遵循生态优先等原则，将自然途径与人工措施相结合，在确保城市排水防涝安全的前提下，最大限度地实现雨水在城市区域的积存、渗透和净化，促进雨水资源的利用和生态环境保护。在海绵城市建设过程中，应统筹自然降水、地表水和地下水的系统性，协调给水、排水等水循环利用各环节，并考虑其复杂性和长期性。

（2）海绵城市的建设途径

海绵城市的建设途径主要有以下几方面。一是对城市原有生态系统的保护，最大限度地保护原有的河流、湖泊、湿地、坑塘、沟渠等水生态敏感区，留有足够涵养水源、应对较大强度降雨的林地、草地、湖泊、湿地，维持城市开发前的自然水文特征，这是海绵城市建设的基本要求；二是生态恢复和修复，对传统粗放式城市建设模式下，已经受到破坏的水体和其他自然环境，运用生态的手段进行恢复和修复，并维持一定比例的生态空间；三是低影响开发，按照对城市生态环境影响最低的开发建设理念，合理控制开发强度，在城市中保留足够的生态用地，控制城市不透水面积比例，最大限度地减少对城市原有水生态环境的破坏，同时，根据需求适当开挖河湖沟渠、增加水域面积，促进雨水的积存、渗透和净化。

海绵城市建设应统筹低影响开发雨水系统、城市雨水管渠系统及超标雨水径流排放系统。低影响开发雨水系统可以通过对雨水的渗透、储存、调节、转输与截污净化等功能，有效控制径流总量、径流峰值和径流污染；城市雨水管渠系统即传统排水系统，应与低影响开发雨水系统共同组织径流雨水的收集、转输与排放。超标雨水径流排放系统，用来应对超过雨水管渠系统设计标准的雨水径流，一般通过综合选择自然水体、多功能调蓄水体、行泄通道、调蓄池、深层隧道等自然途径或人工设施构建。以上三个系统并不是孤立的，也没有严格的界限，三者相互补充、相互依存，是海绵城市建设的重要基础元素。

（3）城市河道沿岸海绵城市建设的重点与制约因素

河道沿岸海绵城市建设重点需解决工程区红线范围内径流总量控制和沿河排水口溢流污染控制两方面问题。

由于河道沿岸景观带整体绿化率较高、不透水硬化面积小，海绵城市专项规划等在指标分解时，对河道沿岸景观带通常有较高的年径流总量控制率要求。收集、蓄滞场地内雨水径流，保障场地年径流总量控制率达到上位规划控制指标是河道沿岸海绵城市建设要点之一。

河道沿线往往分布有大量排水口，包括合流制管道系统溢流口和分流制管道系统雨水口。截污管建设可截流部分旱流污水和一定截流倍数的初期雨水。但由于不同区域旱流污水、初期雨水及中后期雨水在管道系统内相互混合，以及暴雨时冲刷管道内沉积物等多方面因素，管道系统末端初期效应往往不明显，暴雨中后期河道排水口溢流水质仍然较差，大量溢流污染负荷直接导致雨后河道水质的恶化。因此在提高截污管截流倍数的同时，有必要针对溢流污染问题，在各排水口因地制宜地设置各类海绵设施，蓄、滞、净化溢流污水，构建完善的末端净化设施，形成污染负荷入河的最后一道屏障。

河道沿岸海绵城市建设的场地条件与其他类型城市地块有较大差异，海绵设计时需要考虑以下几个方面制约因素。

①河道沿岸用地受周边城市建设用地约束，可留给海绵建设的用地往往狭长、局促。特别是老城区，河道沿岸建构筑物密集，征地拆迁难度大，留给河道综合整治工程的用地红线通常非常狭窄，扣除水域面积外，剩余绿化面积极为有限。而河道沿岸除解决场地内雨水径流问题外，还要考虑排水口大量的溢流污水，用地需求与实际可利用土地往往存在较大差距。

②河道沿岸用地许多为坡地，特别是部分河槽较深的河道，河道沿线可利用土地几乎全部为坡度较大的岸坡地。如果仅仅在岸坡地上建设植被缓冲带，虽然可解决一定的面源污染问题，但对沿河排水口溢流污染控制作用很小。而建设其他类型海绵设施，岸坡地自然地形的处理又存在较大难度。

③河道沿岸地质条件复杂，从岸坡稳定性和结构安全角度考虑也限制了部分渗透类海绵设施的应用。

2）河道沿岸海绵城市建设实践经验总结

（1）溢流污染控制是河道沿岸海绵建设重点

河道沿岸海绵设施可作为排水口溢流污染控制的有效手段，对河道水质的改善，特别是雨后河道水质恶化风险控制具有重要意义。排水口溢流污染控制是河道水环境综合整治以及河道沿岸海绵城市建设过程中应着重考虑的重要内容。

（2）绿色基础设施与灰色基础设施有机结合

截污管、污水厂等灰色基础设施侧重于高浓度污水的深度净化。湿塘、湿地等绿色基础设施侧重于雨水径流中悬浮物等污染物的初步拦截削减。二者功能定位互补，不可相互替代。河道沿岸海绵城市建设过程中，应遵循绿色基础设施与灰色基础设施的相结合的原则，实现二者功能的有机衔接与融合。

（3）"一口一策"因地制宜设计末端净化设施

河道沿岸排水口复杂多样，场地条件千差万别。不存在适用于所有排水口的单一的末端净化海绵设施。需综合考虑排水口类型、径流的来源与水质特点、场地条件、投资控制等多方面因素，"一口一策"因地制宜设计末端净化海绵设施。

（4）河道两侧应留有足够的用地

自然的河道都有其自己的"领地"，然而城市建设一直强调土地的开发利用价值，建设用地大多都延伸到河道边缘，留给河道治理和生态恢复的空间不大。从雨水排放和截污的角度来看，河道水环境综合治理项目处于尾闾，是最后一道"防线"，一条需要治理的河道如果连截污管及护坡都难以实施，何谈景观生态建设和海绵技术措施的落实，因此在未来类似项目中，应根据护坡、截污、生态恢复、海绵技术措施的用地需要，规划河道治理的用地范围，确保河道综合治理的效果。

3）海绵城市理念下的河道景观设计

（1）设计原则

①安全第一原则

城市主干河道的最重要功能就是防洪安全功能，河道在进行景观设计时，必须满足城市防洪要求，一般根据该河道年径流量确定河道的防洪标准，是30年一遇防洪标准还是15年一遇防洪标准。同时，有的城市河道还要满足船舶的航运通行安全，设计时应有针对性地去了解每一条城市河道所承载的安全性需求。城市河道还是居民亲水的一个重要渠道，是城市形象的重要景观展示面，会聚集大量的人流到此，因此在进行景观设计时，还要考虑河道的亲水安全性。

②因地制宜原则

城市河道的景观设计中，由于城市的土壤类型、植被情况以及年降水量条件不一样，因此在城市河道的防洪设计时需要针对不同城市进行针对性的设计，包括驳岸形式、护坡类型及水生植被的选择。由于城市往往是临水而建，特别是城市主干河道周边是城市郊区、老城区以及新城聚集的地方，沿河的范围是一个城市历史和文化积淀最深的地方，每一条城市的主干河道都承载着当地的风土人情，这些地域文化常常被意向化为各种不同的元素符号融入河道的景观设计当中，以此来丰富城市河道景观界面，提升河道地域特色，提高河道景观的艺术水平，保留了传统的文化遗产，并且进一步延续了城市的历史文脉、表达了城市的特征，彰显城市的个性，增加城市的魅力。城市河道景观设计在表达地域性特色的同时，通过景观设计手段，把城市的历史及自然演变过程、特色景观、特色文化内涵融入城市的日常生活当中。

城市滨河区蕴藏着丰富的历史和文化内涵，有着独特的城市空间形态和城市结构，以及独特的城市地位与生态环境。通过对这些城市河道现状的梳理，资源的挖掘、整理和提炼，并最终将这些元素体现在规划设计当中，使不同的城市河流以及城市主干河流具有个性鲜明的特征，因地制宜是基于海绵城市理念下的城市河道景观设计成功与否的一个重要标准。

③统筹建设原则

海绵城市要求地方政府应结合城市总体规划和建设，在各类建设项目中严格落实各层级相关规划中确定的低影响开发控制目标、指标和技术要求，统筹建设。

在城市河道的景观建设过程中，城市的滨河空间的不同阶段都是属于城市的一个有机组成部分，不仅仅指的是水体以及河流两岸的区域形态，还应该从城市宏观的角度出发，以整个城市的结构以及空间形态作为背景进行完善和延伸，形成一个完整的城市形态，河流本身作为一个完整的自然生态体系，进行景观设计时，应该在把握整体性原则的基础上，针对城市河流的每个区段的河道景观进行设计，结合城市化进程，进行合理的规划设计，并且为城市以后的发展留出一定的拓展空间，对河流的不同区段应该根据其不同的发展现状给予合理的设计。

城市河流的上游区段应采取保护为主的规划策略，限制规模性的开发与建设，用以改善城市河流生态结构和功能；城市河道的中游区段可以进行具有一定规模的符合城市居民使用的建设，但是也要进行合理的规划，保障河道上游的养分以及物种能够顺利达到下游河段；下游河段往往是城市老工业区，经济发展过速，污染相对较为严重，需要进行防洪功能设计，并重点放在河道生态恢复以及城市公共空间建设方面，河道的景观设计需要从整体出发，针对不同区域制定不同的规划目标，进行科学合理的景观设计。

④人性化原则

多元化主要体现在城市河道中用地功能的多样性、空间功能的多样化以及使用对象的广泛性，城市河岸空间的开发建设必须在系统的指导下，合理分区、统筹兼顾，在协调的基础上鼓励多种空间的开发使用，提供多元化的景观结构，结合不同群体的多种需求，避免单一，造成不必要的资源浪费，影响城市河道生态景观带体系的正常发展。

考虑到要满足人们的不同需求，景观的多元化需求体现在河道自身形态内容的多样性。例如河道空间的景观规划设计需要考虑到人们亲水的本能，在进行河道空间景观设计过程中不仅需要满足人们对水体的空间视觉，还要满足触觉、听觉等方面的需求，在进行城市老区河道改造的时候，除了需要解决防洪问题，还应该通过改善水域生态环境，改进河流的亲水性、增加河岸空间的参与性活动等功能的设计，提高滨水空间的利用价值，特别是陆域岸坡需要营造一种人与自然亲近的环境，同时保留河道天然的美学价值。上述的要求使得景观规划设计途径不能太过单一，需要满足多元化设计的原则，才能创造丰富别致的城市河道景观。人与水的亲密关系决定了城市河道景观设计必须按照以人为本的设计原则，从人的切身利益去考虑，为不同的社会阶层、不同年龄层次的人群提供多种的活动空间，满足现代人的审美活动及需求，达到滨河空间的资源共享。

⑤生态优先原则

生态学是现代景观设计的重要指导理念之一。城市河道景观设计的最终目标是创造具有生命力、和谐共生、生态健康的城市河道景观环境。海绵城市理念要求城市规划中要科学地划定蓝线和绿线。城市开发建设应保护河流、湖泊、湿地、坑塘、沟渠等水生态敏感区域。优先利用自然排水系统和低影响开发设施，实现雨水的自然积存、自然渗透、自然净化和可持续性水循环，提高水生态系统的自然修复能力。

因此在景观设计时，应对城市河道原有自然环境进行充分调查，尽可能保护和恢复河流形态的原始多样性，平面设计上尽可能保持河流曲折弯曲的形态，沟通城市现有的水系，依托现状地形因地制宜地将原有城市河道的湿地、人工岛、乡土物种进行保护与开发，建造和谐生态的城市河道景观。

（2）设计方法

总体规划阶段需要从整体上对河道进行定位，城市河道景观应该在满足城市防洪以及排涝功能的前提下，结合城市河流自然发展趋势及规律，综合考虑人类发展与水的渊源和每一座城市发展的不同发展方向，针对每个不同城市的需求，不同类型的河道确立每一条河道的规划设计定位。这里我们主要考虑的是城市主干河道的项目定位，针对城市主干河道的上游、中游、下游进行不同的定位设计。

在工程上遵循海绵城市理念，在城市河道上游设置调蓄湖进行水质改善，在城市河道中下游采取河道拓宽、阻水桥梁、清淤、管线拆除等手段，提高城市河道的防洪以及自净功能。具体设计有以下几个方面：①河道驳岸景观营造方法；②河道道路景观及植被设计方式；③文化景观的建设；④设施景观；⑤夜景景观。

5.5.2 城市滨水景观

1）城市滨水景观的含义与特征

（1）城市滨水景观的含义

城市滨水景观首先应是对于滨水区的理解。城市滨水区是一个特殊的空间地段，指城市中与湖泊、河流、海滨毗邻的土地或建筑，亦即城镇邻近水体的部分。"景观"一词最早出现在《圣经》中，等同于汉语的"风景"，英语的"Scenery"，都是视觉美学意义上的概念。后来景观被运用到不同的领域中。其包括自然景观、经济景观、文化景观，是自然、社会经济空间构成要素总体特点的集合体和空间系统。通过对以上两个概念的解读可以发现，城市滨水景观的重点在于对景观空间的塑造，不管是自然景观还是人文景观，都应该根据地域特色来塑造。

（2）城市滨水景观的特征

在城市滨水区这一特定地带内生活的群体，存在着多种生活方式，其中思维、习俗、文化等都对滨水景观产生了深刻的影响，使其呈现出不同的风格特点。

①开放性

开放性包括空间的开放性和公共开放性。城市滨水区往往由于水面的开阔或深远，视线通畅，形成开放性空间，是构成城市公共开放空间的重要组成部分，也是城市与外界相连的门户。其多样的水上活动，为公众提供活动场地，如游泳、垂钓、划船等，使公众有了强烈的参与感，人们可以更好地感受大自然，将滨水区的公共价值体现得淋漓尽致。

②多样性

首先体现在视觉的多样性。城市滨水区的景观塑造人工痕迹略重，其中根据水与岸边的交接方式不同，其展现的景观特征也呈多样化。如陆地与水面相交形成滩地，此处视觉开阔；海水、河水流入陆地形成海湾、河湾和港口，形成半围合的空间场所；陆地伸入水面形成三面环水的半岛，往往会形成视觉的中心。其次体现在功能上的多样性。滨水地带是人们实现亲水愿望的地方。水的亲人性大部分来源于其多重使用性质，这些使用性质丰富了人们的行为方式，同时也体现了亲水行为的多样性，包括社交行为、游憩行为等。

③历史、文化性

城市的发展往往是一个历史文化的积淀过程，城市滨水区受城市发展的影响，也在展示着该城市深厚的文化底蕴，散发着其城市独有的魅力。不同国家不同地域的滨水地带有不同的文化特征，因为人们的思想、行为、活动给滨水地带注入了新的生命——不同的人种、服饰、活动和不同人工构筑物、建筑物都会形成滨水地带不同的景观，给人不同的感受。

④生态敏感性

城市滨水区是城市生态系统中最脆弱的部分，滨水区自然环境的保护问题一直都是滨水区建设中首要解决的问题。但是在城市开发进程中，许多领导者往往只追求了所谓的政绩，对城市滨水区肆意、无序的开发，造成河流污染、生态破坏的毁灭性打击。因此，在城市滨水建设时，在对景观进行塑造时同时也应注重对河流生态功能的保护，以便更好地为公众提供多样的滨水活动空间，实现人与自然和谐共处。

2）城市滨水景观的功能与构成要素

（1）城市滨水景观的功能

城市滨水景观的重要性不仅体现在其为居民提供了一个开放的活动空间，更在于其在功能上的体现，具体体现为生态功能、景观功能、文化功能、经济功能等。

①生态功能

城市滨水景观的生态功能体现在其河流的生态功能。一方面河流以水为载体，在自然界中参与物质、能量、信息的循环，发挥通道和载体的作用，并且影响着沿岸植物群落的分布与生长、调节城市局部的热量分配、净化空气、缓解城市热岛效应；另一方面河流与陆地环境相比能容纳、接受较多的物种，为更多的动物、植物、微生物提供栖息地。河流还可以吸引更多的动物，有了动物的参与使该滨水区变得更有活力。

②景观功能

城市河流从最初单一的运输、航运功能发展至现今，人们逐渐意识到河流对于城市景观、生态及文化的重要意义。滨水区是一座城市中最具魅力与活力的区域，具有其他地区不可取代的唯一性，其景观功能体现在人们在欣赏城市景观时不再只有呆板的钢筋混凝土结构的楼房，取而代之的是多样的植物、雕塑小品与周围高低错落的建筑相融合的景观，呈现出一幅优美的滨水风景画，甚至可以作为一座城市的地标性的代表。同时，河流的开与合又展现了不同的视觉效果，时而开阔时而逼仄，增加人们的观赏兴致。

③文化功能

滨水区往往是一座城市中文化积淀最多，见证一座城市发展的地带，同时历史的沧桑给其留下了深刻的痕迹，这些历史的烙印对城市文脉的延续与传承起到了关键的作用。城市滨水景观的文化功能不仅体现在城市历史发展所保存下来的文化记忆，还体现在这种文化的传承。对于现代人来说，可以启发我们在塑造景观的同时注重对于文化的运用，尤其是对地域文化特色的运用。不同的城市因其历史发展的进程不同、经济发展水平不一，因而有不同的城市文化，这种文化恰恰可以展示一座城市的魅力。

④经济功能

城市滨水区空间内一般会建造综合性的集商务办公、商业服务、休闲娱乐于一体的服务场所。该区域凭借优良的环境,优越的经济、社会效益吸引人们前来投资、消费,促进旅游业的发展,增加就业,创造出更多的经济价值。并且在城市滨水区的开发一般都伴随着房地产产业的发展,因为城市滨水区开发最早的功能之一便是居住功能。所以当推动房地产业发展之后,滨水区土地的价值便会得到极大的提升,反之也会促进该区域经济的进一步发展。

（2）城市滨水景观的构成要素

城市滨水景观由不同的要素构成,其要素主要分为物质形态要素和非物质形态要素。

①物质形态要素

物质形态即是由一切以物质形式存在的事物,是滨水区景观塑造时最基本的元素。其又可分为自然景观要素与人工景观要素。

a. 自然景观要素

该类型的要素主要指由水体、地形、植物等一切自然界形成的对于滨水景观塑造不可或缺的物质形态。其中水体是滨水景观的前提与基础,没有河流、湖泊、海洋就没有所谓的滨水,更别说滨水景观。水体的自然形态决定了滨水景观塑造的方式,也给滨水景观的建设提供了多种可能。

地形的多种形态如平原、微地形、丘陵、盆地、山地等,地形的塑造形成滨水景观的视点或者丰富游人的观赏层次,带来不一样的体验。

植物的存在给滨水景观增添了活力,随着气候、时间、季节等的变化,植物展现出不同的姿态、春有百花争艳、夏有紫薇芬芳、秋有银杏映月、冬有雪松挺拔,这些丰富多彩的形态为景观带来生气,吸引游人的观赏。同时动物、微生物可以作为一种自然景观要素,其是检验绿地对环境作用的标准,与水体、植物群落形成一个完整的生态系统,是不可或缺的。

b. 人工景观要素

与自然景观要素相比,人工景观要素必然是通过人工的参与来塑造。包括人工驳岸、道路、景观小品、构筑物、桥梁、各类设施等,都是通过人工的作用与自然景观要素形成和谐的景观体系和完整、特色的滨水景观。

②非物质形态要素

非物质形态要素指以非物质形态存在的、必不可少的景观要素,即人文景观要素。其包括当地的历史文化、民俗风情、神话传说等文化性的元素,是以特定的物质景观为载体呈现出来的满足人们精神需求、彰显地域特色的景观。在进行滨水景观规划设计时融入人文景观,是避免景观趋同化的解决方法。

5.6 城市水环境智慧管理系统

现存水务信息化系统多为分散构建模式,水循环要素感知程度低,局部与整体信息共享不足,对水务数据资源开发程度和利用深度不够,监测应用覆盖面不全,应用智能化水平仍有较大的提升空间,传统的管理方式不能满足当前智慧城市的需求,这使得智慧水务的建设成为当前智慧城市建设的重要一环。下面以基于人工智能技术的城市水循环系统智慧水务平台建设关键技术为例,对城市水环境智慧管理系统进行阐述。基于人工智能技术的城市水循环系统智慧水务平台建设关键技术包括现场监测站、无线通信网络、监控中心和人工智能在数据库中应用4个方面的内容。

5.6.1　现场监测站

1）目标监测的水质指标

监测系统中所进行的水循环水质监测指标主要包括：余氯含量、溶解氧（溶氧量）、pH 值、电导率。

主要水质指标余氯是水经过投加含氯消毒剂后，残留在水中的氯成分，也可以认为是消毒后的水中所剩余仍可以起消毒作用的有效氯。余氯一般可以分为两类，化合性余氯是氯与氨的化合物，在水中较为稳定，能持续存在较长时间，杀菌效果较好。游离性余氯是指水中次氯酸根离子和次氯酸等，主要起杀菌作用的是次氯酸。

溶解氧是指以分子形态存在水中的氧分子。溶解氧是指每升水中所含有氧分子的毫克数。在 20℃，100kPa 的条件下，溶解氧在纯水中的含量约为 9mg/L，一般当水中溶解氧含量低于 5mg/L，部分水生物将面临缺氧危险。一般情况下，大气中的氧气足以弥补水中溶解氧的消耗，但是当水体受到有机物的污染时，溶解氧就会被消耗过快而得不到及时的补充。在这种情况下，水中的厌氧菌就会快速地大量繁殖，使有机污染物腐化而使水变黑发臭。

日常生活用水中存在大量的无机酸、碱、盐离子，因此水溶液具有导电性，且水溶液的电导能力随水中离子的增多而增强。因此，可以利用电导率来推测水溶液中离子的总浓度。水溶液的电导率是指水溶液导电能力的大小，与电阻率成倒数关系。

pH 值是最常见的水质指标，用于表示溶液的酸碱程度。自然界中水的 pH 值大多为 6～9，日常生活饮用水的 pH 值一般要求在 6.5～8.5。pH 值受温度的影响较大，所以一般在规定温度下进行测定，或者外加温度补偿，否则所测得的 pH 值不具备参考意义。

2）电化学传感器

电极式化学传感器主要是靠电极的化学反应来检测物质的含量，具体来说，是靠电极与水中特定的离子或分子的氧化还原反应所产生的电子的定向移动与此定向移动所形成的微小的电流与电压，此电流与电压传递至传感器的输出端，外围电路通过放大这个微弱的信号来实现待测物质的检测。其中，电流型传感器输出的电流信号是由待测水体中发生的电荷的定向移动所生成的；电位型传感器将待测水体中的电极的电压差作为输出的信号；电导型传感器首先与待测水体发生某些组分反应，随之输出水体的电导。

3）各水质指标测量原理

（1）余氯含量测量原理

我国最为普遍的水质消毒方法是在水中直接通入氯气，氯气与水接触后，在几秒钟内会迅速水解而生成次氯酸，次氯酸在水中也会发生反应，生成次氯酸根离子。次氯酸和次氯酸根离子的强氧化作用是氯气消毒的主要原理，检测游离性余氯主要就是检测水中的次氯酸、次氯酸根的浓度，即可了解余氯的添加与残留是否正常。次氯酸与次氯酸根在杀灭细菌以及其他治病微生物的同时，自身也会消耗，因此，对余氯进行检测的目的就是监控水质的持续消毒能力是否合适，以及出厂水和管网末梢水的持续消毒能力。

当将传感器置于被测液体中时，水中的次氯酸分子会透过聚四氟乙烯材质的选择性渗透膜，进入传感器内部，而水中的其他物质不能通过渗透膜，从而防止了其他物质的干扰。传感器的核心是两个电极，阴极和阳极，分别比传统的阴极氧传感器通常是一个圆柱形金质电极，阳极为银质，没有连接在两个电极之间，在同一时间沉浸在电解液中，选择性渗透膜覆盖在金电极表面。测量时，由于渗透作用，次氯酸分子可以存在于电解液中，对两个电极施加微弱的极化电压，使次氯酸分子与电极在电解液中发生氧化还原反应。

氧化还原反应的方向会导致电荷的移动，在金电极上出现一个微弱的电流，当电流是稳定的，电极表面消耗的次氯酸与流入电极表面的次氯酸达到平衡状态，这个微弱的电流的计算遵从由菲克定律，如式（5.1）所示。

$$i = nFSD\frac{c^*}{d} \tag{5.1}$$

式中：i——电流的大小，A；

$\quad$ F——法拉第常数；

$\quad$ S——电极表面积，m^2；

$\quad$ D——次氯酸的扩散系数；

$\quad$ d——透过膜的厚度，mm；

$\quad$ c^*——浓度；

$\quad$ n——电子转移数，个。

此时电流 i 的大小与电极表面积 S，次氯酸的扩散系数 D，溶液内次氯酸的浓度成正比，与透过膜的厚度 d 成反比。通过后续电路的放大以及 MCU（Microcontroller Unit，微控制单元）的处理，检测出这个微弱电流的大小，即可得到电解液中的次氯酸含量，由于次氯酸分子的含量与溶液中的余氯含量成正比例关系，从而就可以得到整个溶液内的余氯含量。

（2）电流法溶解氧含量测量原理

电流法测量也叫作 Clark 溶解氧电极法，传感器的电极由一个贵金属电极（如铂或金）、一个参比电极（Ag/AgCl）和一个保护电极组成。Clark 型电极式测量液体中溶解氧的最常用电极，根据通过检测透过透氧膜的氧分子所参加电化学反应产生的扩散电流，就可以来测定水中所含溶解氧值。氧分子通过透氧膜扩散到电解液中，当在阴极和阳极上加上一定的极化电压时，氧分子在阴极被消耗并产生电流，水中的溶解氧含量和产生的电流呈线性比例关系。

保护电极安装在阴极的外圈，保护电极上所加的电压和阴极上所加的电压相同，但所产生的电流不会被测量，电解液中扩散出来的氧被保护电极消耗，所以不会对正常的测量产生干扰，这样就缩短了电极的响应时间。

（3）电导率测量原理

电导率测量中，传感器和待测溶液组成了一个复杂的电化学体系，将它模型化，并逐步简化，以便能够用于计算，指导电导率的测量。电导池的等效电路有很多种，依据不同的试验条件，简化的对象也有所不同，目的是更好地匹配测试结果，找出电解质溶液的导电行为规律。电导池等效电路如图 5.2 所示。

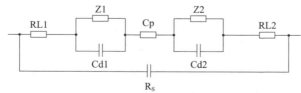

图 5.2　电导池等效电路

注：RL1、RL2—电导电极的引线电阻；Cd1、Cd2—双电层电容；Cp—电极之间的引线电容；
Z1、Z2—法拉第阻抗；R_s—电导池中的溶液阻抗。

直接使用上述模型，计算起来极其复杂，实践指导意义并不大。在电导率测量中，一般都是使用交流激励信号，能够很好地降低极化效应带来的影响，因此对图 5.2 进行简化，如图 5.3 所示。

一般情况下，Cd 为 uF（微法，电容单位）级别，而 Cp 为 pF（皮法，电容单位）级别。而在待测溶液电导率较低时（溶液阻抗 Rs 较高时），或者系统采用高频的激励信号，Cd 容抗比较小，一般可以忽略，由此可以获得如图 5.4 所示的并联等效电路。

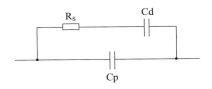

图 5.3　简化的电导池等效电路　　　　图 5.4　简化的电导池并联等效电路
Cd—双电层电容；Cp—电极引脚分布电容；　　Rs—溶液阻抗；Cp—电极引脚分布电容
　Rs—电导池中的溶液阻抗

如果在电导率比较高的情况下（溶液阻抗比较低的时候）Cp 的影响可以忽略不计，此时电导池的等效电路如图 5.5 所示。

图 5.5　简化的电导池串联等效电路

测量电解质溶液阻抗时，电荷在电极表面和与之接触的待测溶液之间界面传递是通过电化学反应完成的，产生了电极极化现象。极化效应的结果就是将电极反应的电化学阻抗引入到测量中，降低了测量的精确度。倘若传感器激励信号使用交流激励，比如双极性的正弦波或方波等，可以有效降低极化现象对电导率测量的影响。虽然相比于直流激励，交流激励信号能最大程度地提高电导率的测量精确度，但交流激励信号会带入测量回路中的容抗影响。根据亥姆赫兹在 1853 年提出的理论，可以把双电层类比于平行板电容器，双电层的厚度被认为是离子的半径，根据电中性规律，被电极表面吸引的离子数目必定能够抵消电极表面的电荷。

双电层溶液的一侧，理论上也认为由多个"层"组成。靠近电极的一层取名为内层（Inner Layer）有时候也成为紧密层（Compact）、亥姆赫兹层（Helmholtz）、斯特恩层（Stern）。特性吸附离子的中心位置称作为内亥姆赫兹面（Inner Helmholtz Plane，IHP）；溶剂化的离子离电极更远一些，它们的中心位置称为外亥姆赫兹面（Outer Helmholtz Plane，OHP）；非特性吸附离子处于一个叫分散层的三维空间。

亥姆赫兹层处于正负电荷相对立的状态，这个概念适合很多场合，比如电极表面与电解质溶液接触面，都可以认为在固—液界面形成的双电层。很显然，在电导率的测量中，不能忽略双电层电容带来的影响。实际上，在电活性物质的浓度非常低的电极反应中，充电电流比法拉第电流还要大，因此，必须考虑双电层的作用。

（4）pH 值测量原理

溶液的 pH 值取决于溶液中氢离子的浓度，可以通过测量电极与被测溶液构成的电池电动势，得到被测溶液氢离子浓度。从传感器电极中获得的电压信号与氢离子 H^+ 的浓度有一一对应关系，理论依据为 Nernst（能斯特）方程，表达式如式（5.2）所示。

$$E = E_标 + \frac{RT}{nF} \ln \frac{a_{氧化态}}{a_{还原态}} \tag{5.2}$$

式中：E——平衡电极点位，V；

　　　$E_标$——标准电极点位，V；

　　　F——法拉第常数；

　　　T——被测溶液的绝对温度，K；

　　　n——得失的电子数；

　　　R——气体常数，$J/mol \cdot K$；

　　$a_{氧化态}$——氧化态物质的活度；

　　$a_{还原态}$——还原态物质的活度，mol/L。

　　使用 pH 值检测仪所测得电极电压是测量电极与参考电极的电位差，而待测溶液的 pH 值仅与膜电压、温度有关。通过仪器测量的复合玻璃电极电动势如式（5.3）所示。

$$E = E_0 + KT \left(pH_x - pH_0 \right) \tag{5.3}$$

式中：E——原电池输出电动势；

　　　E_0——与电极材料、内参比溶液、内参比电极以及液接电位有关的电动势；

　　　K——Nernst 系数；

　　　T——被测溶液的绝对温度；

　　pH_x——被测溶液的 pH 值；

　　pH_0——常数，是复合玻璃电极内缓冲溶液的 pH 值（数值为 7）。

5.6.2　无线通信网络

1）数据采集方案

　　数据采集在测量系统中负责将被测物的信号变化，转换成可使用且易于处理的信号。它是整个测量系统的前沿，它直接影响着测量的精度。通常情况下，传感器、数据采集和输入、输出终端控制器系统，可分为两部分：信号处理和模数转换。

　　对于信号处理来说，它在大多数情况下是传感器信号微弱，容易产生噪声，这时需要用运算放大器来放大传感器信号，然后用滤波器滤除干扰信号和噪声，便于对信号进行处理和识别，为进行模数转换做好准备。

　　对于模数转换，要考虑采样精度和转换速率两个重要参数。采样精度与模数转换器的位数有关。对于整个测量系统来说，采样精度是非常重要的，因为它是控制器可以直接获得原始数据，后期的数字信号处理（Digital Signal Processing，DSP）都是从模数转换而来的结果。转化率是影响整个系统的处理速度，如果转化率缓慢的系统处理时间较长，转换速率要根据不同的测量系统做出相应的改变，对实时性要求较强的系统，必须选择转换速率较大的模数转换器；反之在过程变化缓慢的系统中，转换速率并不那么重要。总之，转换速率要与测量系统处理速度相匹配。

　　数据采样一般是在微控制器控制下完成的，常见的微控制器有单片机、ARM（Advanced RISC Machine，先进的精简指令集计算机）、DSP（Digital Signal Processor，数字信号处理器）

和 FPGA（Field Programmable Gate Array，现场可编程逻辑门阵列）。大多数微控制器内部集成丰富的资源。微控制器通过设置内部寄存器来控制各个内部资源的启用和关闭，设置采样时间和传输接口等。

系统采用 MSP430F149 单片机作为控制器。信号调理需要将电流转换成电压并放大，以符合 MSP430F149 的 AD（Administrative Distance，通告距离）要求。MSP430F149 具有低功耗的特点，较好地解决频繁更换电池供电的弊端。本系统电路采用 MSP430F149 内部集成的多通道 AD 作为模数转换器，不仅减少硬件资源，还可以降低成本。

2）GPRS 网络传输方式

GPRS（General Packet Radio Service，通用分组无线业务）允许连续的、突发性和频繁的数据传输，而且可以高效低成本完成数据传输，将数据通过网络传输给其他设备或服务器。正因为 GPRS 具有这样的优点，广泛应用于无线远程检测系统中。

3）信号调理模块

信号调理模块负责对传感器的信号输出信号做调整，使数据可以作为单片机的 AD 合理输入。水质传感器的输出是工业常用的标准 $4\sim20mA$ 电流信号。AD 采样的值一般是电压，需要将 $4\sim20mA$ 的电流转换成电压。本系统采用输出 $0.5\sim2.5V$ 的电压信号，采用高精度采样电阻与仪表器放大器相结合的方式进行电流-电压转换，完成信号的提取和调理。高精度采样电阻的值为 100Ω，这样可以将 $4\sim20mA$ 的电流转换成 $0.4\sim2V$，再经过仪表放大器将 $0.4\sim2V$ 电压放大 1.25 倍，转换成 $0.5\sim2.5V$，获得可以由单片机的 AD 直接采样的电压，且电压范围在 $0\sim3.3V$ 以内。

4）硬件部分设计

硬件部分主要包含水质在线监测装置、信号调理模块、数据采集模块和 GPRS 网络传输模块，以 MSP430F149 单片机为其控制核心。

测量对象为水质参数：pH 值、余氯、溶解氧和电导率。对于水质监测的传感器而言，输出信号为 $4\sim20mA$ 的模拟电流值，而单片机的 AD 只能采集到 $0\sim3.3V$ 电压信号，所以在传感器信号进入单片机之前，需要将传感器信号转换为电压信号，本系统使用电流转换电压模块，完成电流值采样。控制器通过 AD 采集到电压值，并对采集到的数据进行滑动平均值滤波，以抑制干扰噪声。完成数据处理后，通过控制器进行打包处理，将数据封装成数据包。控制器控制 GPRS 模块发送数据，中心服务器软件完成数据接收和实时处理。

5.6.3　监控中心

1）软件需求分析

水污染监测系统的研发总体思路是以科研为基础，以应用为导向，因此对监测中心软件的设计提出了更高的要求，具体有以下几点：

①实现了服务器连接到监控信息的传输，监控进程实时接收监控数据，监控值超限报警和告警阈值的设置和调整，以及监控数据的实时图形显示，监控数据导出归档等功能。

②考虑到不同操作人员水平的差异，人机界面友好清晰，美观大方，各个模块布局合理，关键信息都有标注。

③相对容易使用，开发语言简单、通用和高度智能化。

因此，对于监控中心软件功能丰富的整体要求不仅要完善、架构先进、高效、易于开发和维护，还要求强调人机交互界面、信息丰富、使用方便、简单美观。

2）软件程序模块示意图

数据接收模块是本软件的重要组成部分之一，负责网络的连接、数据的接收和存储。网络连接是连接 GPRS 节点和监测中心服务器软件，使得网络配置正常，可以完成数据收发。数据接收是接收硬件模块传输过来的数据包，并存储在数据缓冲区。

数据处理模块是对硬件传输过来的数据包进行解包、分析、运算处理，以获取想要的数据并将数据存入数据库中，最后根据计算结果是否超出预设的指标，如果超出范围，给出警报状态。本系统主要完成水质参数的测量，对相应的参数数据采用直线最小二乘拟合方法进行建模。

数据序列化模块是本系统结合实际需求开发的功能，本模块可以将制定监测时段或者当前监测时段的数据，导出成 Excel 格式的文档进行存档，这样既方便做长期监测的数据记录与保存，又可方便地回调任意历史时间段的监测记录进行进一步分析或者作为证据。

5.6.4 人工智能在数据库中应用

1）数据处理模块参数估计

在数据处理模块中需要对硬件传输过来的数据进行解包与分析，本系统采用直线最小二乘拟合的方法进行建模分析。

直线最小二乘法拟合：设 x 和 y 之间的关系为线性方程 $y = a_0 + a_1 x$（a_0 是截距，a_1 是斜率）。对于等精度测量所得到的 N 组数据 (x_i, y_i)（$i = 1, 2, \cdots, N$），认为 x_i 是精确的，所有误差只与 y_i 有关。根据相关数理统计知识，可得到最佳估计值 $\hat{a}_0$ 和 $\hat{a}_1$。

拟合出来的直线不能保证每个观测数据都在直线上，观测值 y_i 与拟合直线上 $\hat{y}_i$ 之间具有一定的偏差，根据数据统计相关知识可得 y_i 的标准偏差，S 又称为拟合直线的标准偏差。

如果在直角坐标系内作两条与拟合直线平行的直线如图 5.6 所示，则观测数据点 (x_i, y_i) 大部分都分布在这两条直线之间。

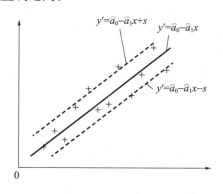

图 5.6　拟合直线的分布

根据计算所得拟合偏差代入数据转换程序可以明显提升采样精度。在试验中，一般取 100 个测量数据点拟合直线。

2）数据归一化处理及基于相关性的数据库异常数据判断

数据归一化是把所有数据映射到 0～1 区间，便于后期的数据处理与分析。对比 Coxbox 转换（Box-Cox Transformation，Box 和 Cox 在 1964 年提出的一种广义幂变换方法，是统计建模中常用的一种数据变换，用于连续的响应变量不满足正态分布的情况），高阶距估计转换以及 Johnson Distribution System（约翰逊分布族，简称约翰逊分布）转换三种方法对于原始试验数据分布转换为标准正态分布的效果，发现约翰逊分布的稳定性更高，效率更高，因此采用该方法对数据进行归一化处理。

在解决数据归一化多元数据修复的过程当中，势必会接触到多元异常数据。相较于传统的单变量异常数据判断，多参数数据间的关系将成为新的异常判断标准。通常实际工程监测的数据间呈现为非线性关系，如果继续使用线性相关的高斯分布来模拟所有参数之间的关系会存在很大问题。对于这种复杂的多元数据异样筛查，传统的"点对点"几何距离（欧式距离）描述异常数据与正常数据的差异，有可能出现判断的偏差：仅凭两个数据点进行判断，异常数据可能未有偏离正常数据样本。针对此类问题，拟采用"点对样本""样本对样本"的统计学距离作为异常数据的异常衡量指标。将采用皮尔逊距离（Pearson Distance），巴氏距离（Bhattacharyya Distance）和马氏距离（Mahalanobis Distance）来衡量样本之间的距离。因此，数据清理中传统的目标统计特性将进行改变，其计算的衡量指标将改为皮尔逊距离、马氏距离、巴氏距离等统计学距离。因而在异常数据分析过程中，判断比较的对象也由单个数据源扩展为多个数据源。充分考虑多元数据的统计特性，设计和发展与多元数据统计距离相适应的异常数据判断法则，是这一过程需要解决的难点问题。经文献的搜集与对比，综合高效性和准确性和适用性的考量，拟采用拉依达准则与可以消除量纲对不同参数造成影响的马氏距离准则对异常值进行查找与去除。

3）基于相关性的数据库缺失数据修补方法

传统的数据填补过程，往往仅仅基于单一变量的统计特性和变化趋势进行填补。然而，当多元数据间存在复杂非线性关系，单一变量的自填充将会产生很大误差，相关性需要被考虑到数据填补的工作当中。拟对收集数据的相关性进行研究，通过定量分析研究多元数据间的相关性对于数据修补的影响，分析如何选取最精准的多元分布模型来描述数据间的相关性，并推导出基于相关性的数据重建修补方法。经对比采用基于贝叶斯机器学习原理的MCMC-Gibbs（马尔科夫蒙特卡洛-吉布斯）抽样的方法，基于多元数据的相关性进行缺失值的填补。

第6章 市政盐碱土壤监控与治理技术

6.1 盐碱土壤概述

6.1.1 盐碱土壤的概念和类型

1. 盐碱土壤的概念

通常把可溶性盐类物质含量＞2g/kg，且影响作物正常发育的土壤称为盐土。碱土用碱化度来划分，是指代换性钠离子占可溶性阳离子的比例＞20％、pH 值＞8 的土壤。通常盐土和碱土是混合存在的，所以统称为盐碱土壤。

可溶性盐分在土壤中积累而达到对植物有害的程度（含盐量达 3～6g/kg 时，大多数栽培植物的生长会受到影响）的过程称为土地盐渍化。各种发生盐化和碱化过程的土壤均称为盐渍土，包括盐土、碱土和各种盐化土、碱化土。

2. 盐碱土壤的类型

（1）盐土

盐土是盐碱土中面积最大的一类，主要是指土壤表层含可溶性盐超过 0.6％～2％的一类土壤。氯化物为主的盐土毒性较大，含盐量的下限为 0.6％；硫酸盐为主的盐土毒性较小，含盐量的下限为 2％；氯化物-硫酸盐或硫酸盐-氯化物组成的混合盐土毒性居中，含盐量下限为 1％。含盐量小于这个指标的，就不列入盐土范围，而列为某种土壤的盐化类型，如盐化棕钙土、盐化草甸土等。

（2）碱土

碱土是盐碱土中面积很小的一种类型，碱土中吸收性复合土体中代换性钠的含量占代换总量的 20％以上。小于这个指标只将它列入某种土壤的碱化类型，如碱化盐土、碱化栗钙土。土壤的碱化程度越高，土壤的理化性状越差，表现出湿时膨胀、分散、泥泞，干时收缩、板结、坚硬，通气透水性都非常差的特点。这些特征的形成主要是由于 Na^+ 具有高度的分散作用，它与土壤中的其他盐类发生代换作用，形成碱性很强的碳酸钠。碱土对植物的危害作用很大程度就是碳酸钠的毒害作用。而大多数土壤在盐化的同时，其碱化的程度也很高，两者在形成过程中有着密不可分的联系。

目前，土地盐渍化已成为一个世界性问题，盐渍土在世界各大洲均有分布。近年来其面积迅速扩大，盐渍化程度不断加剧，在灌溉水需求量大、排水不畅而不能有效冲洗的干旱半干旱地区更为严重。这种情况在中东、中国华北平原和美国科罗拉多河盆地较为常见。

6.1.2 盐碱土壤形成的自然条件与人为因素

盐碱土壤的形成实质是可溶性盐类在土壤中发生重新分布，盐分在土壤表层积累超过了正常值。影响土壤盐分积累的原因主要有自然条件和人为因素，自然条件包括气候、地形、水文活动和植被因素等；人为因素是次生盐碱土形成的原因。目前，世界上次生盐碱化的土壤面积还在不断增大，主要原因有气候变暖、海平面不断上升、淡水资源的日益缺乏、环境污染的加剧、化肥不合理的施用和不合理的灌溉等。

我国盐碱土壤都是在一定的自然条件下形成的，主要是易溶性盐类成分在地面作水平方向与垂直方向的重新分配，在集盐地区的土壤表层逐渐积聚起来。盐碱土形成的主要因素有气候条件、地理条件、土壤质地和地下水、河流和海水的影响，以及耕作管理的不当等，根本原因在于地下水的状况不良。

下文主要从气候条件、地形和地貌、水文条件、成土母质和自然植被等自然条件和不合理的灌溉、破坏原始植被、建造水库、粗放的农业技术措施、过量施肥等人为因素对盐碱土壤的形成进行阐述。

1. 自然条件

（1）气候条件

气候条件是影响盐碱土形成的重要因素。我国盐碱地大多分布于北温带半湿润大陆季风性气候区，因降水量小，蒸发量大，溶解在水中的盐分容易在土壤表层积聚。

（2）地形和地貌

地形和地貌影响自然降水的再分配，进而影响土壤的微域性分布。地形高低对盐碱土的形成影响很大。波状起伏的漫岗，地形比较开阔，坡度比较小，在洼地及其边缘的坡地分布有较多的盐碱地。从小地形看，在低平地区的局部高起处，由于蒸发快，盐分可由低处移至高处，积盐较重。还有一些地势低，没有排水出路，而又比较干旱的地区，由于毛细作用，水分散开到地表蒸发后，便留下盐分，日积月累，形成盐碱土壤。

（3）水文条件

土壤中的盐分运动的媒介是水，"盐随水来，盐随水去"是盐碱土盐分运移的重要规律。因此，水文条件是盐碱土形成和发展的重要因素。我国的松花江、嫩江、乌苏里江地区夏季降雨集中，地表水不能通过河道或地下径流及时排出，而停留在地势较低的洼地中，水分蒸发，盐类积累下来，土壤逐渐盐碱化。地下水埋深和矿化度是决定土壤盐碱化的主要条件。地下水埋深越浅，蒸发强度越强，上升至地面的矿化地下水就越多。同样，在埋深一定的情况下，地下水矿化度越高，表层土壤积盐就越强烈。

（4）成土母质

母质的组成和性质会直接影响土壤的性质，二者具有明显的"血缘"关系。母质对盐渍土形成的影响表现在两个方面：①母质本身含盐，形成古盐土、含盐地层、盐岩或盐层，在极端干旱的条件下盐分得以残留下来，成为残积盐土；②含盐母质为滨海或盐湖的新沉积物，上升为陆地，而使土壤含盐。

（5）自然植被

植被是土壤形成的重要生物因素之一，也是主导土壤肥力形成的重要因素。植被的类型、覆盖度及生物量等既受土壤立地条件和性质的制约，反过来又影响土壤的成土过程及其发展方向，特别是盐碱土壤的形成和发展与植被类型密切相关。

盐碱地的植被类型分布，受微地形的影响很大。由于地形变化会导致土壤水盐状况不同，因此，不同地形往往分布着截然不同的植物群落。在地势较低的草甸盐土碱斑上，主要分布着碱蓬-碱蒿群落。一般在碱斑外圈生长碱蒿，内圈为碱蓬。有时还有西伯利亚蓼、少量扫帚草等，在局部低洼湿润或稍有积水的碱斑部位，有时以星星草为主。邻近湖泊沿岸的碱斑上生长盐生植被，主要有碱蓬、西伯利亚蓼、碱蒿等。在地势平坦的草甸碱土和盐碱化草甸土上，主要分布着羊-草群落或羊-草＋杂草群落，随着土壤水分的增多，芦苇逐渐增多，有时形成由羊草草原向芦苇沼泽过渡的植被。在碱斑暴露在地表的白盖苏打草甸碱土——"明碱斑"上，往往呈现出寸草不长、土表裸露的景象。

2. 人为因素

（1）不合理的灌溉

如果灌溉方式和用水量适当，则不会对土壤地下水位产生影响，就只是补足土壤饱和含水量。但是，大部分地区一般采用大水漫灌，只灌不排的灌溉方式。如同发生洪涝，地下水位长期过高，地下潜水持续蒸发，盐分不断积聚，最终导致了土壤的盐碱化。

（2）破坏原始植被

非法砍伐、过度放牧、修路、露天开矿、轮荒耕耘、河流改道等不合理的土地利用，使沉积砂层被冲刷变薄，原始植被遭到破坏。由于人口急剧增长，工业迅猛发展，固体废物不断向土壤表面堆放和倾倒，有害废水不断向土壤中渗透，从而导致土壤盐碱化。土壤板块遭到反复踩踏，使土壤表面坚实、孔隙度减少、容量增加，对土壤通气性、渗透性和蓄水能力带来不良影响，使土壤 pH 值、含盐量增高，导致大面积盐碱地出现次生盐渍化。

（3）建造水库

在国内大部分地区，特别是西北地区由于干旱缺水，修建了较多的蓄水水库。修建水库使当地局部环境得到改善，但直接造成部分地区地下水位抬升，使地下水易借助土壤毛细管上升到地表形成积盐，加上河流搬运来的大量碎屑物和可溶性盐类积累，造成了大量土壤盐碱化。

（4）粗放的农业技术措施

良好的农业技术措施往往可减少土壤水分的蒸发，减轻或避免作物的盐害或土壤盐渍化。粗放的农业技术措施，如有灌无排，中耕松土不及时，乱耕乱作，缺苗断垄和作物生长不良，使裸露地面积扩大时，促进了土壤盐渍化。

（5）过量施肥

过量使用硝态氮肥和硫酸钾肥，硝酸根离子和硫酸根离子除被作物吸收外，部分进入地下水，导致了土壤盐渍化。

6.1.3 盐碱土壤治理存在的问题和发展方向

1. 盐碱土壤治理实践中存在的主要问题

盐碱土壤治理实践中存在的主要问题主要有以下几点。

①尚未形成全国性的盐碱土壤分类治理技术体系。

②技术可操作与工程化程度亟待加强。

③对盐碱土壤治理的长效性和可持续性认识不足。

④盐碱土壤治理的技术、农田基本建设工程和产业政策间衔接不紧密。

⑥盐碱土壤治理的土地管理和激励机制不健全。

2. 盐碱土壤治理的发展方向

盐碱土壤治理的发展方向主要有以下几点。

①土壤盐渍化的监测、评估、预测和预警研究。

②田间尺度的土壤水盐运移过程及其模拟研究。

③植物与土壤盐分的相互作用机制与盐渍土的生物治理。

④土壤水盐优化调控机制与技术研究。

⑤盐碱障碍治理、修复与盐渍土资源利用的优化管理研究。

⑥土壤盐渍化的生态环境效应研究。

3. 盐碱土壤治理利用技术发展方向

盐碱土壤资源治理利用技术研究方向主要有以下几点。

①增强区域针对性，强化分类治理理念：研发针对不同气候带盐碱土壤形成过程、资源禀赋条件、盐碱障碍程度、植物水盐耐受能力等类别的盐碱区农业利用适宜种植制度、盐碱土壤分类与高效治理利用、生态高值利用等技术体系。

②提升技术与产品的可操作性与推广性：针对不同区域、类型的盐碱土壤资源，加强治理技术的轻简化程度，提升治理利用技术与产品的可操作性与可推广性。

③突破盐碱土壤治理利用长效性难题：针对不同类型盐碱土壤资源治理利用技术体系，解决次生盐渍反复、资源利用效率低等难题，实现治理长效性与可持续性。

④建设盐碱区智慧产业平台，畅通技术推广与服务渠道：推进盐碱区的自动化预警、精准化管理、可视化操作、智能化决策与生态高值化利用等智慧产业建设，大幅提升我国盐碱区的资源利用效率和生产力水平。

⑤走盐碱地开发整治利用"政、产、学、研、用"与企业规模经营、产业化发展相结合的战略道路。

6.2　盐碱土壤监控技术

6.2.1　基于传感器感知技术的智能排碱层结构研发

1) 基于传感器感知技术的智能排碱层结构研发的第一方面

基于传感器感知技术的智能排碱层结构及系统，能够根据土壤特性信息对滴灌系统进行控制，实现土壤盐碱改良、调控土壤气体环境、改善植物根系以及土壤微生物呼吸。

(1) 基于传感器感知技术的智能排碱层结构，通过以下步骤对所述智能排碱层结构的滴灌总管道和滴灌子管道进行引流控制。

①预先在监测区域内的排碱层处设置多个感知节点，每个感知节点用于获取相应排碱层的 pH 值监测数据、含水量监测数据以及含气量监测数据中的至少一个。

②若某一个感知节点判断其 pH 值监测数据、含水量监测数据以及含气量监测数据中任意一个不满足预设要求，则根据每个感知节点的监测数据确定簇首节点。

③簇首节点接收待滴灌区域内每个感知节点所发送的监测数据后生成总监测数据，将所述总监测数据发送至相对应的滴灌控制端，滴灌控制端基于所述监测数据生成相对应的待滴灌区域。

④滴灌控制端基于所述待滴灌区域的位置信息确定滴灌系统中相应的滴灌总管道和滴灌子管道，根据所述总监测数据控制滴灌系统进行滴灌水体制作得到第一水量的第一属性的水体。

⑤将第一水量的第一属性的水体通过所述滴灌总管道和滴灌子管道引流至相应的待滴灌区域。

（2）若某一个感知节点判断其 pH 值监测数据、含水量监测数据以及含气量监测数据中任意一个不满足预设要求，则根据每个感知节点的监测数据确定簇首节点以及簇首节点所对应的待滴灌区域的步骤，具体内容包括以下几点。

①感知节点将所得到的 pH 值监测数据、含水量监测数据以及含气量监测数据分别与预设 pH 值数据、预设水量数据以及预设气量数据比对。

②若 pH 值监测数据、含水量监测数据以及含气量监测数据中至少一个与预设 pH 值数据、预设水量数据以及预设气量数据不对应，则生成数据请求信息。

③感知节点基于其所连接的数据跳转传输模块将数据请求信息发送至第一感知区域内的所有其他感知节点。

④感知节点在接收其他感知节点发送的监测数据后计算每个感知节点所对应的土壤状况信息，根据所述土壤状况信息确定簇首节点，并将所述簇首节点的节点标签信息发送至第一感知区域内的所有其他感知节点。

（3）在接收其他感知节点发送的监测数据后，计算每个感知节点所对应的土壤状况信息，确定簇首节点，并将簇首节点的节点标签信息发送至第一感知区域内的所有其他感知节点中，具体内容包括以下几点。

①对 pH 值监测数据、含水量监测数据以及含气量监测数据中都满足预设要求的感知节点配置第一土壤状况信息。

②获取 pH 值监测数据、含水量监测数据以及含气量监测数据中至少一个不满足预设要求的感知节点，并计算相应感知节点所对应的第二土壤状况信息。

③将最大的第二土壤状况信息所对应的感知节点作为簇首节点，获取所述簇首节点的节点标签信息发送至第一感知区域内的所有其他感知节点。

④其他感知节点将各自的监测数据发送至与节点标签信息对应的簇首节点。

（4）在簇首节点接收待滴灌区域内每个感知节点所发送的监测数据后生成总监测数据，将所述总监测数据发送至相对应的滴灌控制端，滴灌控制端生成相对应的待滴灌区域，具体内容包括以下几点。

①根据所述总监测数据得到每个感知节点所发送的监测数据，以及所有感知节点的土壤状况信息。

②统计第一土壤状况信息和第二土壤状况信息的数量值。

③将簇首节点和/感知节点所对应的第二土壤状况信息与预设土壤状况信息比对得到半径幅度调整系数。

④根据所述半径幅度调整系数、第一土壤状况信息和第二土壤状况信息的数量值对预设滴灌半径进行调整得到待滴灌半径。

（5）确定簇首节点四周的感知节点的位置生成圆形区域或扇形区域，以所述簇首节点的位置为原点，基于所述待滴灌半径确定所述圆形区域或扇形区域的半径得到待滴灌区域。

在滴灌控制端基于所述待滴灌区域的位置信息确定滴灌系统中相应的滴灌总管道和滴灌子管道，根据所述总监测数据控制滴灌系统进行滴灌水体制作得到第一水量的第一属性的水体，具体内容包括以下几点。

①确定位于待滴灌区域内的滴灌子管道的子管道标签信息，根据所述子管道标签信息确定相对应的总管道标签信息。

②确定总监测数据中所有不对应预设 pH 值数据、预设水量数据以及预设气量数据的第一 pH 值监测数据、第一含水量监测数据以及第一含气量监测数据。

③根据所有的第一 pH 值监测数据、第一含水量监测数据进行计算生成初步水量。

④若所述第一含气量监测数据与预设气量数据不对应，则判断所述第一属性为额外加气水体。

⑤根据第一含气量监测数据进行计算得到水体需求值的水体，根据第一属性对所述初步水量进行修正得到第一水量。

（6）根据所有的第一 pH 值监测数据、第一含水量监测数据进行计算生成初步水量，具体内容包括以下几点。

①分别获取第一 pH 值监测数据、第一含水量监测数据的 pH 值数量和含水量数量，以及每一个第一 pH 值监测数据、第一含水量监测数据分别与预设 pH 值数据、预设水量数据的差值得到 pH 值差值、水量差值。

②根据所有 pH 值数量、含水量数量进行计算得到对预设水体量值的第一偏移值，根据所有 pH 值差值、水量差值进行计算得到对预设水体量值的第二偏移值。

③根据所述第一偏移值和第二偏移值对预设水体量值进行偏移计算处理生成初步水量。

（7）在根据所述第一含气量监测数据进行计算得到水体需求值的水体，根据所述第一属性对所述初步水量进行修正得到第一水量，具体内容包括以下几点。

①获取第一含气量监测数据的含气量数量，以及每一个第一含气量监测数据与预设含气量数据的差值得到含气量差值。

②基于所述含气量数量和含气量差值生成气量需求值以及水体需求值。

③若水体需求值大于所述初步水量，则将所述水体需求值所对应的水量作为第一水量。

④若水体需求值小于所述初步水量，则将所述初步水量所对应的水量作为第一水量。

（8）在将第一水量的第一属性的水体通过所述滴灌总管道和滴灌子管道引流至相应的待滴灌区域，具体内容包括以下几点。

①控制滴灌系统内的加气设备对第一水量的水体进行加气处理。

②将加气处理后的第一水量的水体通过所述滴灌总管道和滴灌子管道引流至相应的待滴灌区域。

③若所述第一含气量监测数据与预设气量数据对应，则判断所述第一属性为非额外加气水体。

④将所述初步水量所对应的水量作为第一水量。

2）基于传感器感知技术的智能排碱层结构研发第二方面

基于传感器感知技术的智能排碱层系统，通过以下模块对所述智能排碱层结构的滴灌总管道和滴灌子管道进行引流控制，具体包括以下内容。

（1）获取模块。用于预先在监测区域内的排碱层处设置多个感知节点，每个感知节点用于获取相应排碱层的 pH 值监测数据、含水量监测数据以及含气量监测数据中的至少一个。

（2）确定模块。用于若某一个感知节点判断其 pH 值监测数据、含水量监测数据以及含气量监测数据中任意一个不满足预设要求，则根据每个感知节点的监测数据确定簇首节点。

（3）生成模块。用于使簇首节点接收待滴灌区域内每个感知节点所发送的监测数据后生成总监测数据，将所述总监测数据发送至相对应的滴灌控制端，滴灌控制端基于所述监测数据生成相对应的待滴灌区域。

（4）制作模块。用于使滴灌控制端基于所述待滴灌区域的位置信息确定滴灌系统中相应的滴灌总管道和滴灌子管道，根据所述总监测数据控制滴灌系统进行滴灌水体制作得到第一水量的水体需求值的水体。

（5）引流模块。用于将第一水量的第一属性的水体通过所述滴灌总管道和滴灌子管道引流至相应的待滴灌区域。

3）基于传感器感知技术的智能排碱层结构研发第三方面

基于传感器感知技术的智能排碱层结构研发第三方面提供一种存储介质且存储有计算机程序，计算机程序被处理器执行时用于实现第一方面及第一方面各种可能设计的所述方法。

基于传感器感知技术的智能排碱层结构研发第三方面能够在监测区域内预先配置多个感知节点，实现对监测区域内的多个监测点进行监测，并且在 pH 值监测数据、含水量监测数据以及含气量监测数据中的任意一个出现问题时，会根据不同的感知节点的监测数据确定相应的簇首节点，并且结合监测数据中不同的数据量值确定待滴灌区域，使得本研发能够根据数据的不同，自动的确定相应范围的待滴灌区域，以及自动的确定水体的属性的不同，实现具有针对性的土壤治理，实现基于人工智能方式的、自动化的土壤盐碱改良，并且调控土壤气体环境、改善植物根系以及土壤微生物呼吸。

关于技术方案，主要有以下几方面内容。

①在确定待滴灌区域时，会结合第一土壤状况信息和第二土壤状况信息的数量值对预设滴灌半径进行调整得到待滴灌半径，在得到待滴灌半径时所考虑的信息维度较多，使所得到的待滴灌半径能够以最差的土壤位置为圆心进行滴灌，最大化的改善相应位置处的土壤情况。

②会根据第一 pH 值监测数据、第一含水量监测数据以及第一含气量监测数据制作不同属性的水体，并且根据第一 pH 值监测数据、第一含水量监测数据以及第一含气量监测数据选择不同计算量值的水体作为第一水量，使所得到的第一水量既能够满足改善土壤 pH 值和湿度的要求，又能够改善土壤含气量的要求，保障本发明提供的技术方案在每一次滴灌的过程中，都能够全方位、多方面的实现土壤的自动改良。

6.2.2 基于人工智能的盐碱土壤理化特性多尺度感知技术

1）土壤信息感知传感器

将土壤信息感知传感器铺设在智能排碱层结构当中，感知土壤的 pH 值、含水量、含气量、孔隙度、有机物组分、无机物组分及有害侵蚀性离子等信息。土壤电导率受到离子浓度、黏土含量、矿物质含量、容重、温度的影响。因此为了更准确地测量电导率，监测终端主要包括四个传感器：温度传感器、pH 值传感器、电导率传感器和含水率传感器。传感器终端与下位机之间采用柔性连接。

（1）温度传感器

目前温度传感器的电导率仪器都显示的是 25℃时的电导率。电导率在温度每升高 1℃

时，电导率大概增加 1.9%。为了能够更好地修正电导率变化，当温度变化超过 10℃，就必须考虑温度对电导率的影响，将其统一至 25℃时候的电导率。

（2）pH 值传感器

由于盐渍土在脱盐过程中有发生碱化的潜在危险，因而在设计监测系统时增加 pH 监测探头。pH 值传感器采用梅特勒—托利多 pH 值探头，每隔 5min 自动储存测量数据，且具有记录操作使用情况和报警功能，能够对电极标定进行记录且进行将温度换算成 25℃。

（3）含水率传感器

土壤的含水率能够影响土壤电导率，当含盐量小于 10g/kg 时，影响尤为明显。土壤含水率传感器是一款基于频域反射原理，利用高频电子技术制造而成的高精度、高灵敏度测量土壤水分的传感器。通过测量土壤的介电常数，能直接稳定地反映各种土壤的真实水分含量。土壤含水率传感器可测量土壤水分的体积百分比，是目前国际上最流行的土壤水分测量方法。探针的具体参数为：长度 53mm，直径 3mm，其与下位机的连接采用柔性电缆连接，电缆长度为 2.4m。

（4）电导率传感器

土壤的电导率传感器采用四针测量原理，外面两针为信号产生针，里面两针为信号测量针，测量信号频率为 300Hz。通过测量土壤的交变电流和电压，可计算土壤的电导率。本次分析使用的电导率传感器体积小巧（长×宽×厚＝86mm×52mm×22mm）。其探针的长度为 23mm、直径为 2mm，采用不锈钢材质。探针以 ABS 工程塑料封装，以环氧树脂密封，防止腐蚀，与下位机的连接采用柔性电缆连接，电缆长度 2.4m，能够满足盐渍土监测的一般深度要求。电导率传感器使用简单、测量精度高、响应速度快；具有良好的密封性，可直接埋入土壤或液体中使用，且不受腐蚀；受土质影响较小，应用地区广泛。

2）盐碱土壤理化特性多尺度感知系统

目前，各种监测方法技术尽管相对成熟，但是多为定期取样或者监测，缺少一种能够智能、远程、原位监测土壤各项参数的监测平台。为解决上述问题，本次分析基于物联网技术设计土壤理化特性多尺度感知系统，通过在各个监测点布设土壤信息感知传感器终端，利用测量终端进行土壤性质的原位检测，然后通过无线网络发送至远程的监控中心，进行测量数据的存储、处理并发布，从而为监测区域内土壤性质的现状评价和变化趋势的分析预警提供硬件方面的技术支持。

（1）系统设计

盐碱土壤理化特性多尺度感知系统的总体结构包括传感器、下位机和上位机三部分。传感器和下位机采用柔性有线连接，上位机和下位机采用物联网连接。监测人员通过上位机可以对原位系统发出指令（监测起始时间、监测频率等），终端按照指令能够同步采集监测点随时间的变化而变化的温度、电导率和含水率数据。监测数据在下位机进行自动存储的同时将数据远程发送到上位机，监测人员进行发布、存储、查询和管理，从而实现盐渍土的多参数、原位动态监测。

（2）试验结果

将传感器的研制与系统的研发成果运用到实验区域中，测试一段时间的土壤浅层地下水位深度、pH 值、EC（Electrical Conductivity，导电率）、离子含量等影响土壤水盐运动的重要指标，并获取相应试验结果。

6.3 盐碱土壤耦合治理技术

6.3.1 盐碱土壤土壤理化特征时空机制分析技术

盐碱土壤土壤理化特征时空机制分析技术在采集土壤数据的基础上,完成了土壤理化特征时空机制分析。土壤理化特征包括含盐量、N(氮)含量、P(磷)含量、K(钾)含量、有机质含量等。含盐量和有机质含量与时空分别存在指数和线性相关关系,并可通过最小二乘拟合法确定其时空模型,在此基础上进行外推分析。采用土壤含盐量作为盐碱土壤判断和分类的主要指标,并通过 pH 值进行辅助校验。开展仿真实验验证土壤理化特性监测和预警算法的有效性,结合历史数据可得到预警阈值、绘制预警线。

1)土壤理化特征空间性质

基于感知设备和实地采集,获取土壤的理化特征,建立从防海大堤直到内陆的盐碱土壤理化特征信息库。试验区域面积为 15km×1km,以 100m×1000m 为单位区域,共 150 个区域,由靠近海域向内陆延伸,每区域内随机抽取三个采样点,并分别对 0~30cm 深度的土样均匀采集三次。利用传感器获取每个采样点的 pH 值、导电率和含盐量。通过人工辅助采样的方式获取 N、P、K 及有机质含量,取平均值作为该区域的土壤理化特征。

沿海岸方向土壤同质性较强,下文只对垂直于海岸方向的土壤进行分析。

试验区块 1~150 分别由靠近海岸的区域深入内陆,分析可知土壤 pH 值不存在明显的规律性,大体在 8.15 左右浮动,与实验区域整体的土质和海水相关;土壤含盐量与距海岸距离存在较强的负相关关系,即距离海岸越远,含盐量越低;N、P、K 含量也不存在显著的规律性,分别在 11mg/L、5mg/L、70mg/L 附近浮动;土壤有机质含量与距海岸距离存在较强的正相关关系,即距离海岸越远,有机质含量越高。

对空间规律性强的理化特征,即含盐量和有机质含量进行曲线拟合,结合理论实际进行微调,得到合理的拟合曲线,以描述其空间特征。

对于含盐量,其近海岸区域的空间特征为指数特征,依据最小二乘法拟合曲线。相关拟合曲线与拟合残差图如图 6.1 和图 6.2 所示。

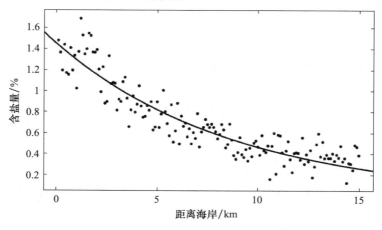

图 6.1　土壤理化特性-含盐量拟合曲线

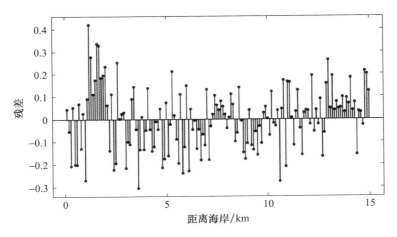

图 6.2　含盐量曲线拟合残差

拟合曲线的拟合残差值为 0.1369，相关性系数 $R^2 = 0.85163$。

对于有机质，其近海岸区域的空间特征为线性特征，依据最小二乘法拟合曲线，相关拟合曲线与拟合残差图如图 6.3 和图 6.4 所示。

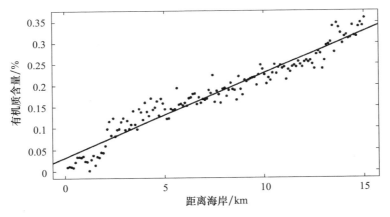

图 6.3　土壤理化特性-有机质拟合曲线

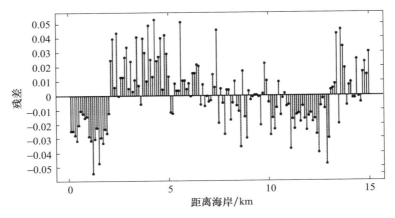

图 6.4　有机质曲线拟合残差

拟合曲线拟合残差值为 0.0222，相关性系数 $R^2 = 0.93760$。

2）土壤理化特征时序变化

由于试验时间跨度较短，试验期间土壤各个理化特征变化幅度不大，因此通过调阅文献的方式补充相关导电率和含盐量的时序变化特征，依据文献采样地与试验采样地的关系，按线性拟合方式将导电率换算至距海岸 12km 处区域的导电率，由此可得 12km 处含盐量时序变化图，如图 6.5 所示，各点估计含水量标准差为 0.0529%。

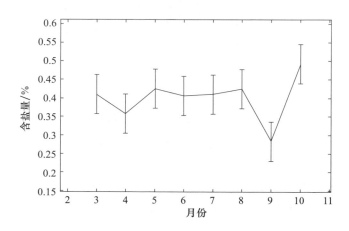

图 6.5　土壤理化特性——至距海岸 12km 处区域含盐量时序变化

土壤含盐量时序变化不显著，在全年大部分月份含盐量保持相对稳定，仅在 10 月左右有大波动。

3）盐碱土壤判别和分类

盐碱土壤分类指标具有多种定义，下文主要采用含盐量指标进行盐碱土壤判别和分级，并以 pH 值进行辅助校验。

不同含盐量和 pH 值下的盐碱土壤类别主要有以下几种。

①非盐碱土壤：含盐量<0.1%。

②轻度盐碱土壤：含盐量 0.1%~0.3%，pH 值为 7.1~8.5。

③中度盐碱土壤：含盐量 0.3%~0.6%，pH 值为 8.5~9.5。

④重度盐碱土壤：含盐量>0.6%，pH 值>9.5。

依据土壤含盐量时空变化特征，对盐碱土壤进行判别和分类：离海岸区域 0~7.8km 范围内均为重度盐碱土壤，距离海岸区域 7.8~13.9km 范围内为中度盐碱土壤，距离海岸区域 13.9~23.6km 范围内为轻度盐碱土壤，而距离海岸区域超过 23.6km，则可认为该土壤尚未被盐碱化。

4）盐碱土壤预警机制

根据前述部分分析得到的土壤含盐量时空特征，可基于监测设备实现实时盐碱土壤监测与预警。采用仿真实验方法模拟土壤含盐量时空曲面，并进行检测预警模拟。如图 6.6 所示，实验根据实测数据仿真了 3 至 10 月份距离海岸区域 0~30km 的土壤含盐量时空曲面，并按照盐碱土壤分级可划分重度、中度和轻度区域。

根据阈值投影即可得到土壤时空预警边界线，如图 6.7 所示。

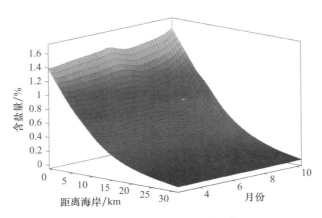

图 6.6　土壤含盐量时空模拟曲面

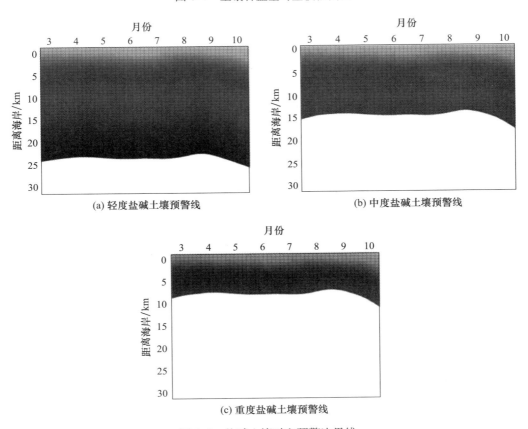

图 6.7　盐碱土壤时空预警边界线

6.3.2　物理、化学及生物盐碱土壤治理分析技术

1) 盐碱土壤物理滴灌治理

盐碱土壤物理滴灌主要指采用微咸水或淡水滴灌进行洗盐，降低原先土壤含盐量，达到治理盐碱土壤的目的。针对采用不同盐碱土壤情况采用不同的滴灌方案可以达到不同的效果。滴灌脱盐的过程如式（6.1）所示。

$$F(x) = a / \{1 + \exp[-k(x - x_c)]\} \tag{6.1}$$

式中：x——灌水量，mm；

$F(x)$——脱盐率，%；

x_c、a、k——系数。

经过调研分析主要有以下物理治理方案，可见物理滴灌方案几乎适用于所有含盐量和pH 值的盐碱土壤，属于通用型方案，改良效果起效快且降盐率也十分可观，但需要铺设滴灌管道并且安装相应设备，一定程度上提高了该方法的成本。

2）盐碱土壤化学植物改良

盐碱土壤化学植物改良主要指筛选和培育耐盐碱的植物，改变土壤性质，以缓解土壤盐碱化。由于植物改良的特殊性，往往需要 1～3 年的种植才能实现有效治理。在较短的年限内（如在 3 年内），盐碱土壤化学植物改良的过程如式（6.2）所示。

$$F(x) = ax \tag{6.2}$$

式中：x——为种植月份数；

$F(x)$——除盐率；

a——系数。

不同的植物具有不同的盐碱土壤含盐量适应性，因此选择时需格外注意植物的耐受性。

3）盐碱土壤微生物改良研究

盐碱土壤微生物改良主要通过播撒微生物肥料，将微生物融入盐碱土壤中，依赖微生物的特性对盐碱土壤地进行改良，降低土壤含盐量。微生物改良需要预先培育和筛选，使用时多需要耦合使用或配合植物改良同时使用，而且需要肥料辅助，成本相对较高、程序更加复杂。

采用微生物改良盐碱土壤的方案基本采用了以下四种菌群：巨大芽孢杆菌、枯草芽孢杆菌、假单胞菌属和酵母菌，含盐量耐受度为 0～1%。通过生物分析和筛选可以确定上述四类菌群的最佳配置比例为 2：2：1：1，研究分析了该微生物改良方案在适当施肥条件下的短期（小于 6 个月）除盐率曲线，如式（6.3）所示。

$$F(x) = 0.1326x \tag{6.3}$$

式中：x——施肥月份数；

$F(x)$——除盐率。

该方案典型的施用时间约 5 个月，可达到 62.1% 的除盐率。

从结果上看，盐碱土壤物理治理见效快、效果好，但设备成本相对高，且一般需要维持约 300mm 的滴灌水量才能达到较好的除盐效果；植物改良方法周期很长，需要 2 年左右才能达到较好的除盐效果；微生物改良法较为复杂，且培育和施用的成本相对也较高，一般需要施用 5 个月左右才能达到较好的除盐效果。三类方法有各自的优势和劣势，均需要结合实际情况判断施用策略。

6.4 盐碱土壤改良措施与效益分析

6.4.1 物理性改良措施与效益分析

物理性改良措施主要包括排水、冲洗、松土和施肥、铺沙压碱和水利工程改良。

1）排水

排水措施主要有开沟排水、井灌井排和暗管排水（盐）等。

（1）开沟排水的作用主要在盐碱较重地段，利用地势的落差，排水沟深度应在 1.5m 以上，有利于土壤脱盐和防止返盐。开沟排水，可直接从土壤和地下水中排出淋洗出的盐分；把盐碱化地段的地下水位控制在不再继续盐碱化的深度，消除使土壤重新盐渍化的潜在威胁；防止土壤沼泽化，调节土壤的水、肥、气、热状态，增进地力，为植被恢复创造条件，防止次生盐渍化。

（2）井灌井排主要是利用水泵从机井内抽吸地下水，以灌溉洗盐。井灌井排措施适用于有丰富的低矿化地下水源地区，主要是通过提取潜层地下水来降低和调控盐碱化地区的地下水位。在盐碱化地段按一定要求打潜井，大量提取潜层地下水，使地下水位下降（控制在当地盐碱化的临界深度以下），就能有效地防止返盐。

（3）暗管排水（盐）是将瓦管、水泥管、塑料管铺成地下管道排水系统。与明沟排水相比，暗管排水的优点是可提高土地的利用率，减轻施工土方量，坚固耐用，减少维修量。但是暗管排水的投资大、费用高。采取暗管排水最重要的是确定暗管的间距、深度、坡度，从而将土壤中的水盐通过暗管排出，实现浅层地表脱盐和深土层盐分阻断，降低土壤中盐分的含量。

2）冲洗

冲洗就是用灌溉水把盐分淋洗到底土层，或以水携带盐分排出，淡化土层和地下水，为植物生长创造必要条件。冲洗必须具有淡水来源和完善的排水系统两个条件。冲洗只能降低土层的盐分，达到植物正常生长许可的盐分浓度要求。冲洗脱盐土层厚度主要依据植物根系活动的深度来确定，土壤允许含盐量主要依据植物正常生长耐盐碱能力来确定。

冲洗需要根据土壤的理化性质，确定每亩用水量、灌溉频度等，将土壤表层的盐冲洗到土壤深层或者随水排出田地。需要注意的是要保证灌溉用水的需求，如果灌溉频度不够，就会出现地下盐分伴随水分的蒸发向上移动，形成盐分在土壤表层的集结，造成土壤盐渍化等。

3）松土和施肥

松土和施肥也是改良盐碱土壤的有效方法。盐碱地经过深松重耙，可以疏松表层土壤，切断毛细管，减少蒸发量，提高土壤透水保水性能，加速土壤淋盐和防止返盐。翻耙松土可以促进土壤风化和熟化，有利于植物根系的生长发育。雨量大部分集中在夏季，如果在秋末将表土层耕松，改变土壤的结构，增加空隙度，在雨季来临时可将盐分淋洗到土壤底层，防止土壤返盐。松土和施肥已被证明，是一项行之有效的盐碱地改良措施。

大部分盐渍化土壤有机质含量低、矿质养分不均衡、微量元素缺乏，从而导致农作物营养缺乏。

（1）坚持以有机肥为主。给盐碱地增施有机肥料，能增加土壤中有机质含量，使农作物在整个生育过程中得到全面营养，提高土壤保肥能力和对酸碱及有害离子的缓冲能力，降低土壤中盐分含量与 pH 值，减轻盐碱对农作物的危害。一般每亩盐碱地应施有机肥 $3\sim4m^3$，并要坚持每年秸秆还田。在有机肥料不足的情况下，种植绿肥是解决脱盐问题的重要途径。

（2）合理选用化肥种类。化肥大多数是盐类，有酸性、碱性、中性肥之分，酸性、中性化肥可以在盐碱地施用，而碱性肥料则应避免在盐碱地施用。尿素、碳酸氢铵、硝酸铵等在土壤中不残留任何杂质，不会增加土壤中的盐分和碱性，适宜在盐碱地施用。硫酸铵是生理酸性肥料，铵被作物吸收后，残留的硫酸离子可以降低盐碱地的碱性，也适宜施用。草木灰等碱性肥料，就不适宜在盐碱地施用。钙镁磷肥是碱性肥料，对盐碱地不仅没有效果，而且会导致土壤碱性加重。

（3）注意配合施用有机肥料，这样既可以补充多种营养，又有利于降低土壤溶液浓度。施肥要注意多次少量施用，以免土壤溶液浓度骤然过高，影响作物的吸收和生长。盐碱地地温低，微生物活动减弱，有效磷释放少，常表现缺磷，增施磷肥可以显著增产，施肥方法是"底肥深施"。

（4）适量使用一些微生物菌肥，再配合有机肥的施用，就能够增加有机肥的降解速度，改良土壤的团粒结构，吸收过多的盐分，降低盐碱对作物的影响。同时，微生物菌群的部分代谢产物会刺激植物的根系生长。

4）铺沙压碱

在长期治碱过程中，人民群众总结出了"沙压碱，赛金钵"的成功经验。沙掺入盐碱地后，改变了土壤结构，促进了团粒结构形成，使土壤通透性增强，盐碱土壤水盐运动规律发生改变。在雨水的作用下，盐分从表层土淋溶到深层土中，由于团粒结构增强，保水、贮水能力增大，减少了蒸发，从而抑制深层的盐分向上运动，使表土层的碱化度降低，起到了压碱的作用。

5）水利工程改良

地下暗管排盐是目前采用比较多的一种方法，根据"盐随水来，盐随水去，盐随水排，水散盐留"的原理，使土壤中的盐分随水排走，并将地下水位控制在临界深度以下，达到土壤脱盐和防止次生盐渍化的目的。生产实践证明，暗管排盐是防治土壤盐碱化的最有效措施。暗管的选材主要为波纹塑料管，外包材料则多选择土工织物。暗管管径大小，应在自由流的状态下满足设计流量，即考虑片区内的灌溉水量、汛期排涝、土壤特性（给水度、渗透系数、土壤粒径等）、地下水埋深、排水历时、暗管长度、暗管间距、管道比降等因素后确定。在地表至地下 2.5m 的范围内安装微型传感器探头，随时监测该区域的地温、pH 值、盐度、碱度、氮、磷、钾、重金属、有机质状态、土壤孔隙度及含水量等相关土壤理化信息。将获取的信息即时传送至大数据中心，通过 AI（Artificial Intelligence，人工智能）和远程专家数字化诊断控制的方式，实现水土肥药循环和植物生长过程的智能化控制。各个环节自动控制，实现按期、自动、定量灌水，及时自动化排出含盐水，并通过水肥一体化系统定时、定量、均匀施肥。

（1）暗管排盐系统

暗管排盐系统主要包括勘察设计、灌排配套、暗管敷设、激光精平、"深松破结"、维护管理六个环节，形成一个整体工程。

①勘察设计。在实施土壤改良工程之前，首先要对计划施工的盐碱地或中低产田进行区块勘察。如对地形、地貌、河流、水系、道路、水库、地面设施、建筑物等进行勘察测绘，该区块土壤调查土层结构、土壤渗透系数、土壤含盐量及 pH 值、电导率、其他矿物质含量指标等，设计排灌设施的布局、暗管敷设的走向、间隔与埋深，其他配套工程的技术方案等，并全面论证和确认整体工程设计的合理性与可行性。

②灌排配套。对项目区域符合暗管改土工程整体设计需要的灌排系统进行配套建设，如灌溉淡水的来源地工程和水渠、水库建设，挖建排涝渠道和修建灌排泵站，田间道路的规划与整治等，形成暗管改土的框架设施并与项目区外的系统合理衔接。

③暗管敷设。地下暗管采用带孔的波纹管，一般管径为 $80\sim110\mathrm{mm}$。地下管每隔 $300\mathrm{m}$ 左右要建一个观察井，以便暗管维护。暗管埋深是按地下水位和土壤结构特征确定的，一般为 $0.8\sim2.5\mathrm{m}$。暗管不仅能够接收和排出从上部淋洗土壤下渗的高含盐水，而且能接受和排出矿化度极高的地下水，避免毛细作用上升而造成土壤返盐。暗管兼具排盐和排涝功能。一般在干旱少雨地区要铺设一级渗水管和二级集水管。渗水管的功能是接受盐碱水，集水管的功能是将渗水管内的矿化水集中起来，用水泵抽出或引入深沟排出。

④激光精平。激光精平就是在铺设暗管后形成的条田中，按预先测绘的地面高程确定平整基点，采用大功率整平机械，在 GPS 和激光制导下将条田整平，千米内高程差可达到 $5\mathrm{cm}$ 左右，为以后的节水灌溉、快速排涝和种植管理工作打下良好基础。

⑤"深松破结"。土层中常常兼有黏土层和板结层（俗称铁板砂）。这类土层渗透性极低，影响土壤的淋洗脱盐和作物生长。用大功率机械拖带专用深松犁齿，可将 $60\mathrm{cm}$ 以上土层深松，增加土壤的透气、透水性能，有利于增强洗盐和作物生长效果。

⑥维护管理。暗管埋下后，经过 $8\sim10$ 年的使用，难免会有粉砂进入。如果暗管出现流水不畅情况，可用清洗机的高压水流清洗整条暗管，将管内或观察井内的积砂冲出，保证其正常发挥排水功能。

（2）农田管道排灌技术

农田暗管排灌技术遵循"盐随水来、盐随水去"的水盐运动规律，将充分溶解了土壤盐分的地下水通过管道排走，达到有效降低土壤含盐量的目的。具体施工程序，是利用专业大型成套机械设备在一定土壤深度埋置有滤水微孔的暗管，实现开沟、埋管、裹砂、敷土等施工过程一次完成，形成暗管排水系统。通过上层管道进行农田灌溉和土壤淋洗，将溶解了土壤盐分的水通过地下管网排走，从而起到控制农田地下水位，实现土壤快速脱盐，改善土壤理化性状的目的。

（3）膜下滴灌技术

膜下滴灌是一项重要的节水控盐技术，打破了长期以来采用修建排水系统改良盐碱地的传统思路，避免了利用排水系统洗盐、压盐所带来的一系列问题。膜下滴灌的优点：①不需要修建排水系统而占用大量耕地，提高了土地利用率；②不存在坍塌问题，节省了大量的人力、物力和财力，减少了工程投资；③不需要大的灌溉定额冲洗改良盐碱地，大大节省了水源；④无排水问题，防止了环境污染；⑤滴灌系统比其他灌溉方式更便于维修与管理。

6）物理性改良效益

从以上物理性改良措施可以看出，相比其他土壤改良措施物理性改良措施显得十分"简单粗暴"，虽然可以有效改善土壤盐碱化，但工程量大且会对环境造成新的危害。

6.4.2　化学性改良措施与效益分析

化学性改良措施主要包括增加石膏改良剂、酸性改良剂和铝离子改良剂。

1）石膏改良剂

石膏改良剂主要包括天然石膏、磷肥生产过程中产生的废弃物磷石膏、燃烧煤烟气脱硫废弃物形成的脱硫石膏等。

（1）石膏的改良效果

碱化土壤经过不同浓度的硫酸钙溶液淋溶，土壤的 pH 值、电导率和饱和水力传导度得到不同程度的降低，并且浓度高的硫酸钙溶液淋溶效果明显。经高、低两种浓度硫酸钙溶液处理，土壤表层 pH 值分别由初始的 9.71 和 9.26 降低为 8.06 和 8.03；电导率分别由 14.49dS/m 和 14.39dS/m 降低到 0.82dS/m 和 1.67dS/m。

（2）对土壤养分平衡的影响

尽管盐碱地的盐基离子丰富，但营养物质含量普遍较低。石膏改良剂的主要成分为硫酸钙，可有效补充土壤中钙、硫离子的不足。磷石膏则含有更多种植物生长所必需的营养元素，如磷、硫、钙、硅等。脱硫石膏富含硫、钙、硅等矿物质营养。石膏改良剂用于改良盐碱土壤，能够促进土壤养分平衡。

（3）石膏改良的机理

利用钙离子的交换性能置换钠离子。钠离子含量高是土壤呈碱性的主要原因。这些钠离子被吸附在土壤胶体表面，散布在土壤颗粒之间的细缝中，极易形成致密、不透水的板结土层。石膏中所含的钙离子可降低土壤中交换性钠离子的含量，降低土壤钠碱化度，增加土壤疏松，增加透水性，提高洗盐速度，达到改良盐碱地的目的。此外，磷石膏可有效降低土壤 pH 值和碱化度。

2）酸性改良剂

（1）酸性改良剂的主要类型

我国用于盐碱地的酸性改良剂主要有硫酸铝和硫黄。松嫩平原盐碱地主要应用铝离子改良剂（硫酸铝），经过多年的研究试验证明，铝离子改良剂对松嫩平原盐碱地改良效果显著。在宁夏银北地区、陕西渭南地区则以硫黄为主要改良材料，硫黄能够有效降低土壤 pH 值，有利于释放各种营养元素，有效降低土壤的钠离子饱和度。硫黄可显著增加土壤微生物数量和种类，效果显著高于石膏。硫离子作为植物生长必需元素，可促进作物生长。虽然施用硫黄增大了土壤电导率，但是增幅不大，对作物生长没有太大影响。石膏降低土壤 pH 值的效果显著，但在活化离子和促进作物生长方面，硫黄的效果更好。

（2）其他酸性改良剂

①腐殖酸

腐殖酸是一种天然的大分子有机物，分子中含有含氧的酸性官能团，包括芳香族和脂肪族化合物上的羧基和酚羧基等。腐殖酸有很大的内表面和较强的吸附能力，具有改善土壤理化性质，活化养分，增强土壤保肥、保水的能力。腐殖酸具有络合作用，可与钠、钾离子形成稳定络合物，交换出土壤胶体上的钠、钾离子，使土壤总体碱化度相应降低，改善土壤物理性质。与腐殖酸有类似作用的物质有泥炭。泥炭可使土壤 pH 值降低，含盐量下降，碱化度降低，土壤容重变小，有机质显著增加。

②糠醛渣

糠醛渣是用玉米芯制作糠醛后的废料，含有 5％游离酸、0.5％～0.6％氮、0.12％～0.15％氧化磷；0.15％氧化钾，30％～60％腐殖酸和大量有机质。糠醛渣是一种强酸性物质，pH 值为 1.8～2.0，可以游离酸和碱土中的碱，降低土壤的 pH 值，增强土壤的渗透性能，提高碱化土的有效养分含量，增加土壤的生物活性。

3）铝离子改良剂

铝离子改良剂可降低土壤 pH 值，调节土壤可溶性盐组成，减少碳酸根离子和碳酸氢根离子，而提高钙离子、镁离子、钾离子、钠离子的含量。其中，钙、镁离子含量的提高是因改良剂促进了碱土金属离子碳酸盐溶解，而钾离子、钠离子含量的提高则是因为钙离子、镁离子对钠离子、钙离子的交换作用引起的。铝离子改良剂对土壤微团聚体组成具有显著的改良作用，土壤<0.001mm 和 0.001～0.005mm 的微团聚体数量显著减少，而 0.005～0.25mm 微团聚体逐渐增加。铝离子改良剂可显著降低土壤容重和增大土壤膨胀性、孔隙度。

苏打盐碱地中添加铝离子以后，由于铝离子的水解作用，产生了大量的氢离子。氢离子既可以中和土壤溶液中的氢氧根离子，降低土壤溶液 pH 值；又促进了碳酸盐溶液溶解，使溶液中钙、镁离子数量增加，钙、镁离子与土壤胶体上吸附的钠离子发生交换作用，使钠离子进入土壤溶液，从而降低土壤的碱化度。

铝离子的聚合水解反应物，可促进土壤胶体发生凝聚，改善土壤微团聚体和胶散复合体组成，使土壤容重下降，孔隙度增加，通透性增强，土壤的总体物理性质得到改善

4）化学性改良效益

化学性改良措施能快速、有效改善土壤盐碱化现状，但可能会出现次生盐渍化问题，造成环境污染，加剧土壤盐碱化，且化学制剂投资成本相对较高。

6.4.3　生物性改良措施与效益分析

生物修复是一种较新的、经济有效的盐碱地改良方法，主要包括植物修复和微生物修复两类。

1）植物修复

植物修复主要通过种植耐盐作物对钙质盐渍土进行改良。利用传统的杂交技术和遗传基因工程技术培育抗盐新品种、转抗盐基因的植物，挖掘耐盐生物种质资源潜力，拓宽遗传基础。利用遗传基因工程手段提高农作物的抗盐性，已经成为开发利用盐渍土壤的重要课题。

（1）植树造林

在盐碱地上植树造林的关键是树种的选择，包括树种的耐盐能力和抗盐碱上限指标。抗中盐碱树种有新疆杨、白皮柳、白榆、紫穗槐。红柳可作为重盐碱地造林的先锋树种。被誉为盐碱地上"王牌树"的胡杨，在盐碱地上开沟洗碱后，造林成活率很高。

（2）耐盐作物的开发利用

美国、埃及、匈牙利、巴基斯坦、印度、俄罗斯及澳大利亚等国家在植物耐盐性研究方面做了大量工作，如通过对不同作物种类或品种耐盐性的比较研究，分析其耐盐性差异的生理机制；利用组织培养、分子遗传学方法对植物耐盐机理进行深入研究。耐盐植物能利用一般植物所不适应的土壤和水，扩大盐渍土和水的利用范围。

长期生物改良新疆盐碱地的田间试验结果表明，种植耐盐冬小麦套播草木樨脱盐效果最好，经过一年，1m 土层平均盐分由 1.989％降到 0.282％，脱盐率达 85.82％；植耐盐牧草套播草木樨、苜蓿，经过三年，每米土层平均盐分由 1.340％降到 0.524％，脱盐率 60.90％；密植枸杞四年后，每米土层平均盐分由 2.363％降到 0.800％，脱盐率为 66.14％。

耐盐碱作物还有四翅滨藜和甜高粱。四翅滨藜又称灰毛滨藜，世界各大洲均有分布，属藜科滨藜属，广泛用于牧场改良、防风固沙、盐碱地改良，是一种耐干旱、干冷、高寒，可以防风固沙、改造盐碱、改良牧场的饲料灌木。四翅滨藜可在土壤含盐量 5～15g/kg、pH 值为 8～9.5 的盐碱地上生长。据相关研究，每公顷四翅滨藜一年能从土壤中吸收 2t 以上的

盐分，对盐渍化土壤具有明显的改良作用。被称为"生物脱盐器"的甜高粱为普通粒用高粱的一个变种，具有生长快、产量高、适应性强（耐旱、耐涝、耐盐碱、耐瘠薄）等诸多优点，在pH值为5.0～8.5的土壤中均可生长，适于在盐碱地、涝洼地广泛栽培。

（3）野生盐生植物种质资源的开发利用

我国盐渍土区分布有丰富的野生盐生植物种质资源，如黄须菜、盐蒿、盐蓬、盐穗木、海蓬子、柽柳、骆驼刺等数百种植物，但相关研究还很少

2）微生物修复

微生物修复主要是指从盐碱地植物根系的固氮菌群中，筛选耐盐碱的联合固氮菌；或采用遗传基因工程和分子生物学手段，将耐盐基因转移到固氮菌中，分离出的联合固氮菌作为菌肥施加到土壤中，以促进植物生长，达到改良盐碱土的目的。这方面的研究，尤其是重度盐化土中微生物方向的研究资料很少。

（1）盐碱土壤微生物种类

土壤微生物是生态系统的重要组分，是评价土壤质量变化最敏感的指标。因此，研究土壤中细菌的群落特征，分析细菌多样性，能对盐碱土壤的改良提供参考。对于农田、森林、草原土壤的微生物特征，国内外学者都曾进行过大量研究。然而多局限于对盐碱土壤研究理化性质的测定分析，对盐碱土壤中的微生物数量、种群结构、优势菌系、盐害与土壤微生物活动之间的生态关系等研究较少，这已成为盐碱地改良和综合开发利用的知识盲点。

以盐碱土壤为研究对象，测定分析土壤微生物的数量特征及其与盐害程度之间的关系，并从中选择分离鉴定出盐渍土中的特有菌种，对于研究该环境微生物的种类、起源和进化，了解生物对抗环境因子的适应机理，分析存在于该环境下的优势菌群，具有重要的指导意义。早在20世纪60年代，国外学者就开始对土壤中微生物进行了研究，相关研究结果表明，细菌数量占绝对优势，放线菌和真菌所占比例相对较小。近年来，我国相继开展的关于盐碱土壤微生物的研究发现，盐碱土壤中微生物的分布也大多符合这一规律。

（2）开发新嗜盐菌种资源

开发新嗜盐菌种资源，对于深入揭示嗜盐微生物的耐盐机制，发现新耐盐相关基因，以及改造作物、改良利用盐碱地等方面具有重要意义。嗜碱微生物是在pH值很高的条件下才能生存，自身具有抵抗碱性条件的活性物质，如嗜碱菌的碱性酶和碱性基因。嗜碱菌应用于洗涤、纺织、造纸、制革、污水处理、农作物抗性育种、基因工程等领域，是一类具有潜在开发价值的微生物。随着嗜盐微生物资源的不断增加，会有越来越多的嗜盐微生物基因组被测序，丰富的基因组信息资源可被获取，这对于深入揭示嗜盐微生物耐盐的分子机制，发现新的耐盐基因，以及构建耐盐菌株和作物，进而充分开发和利用盐碱地具有重要意义。

（3）微生物肥料

盐碱土壤改良有客土法、灌水洗盐法等物理修复方法，农业植物改良和施用化学改良剂等化学修复方法。这些方法虽然在一定时期和程度上能起到改良土壤，促进植物生长发育的效果，但处理成本高，容易造成二次污染，不利于在较大范围的盐渍区应用。因此，科学家们开始重视微生物肥料改良盐碱土壤的研究，并不断探索和寻找适合盐渍土改良利用的菌肥品种。但在现实生产中，由于对微生物肥料的认识有限，在盐碱土壤改良中常用传统的化肥和复合肥等，新型的微生物肥料没有得到大面积推广和应用。

中国科学院院士、华中农业大学教授陈华癸对微生物肥料的定义为，微生物肥料是指一

类含有活微生物的特定制品，应用于农业生产中，作物能够获得特定的肥料效应，制品中活微生物起关键作用。它是可以提供一种或多种微生物群落的生物制剂总称，在施用后可以促进植物生长和土壤性状改良。耐盐菌属的分离和发现，为盐碱土壤专用微生物肥料的研发提供了理论依据。

3）生物性改良效益

生物性改良措施侧重于利用植物、绿肥、微生物促使生态进行自我恢复。这种改良措施作用效果较慢，但是节省能源，资源工程量小，改良效果较为持久，既不会造成环境的二次污染，又有一定的经济价值和生态价值，因此相对于其他改良方法有更好的应用前景。

第7章 市政工程项目进度管理

7.1 市政工程项目进度管理概述

项目进度管理是根据工程项目的进度目标，编制经济合理的进度计划，并据以检查工程项目进度计划的执行情况，若发现实际执行情况与计划进度不一致，就及时分析原因，并采取必要的措施对原工程进度计划进行调整或修正的过程。工程项目进度管理的目的就是为了实现最优工期，多快好省地完成任务。

项目进度管理是一个动态、循环、复杂的过程，也是一项效益显著的工作。

7.1.1 进度管理的概念和程序

1）进度管理的概念

（1）进度与进度指标

进度通常是指工程项目实施结果的进展情况，在工程项目实施过程中，要消耗时间（工期）、劳动力、材料、成本等才能完成项目的任务，项目实施结果应该以项目任务的完成情况（如工程的数量）来表达。但由于工程项目对象系统（技术系统）的复杂性，常常很难选定一个恰当的、统一的指标来全面反映工程的进度。同时，可能会出现时间和费用与计划都匹配但工程工作量未达到目标的问题，则后期就必须投入更多的时间和费用。

在现代工程项目管理中，人们已赋予进度以综合的含义，即将工程项目任务、工期、成本有机地结合起来，形成一个综合指标，能全面反映项目的实施状况。工程活动包括项目结构图上各个层次的单元，上至整个项目，下至各个具体工作单元（有时直至最低层次网络上的工程活动）。项目进度状况通常是通过各工程活动进度（完成百分比）逐层统计汇总计算得到的。进度指标的确定对进度的表达、计算、控制有很大的影响，通常人们用以下几种量来描述进度。

①持续时间

人们常用的工期与工程的计划工期相比较来描述工程完成程度，但同时应注意区分工期与进度在概念上的不一致性。工程的效率和速度不是一条直线，一般情况下，工程项目开始时工作效率很低、工程速度较低；到工程中期投入最大，工程速度最快；而后期投入又较少。所以，工期进行一半，并不能表示进度达到了一半，在已进行的工期中，有时还存在各种停工、窝工等工程干扰因素，实际效率远低于计划的工作效率。

②工程活动的结果状态数量

这主要针对专门的领域，其生产对象和工程活动都比较简单。如混凝土工程按体积、管道按长度、预制件按数量、土石方按体积或运载量等计算。特别是当项目的任务仅为完成某个分部工程时，以此为指标比较客观地反映实际状况。

③共同适用的某个工程计量单位

由于一个工程有不同的工作单元、子项目，它们有不同性质的工程，必须挑选一个共同的、对所有工作单元都适用的计量单位，最常用的有劳动工时的消耗、成本等。它们有统一性和较好的可比性，即各个工程活动直到整个项目都可用它们作为指标，这样可以统一分析尺度。

（2）进度管理

工程项目进度管理是指根据进度目标的要求，对项目各阶段的工作内容、工作程序、持续时间和衔接关系编制计划，将该计划付诸实施，在实施的过程中，经常检查实际工作是否按计划要求进行，对出现的偏差分析原因，采取补救措施或调整、修改原计划直至工程竣工、交付使用。进度管理的最终目的是确保项目工期目标的实现。

工程项目进度管理是工程项目管理的一项核心管理职能。某些工程项目是在开放的环境中进行的，置身于特殊的法律环境之下，且生产过程中的人员、工具与设备的流动性，产品的单件性等都决定了进度管理的复杂性及动态性，必须加强项目实施过程中的跟踪控制。

进度控制与质量控制、投资控制是工程项目建设中并列的三大目标之一，它们之间有着密切的相互依赖和制约关系。通常，进度加快，需要增加投资，但工程能提前使用就可以提高投资效益；进度加快有可能影响工程质量，而质量控制严格则有可能影响进度，但如因质量的严格控制而不致返工，又会加快进度。因此，项目管理者在实施进度管理工作中，要对三个目标全面、系统地加以考虑，正确处理好进度、质量和投资的关系，提高工程建设的综合效益。特别是对一些投资较大的工程，在采取进度控制措施时，要特别注意其对成本和质量的影响。

2）项目进度管理的程序

工程项目经理部应按照以下程序进行进度管理：

（1）根据施工合同的要求确定施工进度目标，明确计划开工日期、计划总工期和计划竣工日期，确定项目分期分批的开竣工日期。

（2）编制施工进度计划，具体安排实现计划目标的工艺关系、组织关系、搭接关系、起止时间、劳动力计划、材料计划、机械计划及其他保证性计划。分包人负责根据项目施工进度计划编制分包工程施工进度计划。

（3）进行计划交底，落实责任，并向监理工程师提出开工申请报告，按监理工程师开工令确定的日期开工。

（4）实施施工进度计划。项目经理应通过施工部署、组织协调、生产调度和指挥、改善施工程序和方法的决策等，应用技术、经济和管理手段实现有效的进度管理。

项目经理部首先要建立进度实施、控制的科学组织系统和严密的工作制度，然后依据工程项目进度管理目标体系，对施工的全过程进行系统控制。正常情况下，进度实施系统应发挥监测、分析职能并循环运行，即随着施工活动的进行，信息管理系统会不断地将施工实际进度信息，按信息流动程序反馈给进度管理者，经过统计整理，比较分析后，确认进度无偏差，则系统继续运行；一旦发现实际进度与计划进度有偏差，系统将发挥调控职能，分析偏差产生的原因，及对后续施工和总工期的影响。必要时，可对原计划进度做出相应的调整，提出纠正偏差方案和实施技术、经济、合同保证措施，以及取得相关单位支持与配合的协调措施，确认可行后，将调整后的新进度计划输入到进度实施系统，施工活动继续在新的控制下运行。当新的偏差出现后，再重复上述过程，直到施工项目全部完成。进度管理系统也可以处理由于合同变更而需要进行的进度调整。

（5）全部任务完成后，进行进度管理总结并编写进度管理报告。

7.1.2 市政工程项目进度管理的原理

市政工程项目进度管理是以现代科学管理原理作为其理论基础的，主要有动态控制原理、系统控制原理、弹性原理、信息反馈原理和封闭循环原理等。

1）动态控制原理

项目进度管理随着施工活动向前推进，根据各方面的变化情况，应进行适时的动态控制，以保证计划符合变化的情况。同时，这种动态控制又是按照计划、实施、检查、调整组成的循环过程进行控制的。在项目实施过程中，可分别以整个施工项目、单位工程、分部工程或分项工程为对象，建立不同层次的循环控制系统，并使其循环下去。这样每循环一次，其项目管理水平就会提高一步。

2）系统控制原理

该原理认为，市政工程项目施工进度管理本身是一个系统工程，它包括项目施工进度计划系统、项目施工进度实施系统和项目进度管理组织系统。项目经理必须按照系统控制原理，强化其控制全过程。

（1）项目进度计划系统

为做好项目施工进度管理工作，必须根据项目施工进度管理目标要求，制定出项目施工进度计划系统。根据需要，计划系统一般包括：施工项目总进度计划，单位工程进度计划，分部、分项工程进度计划和季、月、旬等作业计划。这些计划的编制对象由大到小，内容由粗到细，将进度管理目标逐层分解，保证了计划控制目标的落实。在执行项目施工进度计划时，应以局部计划保证整体计划，最终达到工程项目进度管理目标。

（2）项目进度实施组织系统

施工项目实施全过程的各专业队伍都是遵照计划规定的目标去努力完成一个个任务的。施工项目经理和有关劳动调配、材料设备、采购运输等各职能部门都按照施工进度规定的要求进行严格管理、落实和完成各自的任务。施工组织各级负责人，从项目经理到施工队长、班组长及其所属全体成员组成了施工项目实施的完整组织系统。

（3）项目进度管理组织系统

为了保证施工项目进度实施，还有一个项目进度的检查控制系统。自公司经理、项目经理，一直到作业班组都设有专门职能部门或人员负责检查汇报，统计整理实际施工进度的资料，并与计划进度比较分析和进行调整。当然不同层次人员负有不同进度管理职责，分工协作，形成一个纵横连接的施工项目控制组织系统。事实上有的领导可能是计划的实施者又是计划的控制者。实施是计划控制的落实，控制是计划按期实施的保证。

3）弹性原理

项目进度计划工期长、影响进度的原因多，其中有的已被人们掌握，因此要根据统计经验估计出影响的程度和出现的可能性，并在确定进度目标时，进行实现目标的风险分析。在计划编制者具备了这些知识和实践经验之后，编制施工项目进度计划时就会留有余地，使施工进度计划具有弹性。在进行工程项目进度管理时，便可以利用这些弹性，缩短有关工作的时间，或者改变它们之间的搭接关系，如检查之前拖延的工期，通过缩短剩余计划工期的方法，仍能达到预期的计划目标。这就是工程项目进度管理中对弹性原理的应用。

4）信息反馈原理

反馈是控制系统把信息输送出去，又把其作用结果返送回来，并对信息再输出施加影响，起到控制作用，以达到预期目的。

工程项目进度管理的过程实质上就是对有关施工活动和进度的信息不断搜集、加工、汇总、反馈的过程。施工项目信息管理中心要对搜集的施工进度和相关影响因素的资料进行加工分析，由领导做出决策后，向下发出指令，指导施工或对原计划做出新的调整。

5）封闭循环原理

项目进度管理是从编制项目施工进度计划开始的，由于影响因素的复杂和不确定性，在计划实施的全过程中，需要连续跟踪检查，不断地将实际进度与计划进度进行比较，如果运行正常可继续执行原计划；如果发生偏差，应在分析其产生的原因后，采取相应的解决措施和办法，对原进度计划进行调整和修订，然后再进入一个新的计划执行过程。这个由计划、实施、检查、比较、分析、纠偏等环节组成的过程就形成了一个封闭循环回路。而市政工程项目进度管理的全过程在许多这样的封闭循环中得到有效的不断调整、修正与纠偏，最终实现总目标。

7.2　市政工程项目工序时间估算

项目工序时间估算是根据工程项目范围、可用资源状况估算出每项活动所需要的时间长度。估算的时间应该符合项目本身的实际情况，所以在估算活动时间时要充分考虑项目的活动描述、合理的资源需求、人员的能力及环境、风险等因素对项目活动时间的影响。

7.2.1　市政工程项目活动资源估算

任何项目的实施都是通过开展项目活动实现的，而开展任何项目活动都需要消耗资源并受资源控制，所以在市政工程中，开展项目活动工期的估算和安排项目进度计划就必须首先进行项目活动资源的估算。

1）项目活动资源估算的含义

项目活动资源估算指的是根据项目活动定义和排序所获得的信息，分析和识别项目活动的资源需求，确定项目活动所需投入资源的种类（如人力、设备、材料、资金等），估计和测算资源的数量和资源投入的时间，从而做出项目活动资源估算的一种项目时间管理工作。

2）项目活动资源估算的作用

在实际工程项目中所需资源永远是短缺的，人们不可能无限制使用项目所需的资源，所以就必须事先进行必要的项目活动资源估算；在项目管理中资源满足项目需求的程度及它们与项目进度的匹配程度都是项目管理必须计划和安排的，如果一个项目的资源配置不合理或使用不当，就会使工期拖延或使项目成本超支，所以在项目进度管理中，活动资源估算也是很重要的一部分。

3）项目活动资源估算的方法

项目活动资源估算有许多方法，其中最主要的方法有以下几种：

（1）专家评定法

专家评定法是由项目活动资源估算方面的专家根据自己的经验和判断估算项目活动所需资源的方法。

（2）统一标准定额法

统一标准定额法是使用国家、地方或企业统一的标准或定额估算项目活动资源的方法。

（3）类比法

类比法是依据过去相似项目活动的实际所需资源为基础，通过类比估算出新项目活动所需资源的一种方法。

（4）资料统计法

资料统计法是使用历史项目的数据统计资料，估算项目活动资源的方法。

7.2.2 市政工程项目工序时间估算

项目工序时间估算是指以项目活动所需资源估算的结果为依据，通过分析和估计给出每个项目活动的工作周期。市政工程项目工序时间估算完成后，可以得到量化的活动时间估算数据，同时完善并更新项目活动。

1）项目工序时间估算的方法

一般来说，进行项目工序时间估算可采取以下几种方法：

①专家评审法

专家评审法是指由有经验、有能力的人员进行分析和评估项目活动时间的方法。

②模拟估算法

模拟估算法是指使用以前类似的活动作为未来活动时间的估算基础，计算评估项目活动时间的方法。

③定额法

定额法是指根据定额中的数据，以项目活动所需要完成的总工作量乘以劳动生产率，计算出项目活动时间的方法。

④保留时间法

保留时间法是指在项目工序时间估算中预留一定比例作为冗余时间以应付工程项目风险的方法。随着工程项目进展，冗余时间可以逐步减少，如 5 周±3d（每周 5 个工作日）表示该活动至少需要 22d，至多需要 28d。

2）项目工序时间估算的步骤

需要指出的是项目工序时间估算必须结合项目实际情况，不可脱离项目本身而进行估算。在进行项目工序时间估算时可采用的步骤为如下：

①要明确活动定义、工作量等情况。

②要考虑活动的资源约束，特别是人力资源的数量和质量，工作作业面等项目的实际状况。

③在参与各方的诉求和配合协助下，综合其他相关因素，估算出项目活动的时间长度。

7.3 市政工程项目流水施工法

7.3.1 流水施工定义和主要参数

1）流水施工定义

流水施工是指所有的施工过程均按一定的时间间隔依次投入施工，各个施工过程陆续开工，陆续竣工，使同一施工过程的施工班组保持连续、均衡，不同施工过程尽可能实现平行搭接施工的组织方式。组织流水施工的一般过程：将拟建工程项目的整个建造过程分解成若干个施工过程；同时将拟建工程项目在平面上划分成若干个劳动量大致相等的施工段；在竖向上划分成若干个施工层，按照施工过程分别建立相应的专业工作队；各专业工作队按照一定的施工顺序投入施工，完成第一个施工段上的施工任务后，在专业工作队的人数、使用机具和材料不变的情况下，依次地、连续地投入第二个、第三个……一直到最后一个施工段的施工，在规定的时间内，完成同样的施工任务。

（1）流水施工具有以下特点：

①科学地利用了工作面，争取了时间，工期比较短。

②工作队及生产工人实现了专业化施工，更好地保证了工程质量，提高了劳动生产率。

③专业工作队及生产工人能够连续作业。

④单位时间投入施工的资源较为均衡，有利于资源供应组织工作。

⑤为工程项目的科学管理创造了有利条件。

（2）流水施工的技术经济效果包括如下几方面：

①由于流水施工的连续性，减少了专业工作队的间歇作业时间，达到了缩短工期的目的。

②有利于劳动组织的改善及操作方法的改进，从而提高了劳动生产率。

③专业化的生产可提高生产工人的技术水平，使工程质量相应提高。

④工人技术水平和劳动生产率的提高，可减少用工量和施工临时设施的建造量，从而降低工程成本。

⑤可以保证施工机械和劳动力得到充分、合理的利用。

2）流水施工的主要参数

在组织拟建工程项目流水施工时，用来表达流水施工在工艺流程、空间布置和时间安排等方面开展状态的参数，称为流水参数。它主要包括工艺参数、空间参数和时间参数三类。

（1）工艺参数

在组织流水施工时，用以表达施工工艺的开展顺序及其特征的参数称为工艺参数，主要是指施工过程数。施工过程数是指参与一组流水的施工过程数目，以符号 n 表示。施工过程划分的数目、粗细程度应根据下列因素确定：

①施工计划的性质与作用

对于起控制作用的控制性进度计划，一般是针对工程规模大、结构复杂、难度大、工期长的工程的，这种计划要求施工过程划分得粗一些，也就是数目少一些。而对于起指导作用的指导性计划即实施性计划，是针对一些中小型单位工程的，这种计划施工过程可划分得细一些，即数目多一些，一般可划分到分项工程。

②施工方案及工程结构

对于工程结构复杂的施工进度计划，施工过程可划分得粗一些，数目少一些，反之则细一些，数目多一些。

③劳动组织及劳动量大小

劳动量较少时，可将几个施工过程合起来组成混合班组，则施工过程可划分得少一些。劳动量较大的应实行专业班组，则施工过程可分得多一些。

④施工过程内容和工作范围

拟建工程的完成一般均需要经过制备、运输及砌筑安装三个阶段，而实际中常常只对场内的砌筑安装阶段，即实体的施工过程进行划分，对场外劳动内容即制备及运输的施工过程则不划入流水施工过程。

在划分施工过程时，只有那些对工程施工具有直接影响的施工内容才予以考虑并组织在流水之中。施工过程应根据计划的需要确定其粗细程度，它既可以是一个个工序，也可以是一项项分项工程，还可以是它们的组合。组织流水的施工过程如果各由一个专业队（组）施工，则施工过程数和专业队数相等。若由几个专业队共同负责完成一个施工过程或一个专业队完成几个施工过程，此时施工过程数与专业队数会不相等。计算时可以用 n 表示施工过程数，用 n_1 表示专业队数。

对工期影响最大的，或对整个流水施工起决定性作用的施工过程（工程量大，需配备大型机械）称为主导施工过程。划分施工过程以后，首先应甄别主导施工过程，以便抓住流水施工的关键环节。

（2）空间参数

空间参数是指在组织流水施工时，用以表达流水施工在空间布置上所处状态的参数。空间参数包括工作面、施工段和施工层三种：

①工作面

某专业工种的工人在从事建筑产品生产加工过程中，必须具备一定的活动空间，这个活动空间就称为工作面。

②施工段

为了有效地组织流水施工，通常把拟建工程项目在平面上划分成若干个劳动量大致相等的施工段落，这些施工段落称为施工段。施工段的数目，通常用 m 表示。

施工段划分主要有以下几点原则：

a. 专业工作队在各个施工段上的劳动量要大致相等，以便组织节奏流水，使施工连续、均衡、有节奏地进行。

b. 对多层或高层建筑物，施工段的数目要满足合理流水施工组织的要求，即 $m \geqslant n$。施工段数应与主导施工过程相协调，以主导施工过程为主形成工艺组合。多层工程的工艺组合数应等于或小于每层的施工段数，分段不宜过多，过多可能会延长工期或使工作面狭窄；过少则无法组织流水，使劳动力或机械设备窝工。

c. 为了充分保证工人、主导施工机械的生产效率，每个施工段要有足够的工作面。以机械为主的施工对象还应考虑机械台班能力的发挥。混合结构、大模板现浇混凝土结构、全装配结构等工程的分段大小，都应考虑吊装机械能力的充分利用。

d. 为了保证拟建工程项目结构整体的完整性，施工段的分界线应尽可能与结构的自然界线相一致。

e. 对于多层的拟建工程项目，既要划分施工段，又要划分施工层。

③施工层

在组织流水施工时，为了满足专业工作队对操作高度和施工工艺的要求，将拟建工程项目在竖向上划分为若干个操作层，这些操作层称为施工层。施工层一般用 r 来表示。施工层的划分，要根据工程项目的具体情况，如建筑物的高度、楼层等来确定。

（3）时间参数

时间参数是指在组织流水施工时，用以表达流水施工在时间排序上所处状态的参数。时间参数主要包括流水节拍、流水步距、平行搭接时间、技术间歇时间和组织间歇时间。

①流水节拍

在组织流水施工时，每个专业工作队在各个施工段上完成相应的施工任务所需的工作延续时间。流水节拍数值的确定参见上一节中项目活动持续时间的估计方法。

②流水步距

在组织流水施工时，相邻两个专业工作队在保证施工顺序、满足连续施工，最大限度地搭接和保证工程质量要求的条件下，相继投入施工的最小时间间隔，称为流水步距。

确定流水步距的原则如下：

a. 流水步距要满足相邻两个专业工作队在施工顺序上的相互制约关系；

b. 流水步距要保证各专业工作队连续作业；

c. 流水步距要保证相邻两个专业工作队在开始作业的时间上最大限度地合理搭接；

d. 流水步距的确定要保证工程质量，满足安全生产。

③平行搭接时间

在组织流水施工时，有时为了缩短工期，在工作面允许的条件下，前一个专业工作队完成部分施工任务后，提前为后一个专业工作队提供了工作面，使后者提前进入前一个施工段，两者在同一施工段上平行搭接施工。这个搭接的时间称为平行搭接时间。

④技术间歇时间

在组织流水施工时，除要考虑相邻专业工作队之间的流水步距外，有时根据建筑材料或现浇构件等的工艺性质，还要考虑合理的工艺等待时间，这个等待时间称为技术间歇时间。

⑤组织间歇时间

由于施工组织的原因，造成的间歇时间称为组织间歇时间。如墙体砌筑前的墙体位置弹线，施工人员、机械设备转移，回填土前地下管道检查验收等。

7.3.2　市政工程流水施工的基本方式

流水施工根据市政工程施工过程时间参数的不同，可以分为等节拍专业流水、异节拍专业流水和无节奏专业流水三种基本方式。

1）等节拍专业流水

等节拍专业流水是指在组织流水施工时，所有的施工过程在各个施工段上的流水节拍彼此相等，也称固定节拍流水或全等节拍流水或同步距流水。它是一种最理想的流水施工组织方式。

（1）基本特点

等节拍专业流水基本特点如下：

①流水节拍彼此相等。

②流水步距彼此相等，而且等于流水节拍。

③每个专业工作队都能够连续施工，施工段之间没有空闲时间。

④专业工作队数（n_1）等于施工过程数（n）。

（2）组织步骤

等节拍专业流水的组织步骤如下：

①确定施工顺序，分解施工过程。

②确定施工起点流向，划分施工段。

划分施工段时，其数目 m 的确定过程如下：

a. 无层间关系或无施工层时，可取 $m=n$。

b. 有层间关系或施工层时，施工段数分两种情况：无技术和组织间歇时，取 $m=n$；有技术和组织间歇时，为了保证专业工作队能够连续施工，应取 $m>n$，每层的施工段数 m 的计算如式（7.1）所示。

$$m=n+\frac{\sum Z_1}{K}+\frac{Z_2}{K} \tag{7.1}$$

式中：m——施工段数；

$\quad\quad n$——施工过程数；

$\sum Z_1$——同一个楼层内各施工过程间的技术、组织间歇时间之和；

$\quad Z_2$——楼层间技术、组织间歇时间；

$\quad K$——流水步距。

③根据等节拍专业流水要求，确定流水节拍 t 的数值。

④确定流水步距 $K=t$。

⑤计算流水施工的工期。

a. 不分层时，工期 T 的计算如式（7.2）所示。

$$T=(m+n-1)K+\sum Z_{j,j+1}+\sum G_{j,j+1}+\sum C_{j,j+1} \tag{7.2}$$

式中：$\sum Z_{j,j+1}$——第 j 个施工过程的技术间歇时间之和；

$\quad \sum G_{j,j+1}$——第 j 个施工过程的平行搭接时间之和；

$\quad \sum C_{j,j+1}$——第 j 个施工过程的组织间歇时间之和；

$\quad\quad j$——施工过程编号，$1\leqslant j\leqslant n$。

其余符号意义同前。

b. 分层时，工期 T 的计算如式（7.3）所示。

$$T=(m\cdot r+n-1)K+\sum Z_1-\sum C_{j,j+1} \tag{7.3}$$

式中：r——施工层数；

其余符号意义同前。

⑥绘制流水施工进度图表。

2）异节拍专业流水

异节拍专业流水是指在组织流水施工时，同一施工过程在各施工段上的流水节拍彼此相等，不同施工过程在同一施工段上的流水节拍彼此不等，但均为某一常数的整数倍的流水施工组织方式，也称为成倍节拍专业流水。

（1）基本特点

异节拍专业流水基本特点如下：

①同一施工过程在各施工段上的流水节拍彼此相等，不同的施工过程在同一施工段上的流水节拍彼此不等，但均为某一常数的整数倍。

②流水步距彼此相等，且等于各施工过程流水节拍的最大公约数。

③各专业工作队能够保证连续施工。

④专业工作队数大于施工过程数。

（2）组织步骤

异节拍专业流水组织步骤如下：

①确定施工顺序，分解施工过程。

②确定施工起点、流向，划分施工段。

划分施工段时，其数目 m 的确定过程如下：

a. 不分施工层时，可按划分施工段的原则确定。

b. 分施工层时，每层的施工段数计算如式（7.4）所示。

$$m = n_1 + \frac{\max \sum Z_1}{K_b} + \frac{\max Z_2}{K_b} \tag{7.4}$$

式中：$\max \sum Z_1$——同一个楼层内各施工过程间的技术、组织间歇时间之和的最大值；

　　　　$\max Z_2$——楼层间技术、组织间歇时间的最大值；

　　　　K_b——等步距的异节拍流水的流水步距；

　　　　n_1——专业施工队数。

其余符号意义同前。

c. 按异节拍专业流水确定流水节拍。

d. 确定流水步距，计算如式（7.5）所示。

$$K_b = 最大公约数 \ \{t_1, \ t_2, \ \cdots, \ t_n\} \tag{7.5}$$

式中：K_b——等步距的异节拍流水的流水步距；

　　　　t——流水节拍。

e. 确定专业工作队数，计算如式（7.6）和式（7.7）所示：

$$b_j = \frac{t_j}{K_b} \tag{7.6}$$

式中：b_j——第 j 个施工过程所要组织的专业施工队数；

　　　　t_j——第 j 个施工过程在各施工段上的流水节拍；

　　　　K_b——等步距的异节拍流水的流水步距；

　　　　j——施工过程编号，$1 \leqslant j \leqslant n$。

$$n_1 = \sum_{j=1}^{n} b_j \tag{7.7}$$

式（7.7）中符号意义同前。

f. 计算总工期 T，计算如式（7.8）所示。

$$T = (m \cdot r + n_1 - 1) K_b + \sum Z_1 - \sum C_{j,j+1} \tag{7.8}$$

式（7.8）中符号意义同前。

g. 绘制施工进度图表。

3）无节奏专业流水

在实际施工中，通常每个施工过程在各个施工段上的工程量彼此不等，各专业工作的生产效率相差较大，导致大多数的流水节拍彼此不相等，不可能组织等节拍专业流水或异节拍专业流水。在这种情况下，往往利用流水施工的基本概念，在保证施工工艺满足施工顺序要求的前提下，按照一定的计算方法，确定相邻专业工作队之间的流水步距，使其在开工时间上最大限度地、合理地搭接起来，每个专业工作队都能够连续作业。这种流水施工方式称为无节奏专业流水，也称分别流水。

（1）基本特点

①每个施工过程在各个施工段上的流水节拍不尽相等。

②在多数情况下，流水步距彼此不相等，而且流水步距与流水节拍二者之间存在着某种函数关系。

③各专业工作队都能够连续施工，个别施工段可能有空闲。

④专业工作队数等于施工过程数。

（2）组织步骤

①确定施工顺序，分解施工过程。

②确定施工起点、流向，划分施工段。

③确定各施工过程在各个施工段上的流水节拍。

④确定相邻两个专业工作队的流水步距。

⑤计算流水施工的计划工期。

⑥绘制流水施工进度图。

7.4　市政工程项目进度计划的编制与优化

7.4.1　市政工程项目进度计划的编制

实现施工阶段进度控制的首要条件是一个符合客观条件的、合理的施工进度计划，以便根据这个进度计算确定实施方案，安排设计单位的出图进度，协调人力、物力，评价在施工过程中气候变化、工作失误、资源变化以及有关方面的人为因素而产生的影响，并且也是进行投资控制、成本分析的依据。

1）项目进度计划的编制依据、程序及方法

（1）项目进度计划的编制依据

项目进度计划的编制依据主要有以下几点：

①工程的全部施工图纸及有关水文、地质、气象和其他技术经济资料。

②上级或合同规定的开工、竣工日期。

③主要工程的施工方案。

④劳动定额和机械使用定额。

⑤劳动力、机械设备供应情况。

（2）项目进度计划的编制程序

项目进度计划的编制程序主要有以下几点：

①确定进度计划的目标、性质和任务。

②进行工作分解。

③收集编制依据。

④确定工作的起止时间及里程碑。

⑤处理各工作之间的逻辑关系。

⑥编制进度表。

⑦编制进度说明书。

⑧编制资源需要量及供应平衡表。

⑨报有关部门批准。

（3）项目进度计划的编制方法

进度计划编制前，应对编制的依据和应考虑的因素进行综合研究。其编制方法如下：

①确定施工过程。编制进度计划时，应按照设计图纸、文件和施工顺序把拟建工程的各个施工过程列出，并结合具体的施工方法、施工条件、劳动组织等因素，加以适当整理。

②确定施工顺序。在确定施工顺序时，要考虑以下几点：

a. 各种施工工艺的要求；

b. 各种施工方法和施工机械的要求；

c. 施工组织合理的要求；

d. 确保工程质量的要求；

e. 工程所在地区的气候特点和条件；

f. 确保安全生产的要求。

③计算工程量。工程量计算应根据施工图纸和工程量计算规则进行。

④确定劳动力用量和机械台班数量。应根据各分项工程、分部工程的工程量、施工方法和相应的定额，并参考施工单位的实际情况和水平，计算各分项工程、分部工程所需的劳动力用量和机械台班数量。

⑤确定各分项工程、分部工程的施工天数，并安排进度。当有特殊要求时，可根据工期要求，倒排进度；同时在施工技术和施工组织上采取相应的措施，如在可能的情况下，组织立体交叉施工、水平流水施工，增加工作班次，提高混凝土早期强度等。

⑥施工进度图表。施工进度图表是施工项目在时间和空间上的组织形式。目前表达施工进度计划的常用方法有网络图和流水施工水平图（又称横道图）。

⑦进度计划的优化。进度计划初稿编制以后，需再次检查各分部（子分部）工程、分项工程的施工时间和施工顺序安排是否合理，总工期是否满足合同规定的要求，劳动力、材料、施工机械设备需用量是否出现不均衡的现象，主要施工机械设备是否充分利用。经过检查，对不符合要求的部分予以改正和优化。

2）项目进度计划的编制内容

项目进度计划包括控制性进度计划和作业性进度计划两类。

（1）控制性进度计划

控制性进度计划包括整个项目的总进度计划、分阶段进度计划、子项目进度计划。上述各项计划依次细化且被上层计划所控制。其作用是对进度目标进行论证、分解，确定里程碑事件进度目标，作为编制实施性进度计划和其他各种计划以及动态控制的依据。

（2）作业性进度计划

作业性进度计划包括分部分项工程进度计划、月度作业计划和旬度作业计划。作业性进度计划是项目作业的依据，确定具体的作业安排和相应对象或时段的资源需求。作业性进度计划应由项目经理部编制。项目经理部必须按计划实施作业，完成每一道工序和每一项分项工程。

各类进度计划都应包括编制说明、进度计划表、资源需要量及供应平衡表。编制说明主要包括进度计划关键目标的说明，实施中的关键点和难点，保证条件的重点，要采取的主要措施等。进度计划表是最主要的内容，包括分解的计划子项名称（如作业计划的分项工程或工序）、进度目标或进度图等。资源需要量及供应平衡表是实现进度表的进度安排所需要的资源保证计划。

7.4.2　市政工程项目进度计划的优化

市政工程项目进度计划的优化主要是指网络计划的优化。网络计划的优化是指在一定的约束条件下，按既定目标对网络计划进行不断改进，以寻求满意方案的过程。

网络计划的优化目标应按计划任务的需要和条件选定，包括工期目标、费用目标和资源目标。根据优化目标的不同，网络计划的优化可分为工期优化、费用优化和资源优化三种。

1）工期优化

所谓工期优化，是指当网络计划的计算工期不满足要求工期时，通过压缩关键工作的持续时间以满足要求工期目标的过程。

网络计划工期优化的基本方法是在不改变网络计划中各项工作之间逻辑关系的前提下，通过压缩关键工作的持续时间来达到优化目标。在工期优化过程中，按照经济合理的原则，不能将关键工作压缩成非关键工作。此外，当工期优化过程中出现多条关键线路时，必须将各条关键线路的总持续时间压缩相同数值；否则，不能有效地缩短工期。

网络计划的工期优化可按下列步骤进行：

（1）确定初始网络计划的计算工期和关键线路。

（2）按要求工期计算应缩短的时间 ΔT，如式（7.9）所示。

$$\Delta T = T_c - T_r \tag{7.9}$$

式中：T_c——网络计划的计算工期；

T_r——要求工期。

（3）选择应缩短持续时间的关键工作。选择压缩对象时宜在关键工作中考虑下列因素：

①缩短持续时间对质量和安全影响不大的工作；

②有充足备用资源的工作；

③缩短持续时间所需增加的费用最少的工作。

（4）将所选定的关键工作的持续时间压缩至最短，并重新确定计算工期和关键线路。若被压缩的工作变成非关键工作，则应延长其持续时间，使之仍为关键工作。

（5）当计算工期仍超过要求工期时，则重复上述步骤（2）～（4），直至计算工期满足要求工期或计算工期已不能再缩短为止。

（6）当所有关键工作的持续时间都已达到其能缩短的极限而寻求不到继续缩短工期的方案，但网络计划的计算工期仍不能满足要求工期时，应对网络计划的原技术方案，组织方案进行调整，或对要求工期重新审定。

2）费用优化

费用优化又称工期成本优化，是指寻求工程总成本最低时的工期安排，或按要求工期寻求最低成本的计划安排的过程。

（1）费用和时间的关系

①工程费用与工期的关系

工程总费用由直接费和间接费组成。直接费由人工费、材料费、机械使用费、其他直接费及现场经费等组成。施工方案不同，直接费也就不同；如果施工方案一定，工期不同，直接费也不同。直接费会随着工期的缩短而增加。间接费包括企业经营管理的全部费用，它一般会随着工期的缩短而减少。在考虑工程总费用时，还应考虑工期变化带来的其他损益，包括效益增量和资金的时间价值等。

②工作直接费与持续时间的关系

由于网络计划的工期取决于关键工作的持续时间，为了进行工期成本优化，必须分析网络计划中各项工作的直接费与持续时间之间的关系，它是网络计划工期成本优化的基础。

工作的直接费与持续时间之间的关系类似于工程直接费与工期之间的关系，工作的直接费随着持续时间的缩短而增加。为简化计算，工作的直接费与持续时间之间的关系被近似地认为是一条直线，当工作划分不是很粗略时，其计算结果还是比较精确的。

寻求最低费用和最优工期的过程一般由计算机进行。简单的网络计划可由人工完成，其基本思路是从网络计划的各工作持续时间和费用的关系中，依次找出能使计划工期缩短而又能使直接费用增加最少的工作，不断地缩短其持续时间，同时考虑其间接费用叠加，即可求出工程总费用最低时的最优工期和工期指定时相应的最低费用。

（2）费用优化的步骤

费用优化的步骤主要有以下几点：

①按工作的正常持续时间确定计算工期和关键线路。

②计算各项工作的直接费用率。工作的持续时间每缩短单位时间而增加的直接费称为直接费用率。当有多条关键线路出现而需要同时压缩多个关键工作的持续时间时，应将它们的直接费用率之和（组合直接费用率）最小者作为压缩对象。

③确定间接费用率。间接费用率是指一项工作每缩短一个单位时间所减少的间接费。它一般都是由各单位根据工作的实际情况而加以确定的。

④计算工程总费用。

⑤确定缩短持续时间的关键工作。当只有一条关键线路时，应找出直接费用率最小的一项关键工作，作为缩短持续时间的对象；当有多条关键线路时，应找出组合直接费用率最小的一组关键工作，作为缩短持续时间的对象。

⑥对于选定的压缩对象（一项关键工作或一组关键工作），首先比较其直接费用率或组合直接费用率与工程间接费用率的大小。

a. 如果被压缩对象的直接费用率或组合直接费用率大于工程间接费用率，说明压缩关键工作的持续时间会使工程总费用增加，此时应停止缩短关键工作的持续时间，在此之前的方案即为优化方案。

b. 如果被压缩对象的直接费用率或组合直接费用率等于工程间接费用率，说明压缩关键工作的持续时间不会使工程总费用增加，则应缩短关键工作的持续时间。

c. 如果被压缩对象的直接费用率或组合直接费用率小于工程间接费用率，说明压缩关键工作的持续时间会使工程总费用减少，则应缩短关键工作的持续时间。

⑦确定持续时间的缩短值。当需要缩短关键工作的持续时间时，其缩短值的确定必须符

合两条原则：缩短后工作的持续时间不能小于其最短持续时间；缩短持续时间的工作不能变成非关键工作。

⑧计算关键工作持续时间缩短后相应增加的总费用。工作持续时间压缩后，工期会相应缩短，项目的直接费会增加，而间接费会减少。

3）资源优化

工程项目中的资源包括人力、材料、动力、设备、机具、资金等。资源的供应情况是影响工程进度的主要因素。因此在编制进度计划时一定要以现有的资源条件为基础，通过改变工作的开始时间，使资源按时间的分布符合优化目标。资源优化包括资源有限-工期最短的优化和工期固定-资源均衡的优化。

（1）资源有限-工期最短的优化

资源有限-工期最短的优化是指通过调整计划安排以满足资源限制条件并使工期延长最少，其调整步骤如下：

①计算网络计划每天资源需用量。

②从计划开始日期起，逐日检查每天资源需用量是否超过资源限量。

③调整网络计划。对资源冲突的诸项工作做新的顺序安排。顺序安排的选择标准是工期延长的时间最短。

④重复以上步骤，直至出现优化方案为止。

（2）工期固定-资源均衡的优化

工期固定-资源均衡的优化是指通过调整计划安排，在工期保持不变的条件下，使资源需用量尽可能均衡的过程。

评价资源均衡性的指标主要有方差或标准差。方差值越小资源越均衡。利用最小方差进行网络计划资源均衡优化的基本思路是用初步网络计划所得到的局部时差改善进度计划的安排，使资源动态曲线的方差值变为最小，从而达到均衡的目的。

4）工程延期和工程延误

在工程项目实施过程中，往往由于各种因素导致工程无法按计划完成，造成工期延长。对于工程无法按合同要求按时完成的处理，是项目管理者的重要任务，必须充分分析工期延长的原因，及时应对，合理解决。

由于影响工期的因素非常多，导致的结果也不同，因此，根据处理方式的不同，可将工期的延长分为工程延期和工程延误。

（1）工程延期

工程延期是指由于非承包商原因造成的工期拖延。这里的非承包商原因又分为两类：一类是不可抗力因素，包括自然因素、社会因素、经济因素、恐怖袭击因素等，属于管理者无法预测和控制的因素；另一类是业主原因，包括由于业主方的原因导致工程延期交付设计图、延期提供场地、设计变更、工程量变更（增加）等。

对于非承包商原因造成的工期拖延，承包商是没有责任的。承包商可以通过正常程序，在合同规定的期限内，向监理工程师申报，经审核批准，报业主同意后，工期顺延。

（2）工程延误

工程延误是指由于承包商原因造成的工期拖延，承包商自身的原因包括施工方案不合理、工程质量事故造成返工、发生安全事故导致停工．机械故障等。

工程延误有可能造成业主的索赔（或罚款），因此，应引起项目经理的足够重视，及时采取措施处理，确保工期按合同日期完成。

7.5　南沙明珠湾区跨江隧道工程项目进度管理案例

7.5.1　项目简介

1）项目区位和隧道范围

（1）项目区位

广州市南沙新区于 2012 年 10 月正式获批成立国家级新区，它的开发建设不仅关系到广州未来的开发建设，还承载着广东省和国家的发展战略及历史使命。依据广州市相关发展战略，南沙新区将建设成为加强与港澳合作的重要载体，并打造成为"服务内地、连接港澳的商业服务中心、科技创新中心和教育培训基地，建设临港产业配套服务合作区。

南沙新区位于广州城区以南，地处广州、东莞、深圳、中山围合的中心，如图 7.1 所示。新区定位为粤港澳全面合作的国家新区，珠江三角洲世界级城市群的枢纽性城市。城市总体规划范围为 803km²，其中明珠湾区 103km²，明珠湾起步区 33km²。明珠湾起步区受蕉门水道和上、下横沥水道阻隔，分为蕉门、慧谷、灵山、横沥四个组团。

明珠湾区（区位如图 7.2 所示）跨江隧道位于南沙新区的明珠湾起步区，串联慧谷、灵山、横沥、珠江东四组团，隧道的建设是促进粤港澳大湾区发展，完善核心区域路网格局的需要，可以均衡越江交通，满足起步区出行需求。

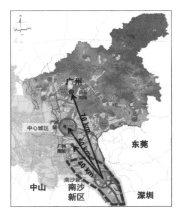

图 7.1　南沙新区地理位置

图 7.2　明珠湾区区位

明珠湾区起步是整个南沙新区建设的先行地区，未来明珠湾起步区将以"岭南智慧水城，南海魅力湾区"作为城市建设的主题，依托现有环境资源，提升经济、景观、生活及生态价值，树立具现代岭南特色的宜居空间模范，塑造宜居、宜业、创意、活力、和谐的滨海生态新城形象。

（2）隧道范围

南沙明珠湾区跨江隧道全线工程范围：隧道北起慧谷环市大道中，南至珠江东宝成围路，全长约 5.67km。

首期段隧道工程范围：隧道北起灵山江灵南路，南至横沥大元路，全长约 1.09km，隧道自北向南依次穿越灵山岛尖、上横沥水道和横沥岛尖，如图 7.3 所示。

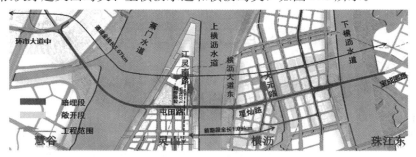

图 7.3　首期段隧道工程范围

首期段地面道路工程范围：地面道路西起潭州路以西，东至规划纵四路以东，全长 1020m，如图 7.4 所示。

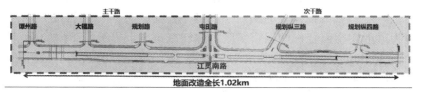

图 7.4　首期段地面道路工程范围

2）区域路网现状与规划

现状干道：各岛的到发交通主要依托于凤凰大道进行组织，高峰段凤凰大桥上下匝道已经出现拥堵的情况。区域路网现状如图 7.5 所示。

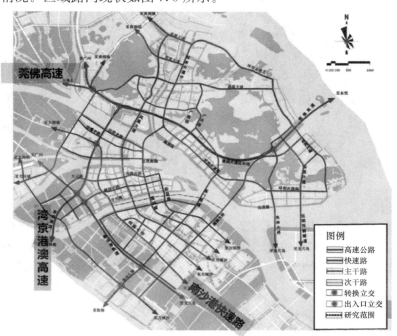

图 7.5　区域路网现状

　　规划路网：新建隧道与蕉门隧道、环市大道合围形成"核心内环"，如图 7.6 所示。此"核心内环"将串联核心区域内各岛尖组团，服务核心区域之间的快速到发交通。

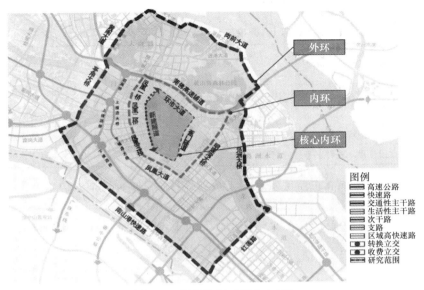

图 7.6　规划路网"核心内环"

　　3）建设条件

　　（1）灵山岛尖用地条件

　　灵山岛尖位于蕉门水道和上横沥水道交汇的夹角处。屯田路东侧的地块已建设完毕，西侧为待开发状态。南岸江灵南路及超级堤均已建设完毕。江灵南路北侧中交汇通为一至两层地下室，埋深 6～10m，采用桩基础。现场情况如图 7.7 所示。

　　（2）横沥岛尖用地条件

　　横沥岛尖位于上横沥水道与下横沥水道之间，如图 7.8 所示，隧址附近土地已征收，星灿路两侧（大元路北侧）已分别出让给旭辉及深业置地，其他地块尚未出让，大元路下为规划横沥地下环路。

图 7.7　灵山岛尖现场情况　　　　　图 7.8　横沥岛尖现场情况

　　星灿路两侧已出让的旭辉及深业置地均为两层地下室，埋深 10m 左右，采用桩基础。

（3）控制标准

①冲刷深度。根据防洪单位提供成果。

②最小覆土。根据涉河建设项目河道管理技术规范，最小埋深控制要求见表 7.1。

表 7.1　开挖法穿越管道的最小埋深　　　　　　　　　　　　　　　　　　　　　　m

河道冲刷情况	穿越工程等级		
	大型	中型	小型
有冲刷或疏浚的水域，应在设计洪水冲刷线下或规划疏浚线下，取其深者	≥1.5	≥1.2	≥1.0
无冲刷或疏浚的水域，应埋在河床床面以下	≥1.5	≥1.3	≥1.0
河床为基岩，并在设计洪水条件下不被冲刷时，管段应嵌入	≥0.8	≥0.6	≥0.5

航评成果：隧道顶部高程应按不高于 4.40m，且应满足现状河床以下 3m。

（4）周边桥梁

上游：凤凰大桥、坦尾大桥、亭角大桥、高新大桥、黄榄干线、蕉门水道大桥。净高均大于 6.5m。下游：明珠湾大桥，通航净高 24m。满足抓斗船、驳运船等通航条件。

4）流量预测与建设规模

（1）流量预测

出行生成：明珠湾起步区规划居住人口 24.8 万，就业岗位 38.1 万个；起步区早高峰小时交通需求为 51.18 万人次，其中产生 21.71 万人次，吸引 29.46 万人次。

出行分布：明珠湾起步区紧邻蕉门、珠江东组团，南北向贯通连接广州中心城区。对外联系中最主要方向为珠江东、中山方向，以及蕉门、广州方向，出行分别占 36% 与 28%，往东南沙湾、东莞方向出行占 22%，往西大岗、佛山方向出行占 14%。南沙全日出行分布期望线如图 7.9 所示。

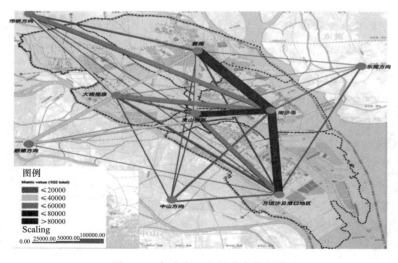

图 7.9　南沙全日出行分布期望线

方式划分：以轨道交通、常规公交以及慢行等绿色出行方式为主，私家车和出租车出行为辅的结构，其中私家车和出租车占比约 17%，公共交通类占比约 61%。

（2）建设规模

考虑到地下道路建成后拓宽改造难度较大，故首期段按隧道全线建成后远期交通流量进行规模分析。

隧道主线采用双向 6 车道规模：出入口匝道与主线连接段设加减速车道，进出口较近的路段设置集散车道（上横沥越江段）；2045 年整体道路交通状况良好。

匝道按单向 2 车道布置：从交通流量来看大部分匝道采用 1 车道＋停车带可以满足交通需求；双车道布置工程量增加有限（2 车道宽度相比 1 车道＋停车带宽度增加 1.25m），但交通适应性、可靠性更强。

5）功能定位和建设必要性

（1）功能定位

①全线功能

明珠湾区跨江隧道是一条串联明珠湾起步区内部各核心区块，强化组团间联系，服务于中、短距离的到发交通的系统性越江通道；起到了串联核心区块，支撑新区快速发展的作用；可以强化组团间联系，为骨干路网提供有力支撑；可以满足两岸交流发展需要，缓解新区越江交通压力。

②首期段功能

隧道的首期段是发展初期两大启动区跨江联系的重要通道，将有效缩短灵山和横沥岛尖核心商务区的出行距离。

（2）建设的必要性

串联核心区块，支撑新区快速发展；强化组团间联系，为骨干路网提供有力支撑；满足两岸交流发展需要，缓解新区越江交通压力；服务于中、短距离的到发交通的系统性越江通道。

首期段是灵山与横沥之间跨江通道的重要补充，将匹配两大功能区的建设发展时序，增强跨江通行能力，均衡过江路径，有利于两大片区初期的发展建设。

6）建设标准

（1）地下道路

道路等级：城市主干路。设计速度：隧道主线为 50km/h；隧道匝道为 30km/h。服务对象：各类客运交通。隧道限界：隧道主线最小净高≥4.5m；跨江通道北向西接地下环路匝道（H_1）和地下环路西向北接跨江通道匝道（H_2）最小净高（参考地下环路标准）≥3.2m；其余匝道最小净高≥4.5m。车道宽度为 3.5m。路缘带宽度为 0.25m。安全带宽度为 0.25m。最大纵坡：隧道主线为 5％；星灿路出入口匝道为 7％，其他匝道为 6％。隧道等级：特长距离隧道（长度＞3000m），首期段为长距离隧道（长度＞1000m）。隧道防火分类：一类（长度＞3000m，不通行危险品车辆）。结构设计使用年限：主体结构为 100 年，管理中心及地面建筑 50 年。结构的安全等级：按一级考虑。抗震设防烈度为 7 度，设防分类为乙类。防水等级：主体隧道二级，管理中心地下建筑防水等级二级，屋面防水等级一级。交通设施等级为 A 级。

（2）地面道路

道路等级：江灵南路（屯田路以西段）为城市主干道；江灵南路（屯田路以东段）为城市次干道。道路设计年限：15 年。设计车速：江灵南路（屯田路以西段）为 60km/h；江灵南路（屯田路以东段）为 40km/h。路面结构设计使用年限：15 年。车道及路缘带宽度：江灵南路（屯田路以西段）车道宽度为 3.5m，路缘带宽度为 0.5m；江灵南路（屯田路以东段）车道宽度为 3.25m，路缘带宽度为 0.25m。

横坡：车行道 2%，人行道 1.5%。最大纵坡为 0.81%，最小纵坡为 0.3%；最小坡长为 200m，最大坡长为 390m。荷载等级：路面结构计算荷载为 BZZ-100 型标准车。

7）隧道工程线路

（1）平面布置

首期段隧道主线道路等级为城市主干路，设计时速 50km/h，匝道设计时速为 30km/h。隧道主线全线共设置平曲线 6 处，初步设计为南沙明珠湾区跨江通道（首期段），全长 1090m，研究范围内设置一处平曲线，圆曲线半径为 700m；并设置 8 条匝道服务周边地块和沿线交通，匝道最小圆曲线半径为 35m（跨江通道北向西接地下环路匝道），最大圆曲线半径为 719.00m（星灿路出口匝道）。

（2）纵断面布置

越江段采用沉管法施工，纵断面主要受河底标高控制。最小覆土根据航道等级确定，上横沥水道规划Ⅵ级航道，覆土最小按 3.5m 控制。陆域段范围内隧道采用明挖施工，明挖段长度 785m，最小覆土 2.0m 左右控制，沉管段长度约 305m。

隧道主线下穿上横沥水道位置采用最大 5% 纵坡，最小纵坡 0.31%，最小坡长为 140m，最大坡长 393m。匝道最大纵坡按 7.0% 进行控制，最小纵坡 0.3%，最小坡长取 85m。

（3）横断面布置

①江灵南路屯田路西侧敞开段

江灵南路屯田路西侧敞开段规划红线宽度为 43.5m，改建道路红线拓宽为 47m，双向四车道规模，如图 7.10 所示。

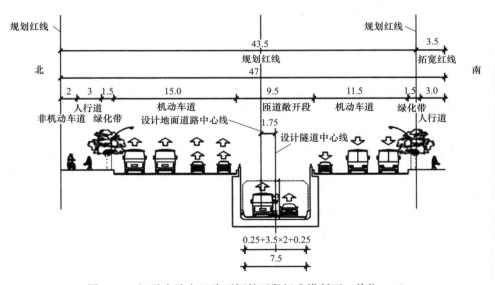

图 7.10　江灵南路屯田路西侧敞开段标准横断面（单位：m）

②江灵南路屯田路西侧暗埋段

江灵南路屯田路西侧暗埋段规划红线宽度 40m，改建道路红线拓宽为 43.5m，双向四车道规模，如图 7.11 所示。

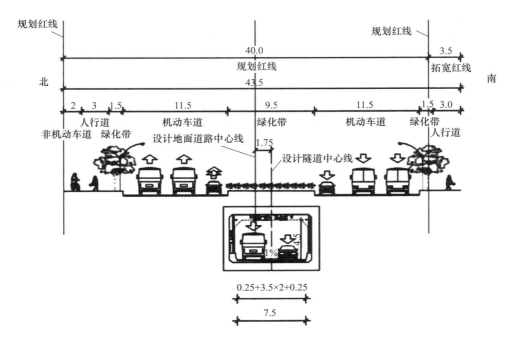

图 7.11　江灵南路屯田路西侧暗埋段标准横断面（单位：m）

③江灵南路屯田路东侧敞开段

江灵南路屯田路东侧敞开段规划红线宽度 30m，新建道路红线拓宽为 35.5m，双向四车道规模，如图 7.12 所示。

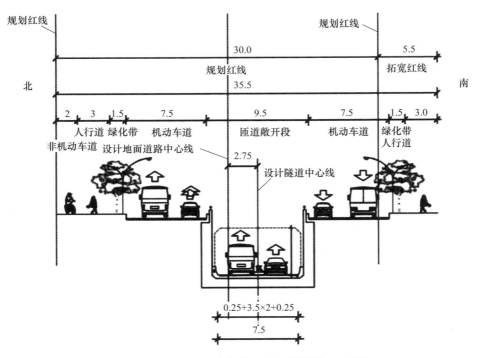

图 7.12　江灵南路屯田路东侧敞开段标准横断面（单位：m）

④江灵南路屯田路东侧暗埋段

江灵南路屯田路东侧暗埋段规划红线宽度为33.5m，新建道路红线拓宽为39m，双向四车道规模，如图7.13所示。

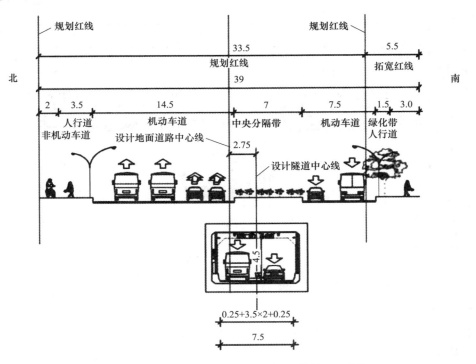

图7.13　江灵南路屯田路东侧暗埋段标准横断面（单位：m）

⑤上横沥水道段

上横沥水道段隧道主线采用双向八车道规模，采用沉管法实施，断面总宽度32.8m，如图7.14所示。

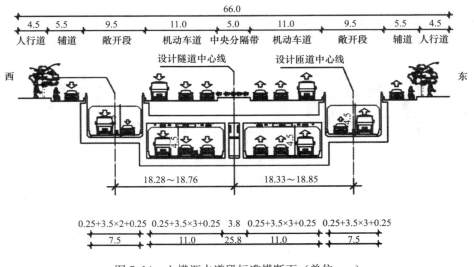

图7.14　上横沥水道段标准横断面（单位：m）

⑥横沥段

横沥段隧道主线沿星灿路线位布置。星灿路为规划道路，红线宽度为 66m，双向八车道规模。星灿路接地匝道敞开段标准横断面如图 7.15 所示，接地下环路标准横断面如图 7.16 所示。

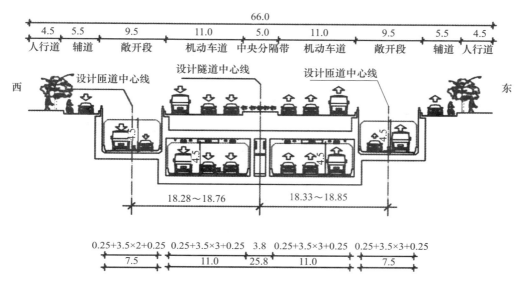

图 7.15　星灿路接地匝道敞开段标准横断面（单位：m）

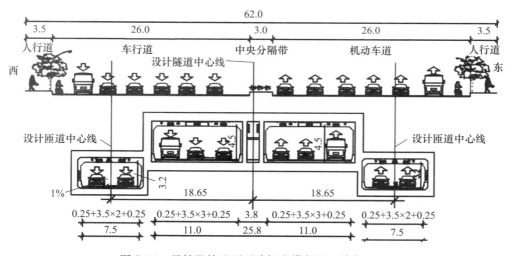

图 7.16　星灿路接地下环路标准横断面（单位：m）

横沥大道东红线宽 40m，双向四车道规模，交叉口处局部渠化，匝道宽度为 7.5m，暗埋段标准横断面如图 7.17 所示，敞开段标准横断面如图 7.18 所示。

8）路面结构

根据相关设计规范及工程经验，隧道沥青面层铺装层结构组合与厚度设计如下。

（1）上面层：4cm 沥青玛蹄脂碎石混合料 SMA-13。

（2）黏层：PC-3 乳化沥青（0.5L/m）。

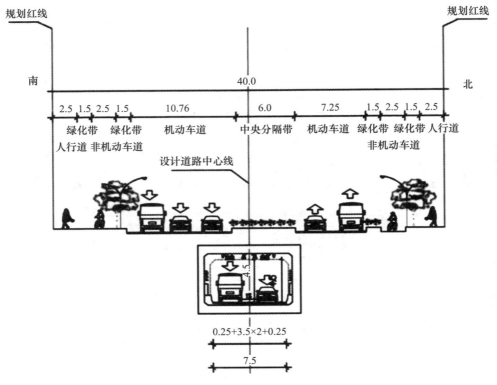

图 7.17 横沥大道东暗埋段标准横断面（单位：m）

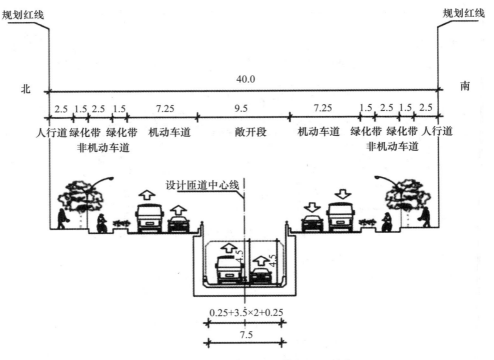

图 7.18 横沥大道东敞开段标准横断面（单位：m）

（3）下面层：6cm 厚中粒式沥青混凝土 AC-20C。

（4）1mm 防水涂料（改性水泥基）。

（5）找平层：C30 混凝土铺装＋钢筋网片 φ8mm@150mm×150mm。

9）总体建筑布置

（1）首期段建筑附属设施

管理中心 1 处，管理中心合建于环路管理中心。集中设备用房 1 处，设置于此设备用房拟选址于 ZD8 北侧，为地下一层，地上一层建筑，地下一层建筑面积约 1500m²，地面建筑包含一处出地面楼梯间、一个新风井和一个排烟井，建筑面积约 70m²，征地面积 150m²。

最低点废水泵房 1 处，设置于江中最低点；临时废水泵房 1 处，设置于首期段横沥岛工程结束处，二期建设时需拆除；雨水泵房 6 处，设置于匝道洞口内约 10m 位置。

另外环路出口匝道处另设置 1 处新风井，首期段横沥岛工程结束处设置隧道主线新风井排风井各 1 处。

（2）建筑横断面设计

主线过江段设计规模为双向八车道，建筑限界为 15m（宽）×4.5m（高）。主线明挖段设计规模为双向六车道。建筑限界为 11.5m（宽）×4.5m（高）。匝道采用两车道规模，建筑限界为 8m（宽）×4.5m（高）。

（3）景观设计

①敞开段装修

敞开段拟采用现浇清水混凝土装饰，主隧道峒口处设置光过渡，形成动感现代流畅的造型，现场效果如图 7.19 所示。

②暗埋段装修

侧墙装饰板根据所在区段细分，不同区段采用不同色彩，变化段内藏灯带（凹入标准段侧板 150mm）。标准段侧板由白、浅灰、深灰三种色彩渐变混拼，拼缝间设亚克力条形灯带，现场效果如图 7.20 所示。

　　图 7.19　敞开段装修现场效果　　　　　图 7.20　暗埋段装修现场效果

（4）消防设计

设计原则："以防为主，防消结合"。设计标准：暗埋段全长 0.75km，采用三类隧道设计标准（远期 5.7km，按照一类隧道考虑，仅限通行非危险化学品等机动车）。

同一条隧道按同一时间内发生一次火灾考虑，火灾规模 30MW。

地下道路及其地下附属设施耐火等级为一级，地面出入口及风亭耐火等级为一级，其他地面用房耐火等级为二级。

（5）车行横通道布置

车行疏散：主线隧道宜间隔 1000m 设置一处车行横通道，根据实际情况局部间距稍做调整。

车行横通道净宽不小于 4m，高度不小于 4.5m。车行横通道处设置耐火极限不低于 3h 的防火卷帘。

考虑到在沉管段设置车行横通道，无法满足电缆通道顶部管线穿行空间，故隧道全线结合明挖段设置车行横通道，位置分别为 ZXK0＋820、ZXK1＋820、ZXK2＋570、ZXK3＋320、ZXK4＋320 共计 5 处，如图 7.21 所示。

图 7.21　车行横通道布置

7.5.2　项目进度管理

1）工程进度控制目标、依据和原则

（1）工程进度控制目标

南沙明珠湾区跨江隧道工程进度目标：按招标文件要求执行。进度控制监理工作的重点是完善项目控制性进度计划、审查施工单位施工进度计划、做好各项动态控制工作、协调各单位关系、预防并处理好工程延期。

根据总体部署和进展情况，南沙明珠湾区跨江隧道工程（首期段）工期安排见表 7.2，南沙明珠湾区跨江通道工程（首期段）前期节点细化见表 7.3。

表 7.2　南沙明珠湾区跨江隧道工程（首期段）工期安排

序号	施工部位	施工内容	开始时间	节点计划	备注
1	施工前准备工作	设计出图	2022.6.5	2023.4.30	
2		报批报建（施工许可）	2022.9.26	2025.1.31	已完成
3	灵山岛岸上段	一期主线隧道（沉管衔接段）	2023.6.14	2025.6.5	
4	横沥岛	主线隧道（沉管衔接段）	2023.10.18	2022.11.26	
5	干坞施工	干坞基坑	2022.11.26	2024.6.15	
6	沉管	管节预制	2.24.7.16	2025.7.9	
7		沉管施工	2025.8.5	2026.4.4	
8	附属结构	配电与通风设备工程	2026.5.5	2026.8.2	
9	工程竣工	竣工验收	2026.7.28	2026.9.25	

表 7.3　南沙明珠湾区跨江通道工程（首期段）前期节点细化

序号	事项	完成节点
1	稳定总体方案	2022.6.25
2	设计方案技术审查报告（修规）	2022.7.1-7.20
3	取得设计方案审查批复（修规）	2022.7.20-8.10
4	结构专业反提条件给总体专业，下达补充勘察技术要求	2022.7.25
5	补充勘察	2022.7.5-7.25
6	提交总体方案给各专业	2022.7.25
7	隧道专业提资给上海院配套专业	2022.8.5
8	各专业完成施工图设计初稿供校核	2022.8.5-89.20
9	周边环境调查报告	2022.8
10	项目临建方案	2022.8
11	办理排污许可	2022.9

（2）进度控制的依据

进度控制的依据包括建设工程施工合同及有关文件对进度、工期的约定和要求，如合同工期、开工日期和竣工日期等。

（3）进度控制的原则

①总体协调原则

分项目进度目标与总体进度目标发生冲突时，服从总体进度目标要求，严格控制总体进度。

②坚持"质量第一，安全第一"的原则。

③采用动态控制的原则。

2）工程进度控制方法

工程项目进度控制的方法包括工程项目进度的规划、控制和协调。项目监理部将采取以下的管理方法进行有效的进度管理规划、控制和协调。

（1）实行二级进度控制法

为有效控制工期，确保按质按量按期完成项目建设任务，对进度计划的编制采取分级控制，一级控制计划是全局性和宏观性的整体项目建设进度控制计划，由项目监理部编制；二级控制计划是各标段的具体的进度控制计划，由施工单位编制，上报监理单位审批、项目监理部审定后实施，用二级控制计划来保证一级计划工期目标的实现。

①制订科学、合理、可行的项目总体实施进度计划（一级计划）和审批工程施工进度计划（二级计划）。

②严格执行一级和二级进度计划，并实行动态控制，在确保项目建设总工期目标的原则下根据实际情况进行调整。

（2）严格审查承包商的施工组织设计

①要求施工承包单位必须编报施工总进度计划、月度动态计划，着重对计划的可行性、合理性和延期风险进行评审，防止因进度计划安排不合理造成工期延误。

②承包商施工组织设计编制时应遵照"严守合约、综合平衡、积极可靠、留有余地、确保关键、兼顾一般"的原则。

③在施工组织设计中，提倡采用网络技术、方针目标管理，全面质量管理，ABC 法等现代化企业管理手段。

④在施工组织设计审查时，特别重视相关内容：工期安排的合理性，施工准备工作的可靠性，工序之间的合理衔接，施工方法的可靠性以及与承包商施工经验、施工实际水平的适应性，关键线路上劳力、设备安排是否妥当，进度计划是否留有余地，计划调节的可能性，人、机、料、法、环之间的协调性。

⑤在工程施工进入高峰期后，要求各施工单位编排不同工种之间的穿插配合工作计划、材料供应和施工机械准备计划，避免因工、料、机配合脱节造成工期拖延；对同时交叉施工较多、施工单位多的施工段，要求承包单位编制专门的协调组织方案。

（3）检查、督促工程进度计划的落实

①监理部经常性地组织检查承包单位总计划分解的落实情况，检查日进度安排的完成情况。

②督促承包商定期对每天进度计划的完成情况进行自查，如进度与计划不符，与承包商一起分析原因，采取措施。

③在工程实际进度与计划进度出现偏差时，及时督促承包商对进度计划进行适当的调整，并采取相应措施确保工期目标的实现，调整后的计划和拟采取的措施由监理工程师审批。

④对工程进度计划的检查、调整通过工地会议进行，必要时召开专题协调会议，下达监理指令等形式进行。

⑤对工程进度计划审核发现不合理部分，监理工程师要求承包商进行调整，特别是调整关键工序上的施工安排，增加人力、物力，确保整个工程进度计划的实施。

⑥监理部对工程进度计划检查落实情况，调整情况，拟采用措施情况及时通报业主。

（4）工地会议制度

通过工地每周一次的协调会和不定期的专项协调会议，听取建设各方工作进展情况和需要协调协同解决的事项，一般性问题于会中给予协调解决，对复杂的问题与会后专门召集相关人员召开专题协调会解决。

通过各种协调会议，监理人员协助承包单位优化进度计划安排，对施工过程中遇到的难题出谋划策协同解决，特别是协助解决好外部关系协调、施工区段间的协调、设计供图协调等，为承包单位创造一个良好的施工环境。

（5）建立工程进度控制信息档案

监理部设专人进行工程进度控制信息档案的管理。除采用传统形象进度图、直方图等直观图表进行工程进度管理外，各工程项目监理部均采用计算机技术对工程进度进行信息处理分析。

3）工程进度控制的针对性措施

采用以下措施保证南沙明珠湾区跨江隧道工程进度目标落实。

（1）加强组织保证，建立进度计划报审及进度检查制度

强化项目部的值班制度，确保施工现场 24h 有专业监理人员及时协调解决现场发生的问题。各驻段监理组负责人均安排组织协调能力强的人员担任。

督促承包商根据确定的施工工艺配备足够的机械设备，配备数量多、技术强、经验丰富的技术人员，督促和检查参加施工单位的管理人员到位情况。

认真审核施工组织设计、施工方案、施工进度计划及年、季、月、周动态计划；劳动力、材料、构配件、机具设备等资源配备计划是否能保证进度计划的需要，供应是否均衡，高峰期是否有能力实现供应计划。

对进度计划实施过程的跟踪监理：监理人员每日除监理日常工作外加强巡视检查工序、部位的实际完成情况，做好工程施工进度记录，及时检查施工承包单位报送的进度报表，并对已完部位工程的时间和工程量根据计划网络和周进度计划报表进行核实。

（2）加强对外的协调工作

由总监负责内部和外部的统一协调指挥，并将进度监控目标层层分解、层层落实到每一个岗位每一个人，各驻段监理组负责人均安排组织协调能力强的人员担任。

针对南沙明珠湾区跨江隧道工程的图纸不全的状况，积极与设计方进行协调，要求尽快提供施工图纸，避免施工过程等图纸的现象。

监理部积极发挥作为中间人的协调作用，积极、主动参与相关部门的沟通工作，同时督促承包商在施工过程中注意保护周边建筑物及设施、管线。

（3）积极参与征地拆迁工作

南沙明珠湾区跨江隧道工程拆迁量多，拆迁难度大，因此拆迁的控制是南沙明珠湾区跨江隧道工程进度控制的一个重点。

在项目开工前，积极与设计、建设方进行沟通，对项目规划从投资、工期以及对周边环境的影响等方面综合考虑，选择最经济又能满足工期需要的施工方案。

在项目实施前期工作中，驻场监理部将安排一、二名熟悉征地、拆迁工作的人员配合征地、拆迁部门开展工作。

在项目实施过程中，对出现的建筑物拆迁、绿化树木迁移、管线迁移等积极与各方进行沟通，确保征地、拆迁工作不影响施工进度及工期安排，避免由于拆迁滞后导致工期拖延造成损失或发生索赔。

（4）缩短施工准备期，尽早进入实际施工

监理部配合承包商办理各类报批手续，尽早进入实际施工。要求施工单位做到大投入和多开施工面，备足施工应急发电设备，确保工程进展不受停电及天气影响。

督促施工方做好材料、辅助材料及机械设备的供应准备情况，包括：结构用混凝土必须采用商品混凝土，混凝土浇筑采用输送泵泵送或吊车吊送；结构工程标准、定型钢模板，以加快施工进度。

（5）雨季、夜间施工控制

督促承包商在施工组织和准备中充分考虑好周全的雨季施工措施。认真审查承包商的工序安排合理性，避免一些在雨季施工困难的工序安排在雨季阶段施工，保证在雨季阶段的施工正常。督促承包商采取有效的措施和施工组织，提供充足的应急发电设备，确保夜间施工的顺利进行。督促承包商制定相应的组织和管理措施计划，确立高潮期间赶工生产目标计划，保证工程施工的顺利进行。

（6）抓住关键部位——沉管隧道工程施工安排

沉管隧道工程施工是本项目的主要工序，也是工期控制的关键；工程的施工分两个阶段：一是航道与基槽开挖和预制混凝土沉管结构工程；二是沉管浮运及沉放安装。两个阶段时间跨度很长。因此，督促承包商施工投入足够的、先进的水上施工机械设备、精确的测量仪器等，尽量缩短工程的施工工期。

（7）对船机设备审查

基槽开挖使用的是大型特殊船舶，其性能和数量决定了工程的进度，在开工前要求施工方提供船机设备进场计划，并严格按计划投入船机，保证工程进度。

（8）充分利用网络技术，搞好工程的统筹、网络计划工作

建立施工作业计划体系和监理计划监督体系。协调各施工阶段、各施工单位的衔接工序安排，对有条件施工的，督促施工方尽快组织施工，合理安排各单位的施工进度。在现有场地环境下各环节交叉作业不可避免，督促各承包商按照"先地下，后地上，多点施工，齐头并进"的方式组织施工，监理部将积极组织对各标段分部工程的审核验收。

（9）对各种影响因素进行控制，确保合同工期实现

密切注意实际施工中影响进度的诸多因素，对影响进度的原因组织分析会，属于内部原因造成的，督促承包商采取措施改进，确保合同工期的如期实现。

如工程进度滞后是由第三方原因造成的，监理工程师应积极进行协调，排除干扰因素，促进工程进度顺利进展。如工程进度滞后的原因，非协调可以解决的，且又符合合同规定的工程延期条件的，可由承包商按规定提出工期延期报告，由监理审查属实后，报业主批准后执行。

（10）加强物资供应控制、确保物资需求

在项目开工前，督促承包商编制详细的原材料采购、供货计划，督促承包商及早确定供货渠道，对需求数量较大的建筑材料与相关厂家建立供货关系，在确保所采购的材料具有稳定可靠质量的前提下保证供货数量满足施工进度的需求。

加强对承包商资金使用情况的监督，确保建设方的进度款用于南沙明珠湾区跨江隧道工程的建设，满足建设物资的采购。

对所有进场材料的审查、送检开通快速办理程序，对所进场材料保证24h全天候进行跟进，决不允许进场材料的审查、送检滞后而导致工期拖延。

（11）定期召开进度协调会

定期召开进度汇报及协调会，对进度拖后的项目组织分析会，督促承包商采取措施加快进度，如承包商项目经理部无能力解决，及时将有关问题向业主及承包商上级主管部门反映。在施工高峰期，工序交接频繁、矛盾较多的情况下，每日召开碰头协调会议及时解决。

对影响进度的关键项目要求承包商每日提交进度报表。

（12）资金保证

按月进行计量支付的审核工作，积极配合业主确保建设资金的及时到位。监督承包商资金运作情况，防止备料款或进度款挪作他用；并及时将相关情况汇报业主。

监理部积极组织各承包商开展施工竞争，比质量、比安全、比工效、比进度、比文明施工，对按质按量安全完成周月计划的承包商给予表扬并在进度资金的审核方面给予便利。

第8章　市政工程项目质量管理

8.1　市政工程项目质量管理概述

8.1.1　市政工程项目质量的概念和基本特征

1）市政工程项目质量的概念

市政工程项目质量是指市政工程既具有一定用途，满足用户生产、生活所需功能和使用要求；又符合国家有关法律、法规、技术标准和工程合同的规定。它是通过国家现行的有关法律、法规、技术标准、设计文件及工程合同中对工程的安全、使用、经济、美观等特性的综合要求来体现的。

2）市政工程项目质量的基本特征

市政工程项目从本质上说是一项拟建或在建的建筑产品，它和一般产品具有同样的质量内涵，即一组固有特性满足需要的程度。市政工程项目质量的一般特性可归纳如下：

（1）功能性

功能性主要表现为项目使用功能需求的一系列特性指标，如道路交通工程的路面等级、通行能力；市政排水管渠应保证排水通畅等。

（2）安全可靠性

安全可靠性是指工程在规定时间和规定的条件下，完成规定功能能力的大小和程度，如构筑物结构自身安全可靠，满足强度、刚度和稳定性的要求，以及运行与使用安全等。可靠性质量必须在满足功能性质需求的基础上，结合技术标准、规范的要求进行确定与实施。

（3）经济合理性

经济合理性是指工程在使用年限内所需费用（包括建造成本和使用成本）的大小。市政工程对经济性的要求，一是工程造价要低，二是使用维修费用要少。

（4）文化艺术性

市政工程是城市的形象，其个性的艺术效果包括建筑造型、立面外观、文化内涵以及装修装饰、色彩视觉等，不仅使用者关注，社会也关注；不仅现在的人们关注，而且未来的人们也会关注和评价。

（5）与环境的协调性

与环境的协调性是指工程与其周围生态环境协调，与所在地区经济环境协调以及周围已建工程协调，以适应可持续发展的要求。

8.1.2 市政工程项目质量管理的特点和原则

1）市政工程项目质量管理的特点

（1）影响因素多

影响市政工程质量的因素众多，不仅包括地质、水文、气象和周边环境等自然条件因素，还包括勘察、设计、材料、机械、工艺方法、技术措施、组织管理制度等人为的技术管理因素。要保证工程项目质量，就要分析这些影响因素，以便有效控制工程质量。

（2）控制难度大

因市政工程产品不像其他工业产品，有固定的车间和流水线，有规范化的生产工艺和完善的检测技术，有成套的生产设备和稳定的生产环境等。再加上市政工程本身所具有的固定性、复杂性、多样性和单件性等特点，决定了工程项目质量的波动性大，从而进一步增加了工程质量的控制难度。

（3）重视过程控制

工程项目在施工过程中，工序衔接多，中间交接多、隐蔽工程多，施工质量存在一定的过程性和隐蔽性，并且上一道工序的质量往往会影响下一道工序的施工，而下一道工序的施工往往又掩盖了上一道工序的质量。因此，在质量控制过程中，必须重视过程控制，加强对施工过程的质量检查，及时发现和整改存在的质量问题，并及时做好检查，签证记录，为施工质量验收等提供必要的证据。

（4）终检局限大

由于市政工程产品自身的特点，产品建成后不能像一般工业产品那样可以通过终检来判断产品的质量，而工程项目的终检只能进行一些表面的检查，难以发现施工过程中被隐蔽了的质量缺陷，存在较大的局限性。即便在终检过程中发现了质量问题，但仍存在整改难度较大，整改经济损失较大的问题，不能像一般工业产品那样通过拆卸或解体的方式来检查其内在质量。

2）市政工程项目质量管理的原则

（1）坚持"质量第一"

工程质量是建筑产品使用价值的集中体现，用户最关心的就是工程质量的优劣，或者说用户的最大利益在于工程质量。在项目施工中必须树立"百年大计，质量第一"的思想。

（2）坚持以人为控制核心

人是质量的创造者，质量控制必须"以人为核心"，发挥人的积极性、创造性。

（3）坚持全面控制

①全过程的质量控制

全过程的质量控制是指工程项目从签订承包合同一直到竣工验收结束，质量控制贯穿整个施工过程。

②全员的质量控制

质量控制是依赖项目部全体人员共同努力的。所以，质量控制必须把项目所有人员的积极性和创造性充分调动起来，做到人人关心质量控制，人人做好质量控制工作。

③坚持质量标准、一切以数据衡量

质量标准是评价工程质量的尺度，数据是质量控制的基础。工程质量是否符合质量要求，必须通过严格检查，以数据为依据。

④坚持预防为主

预防为主是指事先分析影响产品质量的各种因素，采取措施加以重点控制，使质量问题消灭在萌芽状态或发生之前，做到防患于未然。

8.1.3 市政工程项目质量保证体系和管理体系

1）市政工程项目质量保证体系

质量保证体系是为了保证某项产品或某项服务能满足给定的质量要求的体系，包括质量方针和目标，以及为实现目标所建立的组织结构系统、管理制度办法、实施方案和必要的物质条件组成的整体。在工程项目施工中，完善的质量保证体系是满足用户质量要求的保证。施工质量保证体系通过对那些影响施工质量的要素进行连续评价，从而对建筑、安装、检验等工作进行检查，并提供证据。

（1）质量保证的概念

质量保证是指企业对用户在工程质量方面做出的担保，即企业向用户保证其承建的工程在规定的期限内能满足的设计和使用功能。它充分体现了企业和用户之间的关系，即保证满足用户的质量要求，对工程的使用质量负责到底。

（2）质量保证的作用

质量保证的作用表现在对工程建设和施工企业内部两个方面。

对工程建设，在确保工程建设质量和使用后，为该工程设计、施工的全过程提供建设阶段质量效果评价的全部证据，并向建设单位表明，工程是按合同规定的质量保证计划完成的，质量完全满足合同规定的要求。

对施工企业内部，通过质量保证活动，可有效地保证工程质量，或及时发现工程质量事故征兆，防止质量事故的发生，使施工工序处于正常状态之中，进而达到降低因质量问题产生的损失，提高企业的经济效益。

（3）质量保证的内容

质量保证的内容贯穿于工程建设的全过程，按照市政工程形成的过程分类，主要包括规划设计阶段质量保证，采购和施工准备阶段质量保证，施工阶段质量保证，使用阶段质量保证。按照专业系统不同分类，主要包括设计质量保证，施工组织管理质量保证，物资、器材供应质量保证，安装质量保证，计量及检验质量保证，质量情报工作质量保证等。

（4）质量保证的途径

质量保证的途径包括在工程建设中的以检查为手段的质量保证，以工序管理为手段的质量保证和以开发新技术、新工艺、新材料、新工程产品（以下简称"四新"）为手段的质量保证。

①以检查为手段的质量保证

以检查为手段的质量保证实质上是对照国家有关工程施工验收规范，对工程质量效果是否合格做出最终评价，也就是事后把关，但不能通过它对质量加以控制。因此，它不能从根本上保证工程质量，只不过是质量保证一般措施和工作内容之一。

②以工序管理为手段的质量保证

以工序管理为手段的质量保证，实质上是通过对工序能力的研究，充分管理设计，施工工序，使每个环节均处于严格的控制之中，以此保证最终的质量效果。但它仅是对设计、施工中的工序进行控制，并没有对规划和使用阶段实行有关的质量控制。

③以"四新"为手段的质量保证

以"四新"为手段的质量保证是对工程从规划、设计、施工和使用的全过程实行的全面质量保证。这种质量保证克服了以上两种质量保证手段的不足，可以从根本上确保工程质量，这也是目前最高级的质量保证手段

（5）全面质量保证体系

全面质量保证体系是以保证和提高工程质量为目标，运用系统的概念和方法，把企业各部、各环节的质量管理职能和活动合理地组织起来，形成一个有明确任务、职责权限，又互相协作、互相促进的管理网络和有机整体，使质量管理制度化，标准化，从而生产出高质量的建筑产品。

2）市政工程质量管理体系

质量管理体系是指企业内部建立的、为保证产品质量或质量目标所必需的、系统的质量活动。质量管理体系根据企业特点选用若干体系要素加以组合，加强从设计研制、生产、检验到销售、使用全过程的质量管理活动，并予以制度化，标准化，该体系已成为企业内部质量工作的要求和活动程序。

市政工程项目质量管理主要包括下述内容：

①规定控制的标准，即详细说明控制对象应达到的质量要求。

②确定具体的控制方法，例如工艺规程、控制用图表等。

③确定控制对象，例如一道工序、一个分项工程、一个安装过程等。

④明确所采用的检验方法，如检验手段等。

⑤进行工程实施过程中的各项检验。

⑥分析实测数据与标准之间产生差异的原因。

⑦解决差异所采取的措施和方法。

8.2 市政工程项目质量影响因素分析

工程项目建设过程，就是工程项目质量的形成过程，质量蕴藏于工程产品的形成之中。因此，分析影响工程项目质量的因素，采取有效措施控制质量影响因素，是工程项目施工过程中的一项重要工作。

8.2.1 市政工程项目建设阶段对质量形成的影响

1）决策对市政工程质量的影响

项目决策主要是指制定工程项目的质量目标及水平。任何工程项目或产品，其质量目标的确定都是有条件的，脱离约束条件而制定的质量目标是没有实际意义的。

对于市政工程建设项目，质量目标和水平定得越高，其投资相应也就越大。在施工队伍不变时，施工速度也就越慢。所以，在制定工程项目的质量目标和水平时，应对投资目标、质量目标和进度目标三者进行综合平衡、优化，制定出既合理又使用户满意的质量目标，并确保质量目标的实现。

2）设计对市政工程质量的影响

设计是通过工程设计使质量目标具体化，指出达到市政工程质量目标的途径和具体方

法。设计质量往往决定工程项目的整体质量，因此，设计阶段是影响工程项目质量的决定性环节。众多市政工程实践证明，没有高质量的设计，就没有高质量的工程。

3）施工对市政工程质量的影响

施工是将质量目标和质量计划付诸实施的过程。通过施工过程及相应的质量控制，将设计图纸变成工程实体。这一阶段是质量控制的关键时期，在施工过程中，由于施工工期长且多为露天作业、受自然条件影响大、影响质量的因素众多，因此，施工阶段应受到施工参与各方的高度重视。

4）竣工验收对市政工程质量的影响

竣工验收是对工程项目质量目标的完成程度进行检验、评定和考核的过程，这是对市政工程项目质量严格把关的重要环节。不经过竣工验收，就无法保证整个项目的配套投产和工程质量；若在竣工验收中不认真对待，根本无法实现规定的质量目标；若不根据质量目标要求进行竣工验收，随意提高竣工验收标准，将造成不切合实际的过分要求，对工程质量存在相反的影响。

5）运行保修对市政工程质量的影响

有些市政工程项目不只是竣工验收后就可完成的，运行保修阶段，即对使用过程中存在的施工遗留问题及发现的新的质量问题，通过收集质量信息及整理，反馈，采取必要的措施，进一步巩固和改进，最终保证工程项目的质量。

8.2.2　市政工程质量的影响因素

影响市政工程项目施工质量的因素主要有人员因素、材料因素、机械因素、方法因素和建筑环境因素。在施工过程中，如果能做到事前对这五方面因素严加控制，则可以最大限度保证市政工程项目的质量。

1）人员因素

这里的人员是指直接参与工程项目建设的组织者、管理者和操作者。人对工程质量的影响，实质上是指人的工作质量对工程质量的影响。人的工作质量是工程项目质量的一个重要组成部分，只有首先提高工作质量，才能保证工程质量，而工作质量的高低，又取决于与工程建设有关的所有人员。因此，每个工作岗位和每个人的工作都直接或间接地影响着工程项目的质量。提高工作质量的关键，在于控制人的素质。

2）材料因素

材料是指在工程项目建设中所使用的原材料、半成品、成品、构配件和生产用的机电设备等。材料质量是形成工程实体质量的基础，使用的材料质量不合格，工程质量也肯定不能符合标准要求。加强材料的质量控制，是保证和提高工程质量的重要保障，是控制工程质量影响因素的有效措施。

为加强对材料质量的控制，未经监理工程师检验认可的材料，以及没有出厂质量合格证的材料，均不得在施工中使用。工程设备在安装前，必须根据有关标准、规范和合同条款加以检验，在征得监理工程师认可后，方能进行安装。

3）机械因素

机械是指工程施工机械设备和检测施工质量所用的仪器设备。施工机械是实现工业化、加快施工进度的重要物质条件，是现代机械化施工中不可缺少的设施，它对工程质量有着直接影响。所以，在施工机械设备选型及性能参数确定时，都应考虑其对保证工程质量的影响，特别要考虑其在经济上的合理性、技术上的先进性和使用操作及维护上的方便。

对机械设备的控制主要包括：要根据不同工艺特点和技术要求，选用合适的机械设备；正确使用、管理和保管好机械设备；建立健全"人机固定"制度、"操作证"上岗制度、岗位责任制度、交接班制度、"技术保养"制度、"安全使用"制度、机械检查制度等，确保机械设备处于最佳使用状态。

4）方法因素

这里的"方法"是指施工技术方案、施工工艺、施工组织设计、施工技术措施等的综合。

施工方案的合理性，施工工艺的先进性、施工设计的科学性，技术措施的适用性，对工程质量均有重要影响。在施工工程实践中，往往由于施工方案考虑不周和施工工艺落后而拖延工程进度，影响工程质量，增加工程投资。从某种程度上说，技术工艺水平的高低决定了施工质量的优劣。此外，在制定施工方案和施工工艺时，必须结合工程的实际，从技术、组织、管理、措施、经济等方面进行全面分析、综合考虑，确保施工方案技术上可行，经济上合理，且有利于提高工程质量。

5）建筑环境因素

环境因素主要包括施工现场自然环境因素、施工质量管理环境因素和施工作业环境因素。建筑环境因素对工程质量的影响，具有复杂多变和不确定性的特点，因此，应结合工程特点和具体条件，及时采取有效措施严加控制环境因素对工程的不良影响。

（1）施工现场自然环境因素

施工现场自然环境因素包括工程地质、水文、气象条件和周边建筑、地下障碍物以及其他不可抗力等对施工质量的影响因素。例如，在地下水位高的地区，若在雨季进行基坑开挖，遇到连续降雨或排水困难，就会引起基坑塌方或地基受水浸泡影响承载力等问题；在寒冷地区冬期施工措施不当，工程会因受到冻融而影响质量。

（2）施工质量管理环境因素

施工质量管理环境因素主要指施工单位质量管理体系、质量管理制度和各参建施工单位之间的协调等因素。根据承发包的合同结构，理顺管理关系，建立统一的现场施工组织系统和质量管理的综合运行机制，确保工程项目质量保证体系处于良好的状态。创造良好的质量管理环境和氛围，是施工顺利进行，提高施工质量的重要保证。

（3）施工作业环境因素

施工作业环境因素主要指施工现场平面和空间环境条件，各种能源介质供应，施工照明、通风、安全防护设施，施工场地给排水，以及交通运输和道路条件等因素。这些条件是否良好，直接影响到施工能否顺利进行，以及施工质量能否得到保证。

对影响施工质量的上述因素进行控制，是施工质量控制的主要内容。

8.3 市政工程项目质量控制体系

8.3.1 市政工程项目质量控制过程和系统阶段

工程项目质量控制就是对工程项目的实施情况进行监督、检查和测量，并将工程项目实施结果与事先约定的质量标准进行比较，判断其是否符合质量标准，找出存在的偏差，分析偏差形成原因的一系列活动。对于建设工程质量而言，就是为了确保合同所规定的质量标准，所采取的一系列监控措施、手段和方法。其目的是确保工程项目质量目标全面实现，提高工程项目的经济效益、社会效益和环境效益。

1）市政工程项目质量控制过程

市政工程项目的实施是一个渐进的过程，在其实施过程中，任何一个方面出现问题都会影响后期的质量，进而影响工程的质量目标。工程项目质量控制是工程项目质量管理的重要内容。

2）市政工程项目质量控制的系统

工程项目质量控制的系统包括了以下三个阶段：

（1）事前控制

事前控制是指在工程项目实施的各个阶段，为做好质量管理的一切准备工作。它包括两个方面的工作内容：一是周密地制定质量计划；二是按质量计划进行质量活动前的准备工作状态的控制。

（2）事中控制

事中控制是对质量活动的控制。它包括两个方面的工作内容（自控和监控）：一是对质量活动的行为约束，即对质量产生过程各项技术作业活动操作者在相关制度的管理下的自我行为约束的同时，充分发挥其技术能力，去完成预定质量目标的作业任务；二是对质量活动过程和结果，来自他人的监督控制，包括来自企业内部管理者的检查检验和来自企业外部的工程监理和政府质量监督部门等的监控。事中控制虽然包含自控和监控两大环节，但其关键还是增强操作者质量意识，发挥其自我约束、自我控制。即坚持质量标准是根本的，监控或他人控制是必要的补充，通过监督机制和激励机制相结合的管理方法，来发挥操作者更好的自我控制能力，以达到质量控制的效果。

（3）事后控制

事后控制是对质量活动结果的检查、认定，并对存在的质量偏差或问题进行纠正。事后纠偏给工程项目带来最直接的结果是成本的增加，计划制定的行动方案考虑得越是周密，事中约束监控的能力越强、越严格，实现质量预期目标的可能性就越大，出现事后纠偏的情况也会越少。因此，事前控制是最有意义的，它能防患于未然。但客观上，由于在工程实施过程中不可避免地会存在一些计划时难以预料的影响因素，包括系统因素和偶然因素，使质量实际值与目标值之间出现超出允许偏差的情况，这时必须进行原因分析，并采取措施纠正偏差，以保持质量的受控状态。为此，事后控制是必不可少的过程。

以上三大环节，不是孤立和截然分开的，它们之间构成有机的系统过程，实质上也就是PDCA（Plan，计划；Do，实施；Check，检查；Act，处理）循环具体化，并在每一次滚动循环中不断提高，达到质量管理或质量控制的持续改进。

8.3.2　市政工程项目质量控制系统

工程项目质量控制系统是面向工程项目而建立的质量控制系统，它只用于特定工程项目的质量控制，其目标是实现工程项目的质量目标，满足业主要求；其实施过程与工程项目管理组织相融，是一次性的；系统的有效性一般只做自我评价与诊断，不进行第三方认证，而其实施的主体是涉及工程项目实施中所有的质量责任主体，并非某一企业或某一项目组织。

1）基于控制原理的工程项目质量控制系统构成

工程质量控制系统的构成，是从不同的角度对系统功能的一种认识，有利于对系统的全面认识，实际上它们是相互作用的，而且和工程项目外部的行业及企业的或项目组织的质量管理体系有着密切关系。基于控制原理的工程项目质量控制系统构成包括以下4个方面：

①质量控制计划系统确定建设项目的建设标准、质量方针、总目标及其分解。

②质量控制网络系统，明确工程项目质量责任主体构成、合同关系和管理关系，控制的层次和界面。

③质量控制措施系统，描述主要技术措施、组织措施、经济措施和管理措施的安排。

④质量控制信息系统，进行质量信息的收集、整理、加工和文档资料的管理。

2）市政工程项目质量控制系统的建立与运行

（1）市政工程项目质量控制体系的建立原则

①分层次规划的原则

第一层次是工程总承包企业，对整个总承包工程项目进行相关范围的质量控制系统设计；第二层次是施工企业（分包），在总承包工程项目质量控制系统的框架内，进行责任范围内的质量控制系统设计，使总体框架更清晰、具体、落到实处。

②总目标分解的原则

在建设单位确定的建设标准和工程质量总体目标框架下，将系统目标分解到各个责任主体，由各责任主体制定各自的质量计划，并确定控制措施和方法，使质量目标层层分离、层层落实。

③质量责任制的原则

贯彻谁实施谁负责，通过合同条件或各种质量制度，明确实施者责任，并使质量责任与经济利益相挂钩。

④系统有效性的原则

做到整体系统和局部系统的协调统一，表现在系统的组织、人员、资源和措施落实到位。

（2）市政工程项目质量控制系统的建立程序

①确定施工项目质量的总体目标及各层面组织目标。

②确定控制系统各层面组织的工程质量负责人及其管理职责，形成控制系统网络框架。

③确定控制系统组织的领导关系、报告审批及信息流转程序。

④制定质量控制工作制度，包括质量控制例会制度、协调制度、验收制度和质量责任制度等。

⑤部署各质量主体编制相关质量计划，并按规定程序完成质量计划的审批，形成质量控制依据。

⑥研究并确定控制系统内部质量职能交叉衔接的界面划分和管理方式。

（3）市政工程项目质量控制系统的运行机制

①控制系统运行的动力机制

市政工程项目质量控制系统的活力在于它的运行机制，而运行机制的核心是动力机制，动力机制来源于利益机制。项目的实施过程是由多主体参与的价值增值链组成，质量控制系统能否有效运行，关键在于项目实施各主体的价值取向是否能协调一致。因此，只有合理确定项目实施各责任主体的责任权利，并保持合理的关系，才能形成质量控制系统的有效机制。

②控制系统运行的约束机制

没有约束机制的控制系统是无法使工程项目质量处于受控状态的，约束机制取决于自我约束能力和外部监控竞争力。自我约束能力指质量责任主体和质量活动主体的经营理念、质量意识、职业道德及技术能力；外部监控竞争力来自实施主体外部的推动和检查监督。因此，加强工程项目管理文化建设、加强实施主体的监督，对于增强工程项目质量控制系统的运行机制是不可忽视的。

③控制系统运行的反馈机制

运行的状态和结果的信息反馈，是进行系统控制能力评价，并为及时做出处置提供决策依据，因此，必须保持质量信息的及时和准确，同时提倡质量管理者深入生产一线，掌握第一手资料。

④控制系统运行的基本方式

在建设工程项目实施的各个阶段、不同的层面、不同的范围和不同的主体间，应用PDCA 循环原理，即计划、实施、检查和处置的方式展开控制，同时必须注意抓好控制点的设置，加强重点控制和例外控制。

8.3.3　市政工程项目质量控制体系

市政工程项目质量控制体系一般包括控制的组织体系、对象体系和过程体系。

1）工程项目质量控制组织体系

相对于工程项目的进度、费用控制而言，工程项目质量控制是一项既复杂又十分具体的重要工作。因此，需要建立完善的控制组织体系。在合同环境下，承包商的质量保证体系一般由以下子体系组成。

（1）思想保证子体系

要求参与工程施工的全体人员树立“质量第一、用户第一”及“下道工序是用户”“服务对象是用户”等观点。

（2）组织保证子体系

要求设置质量管理机构和相应的专职质量管理人员，专门负责工程项目的质量管理；要求设置质量管理实验室，并配有相应的检验人员；基层施工队或班组要建有质量管理小组，并配有兼职质量管理人员，形成质量管理的网络。

（3）工作保证子体系

包括工程施工准备质量保证子体系和工程施工现场质量保证子体系（还可进一步分为建筑工程质量保证子体系和安装工程质量保证子体系等）。

2）工程项目质量控制对象体系

工程项目质量控制对象包括对影响因素的控制和对工程施工结果的质量控制，即对工程产品质量的控制。

操作人员、建筑材料、施工机械、施工方法和施工环境 5 个方面是首先要进行控制的对象，具体有以下几方面内容：

（1）操作人员的控制

操作人员的控制主要是指对操作人员的技术水平、生理缺陷、心理状况、错误行为等的控制。

（2）对建筑材料的控制

对建筑材料的控制主要是指对建筑材料的质量标准、材料性能、材料取样、试验方法、材料的适用范围和施工要求的控制。

（3）对施工机械的控制

对施工机械的控制主要是指对施工机械设备选型、主要性能参数的控制和对性能及状况的考核。

（4）对施工方法或工艺的控制

对施工方法或工艺的控制主要是指审核其先进性、合理性和经济性，以及对施工质量的保证程度。

8.4　市政工程项目质量事故的预防与处理

8.4.1　市政工程质量事故的分类

市政工程质量事故的分类有多种方法。

1）按事故造成损失的程度分类

按事故造成损失的程度可分为较大事故和一般事故。较大事故是指造成 3 人以上 10 人以下死亡，或者 10 人以上 50 人以下重伤，或者 1000 万元以上 5000 万元以下直接经济损失的事故。一般事故是指造成 3 人以下死亡，或者 10 人以下重伤，或者 100 万元以上 1000 万元以下直接经济损失的事故。

2）按事故责任分类

按事故责任可分为指导责任事故、操作责任事故和自然灾害事故。指导责任事故是指工程指导或领导失误而造成的质量事故。操作责任事故是指在施工过程中，由于操作者不按规程和标准实施操作而造成的质量事故。自然灾害事故是指突发的严重自然灾害等不可抗力造成的质量事故。

3）按质量事故产生的原因分类

按质量事故产生的原因可分为技术原因引发的质量事故，管理原因引发的质量事故，社会原因、经济原因引发的质量事故，其他原因引发的质量事故。技术原因引发的质量事故是指在工程项目实施中由于设计、施工在技术上的失误而造成的质量事故。管理原因引发的质量事故是指管理上的不完善或失误引发的质量事故。社会原因、经济原因引发的质量事故是指经济因素及社会上存在的弊端和不正之风导致建设中的错误行为而发生质量事故。其他原因引发的质量事故是指人为事故（如设备事故、安全事故等）或严重的自然灾害等不可抗力的原因，导致连带发生的质量事故。

8.4.2　市政工程质量事故产生的原因

市政工程质量事故的预防可以从分析产生质量事故的原因入手，质量事故发生的原因大致有以下几个方面：

1）非法承包，偷工减料

社会腐败现象对施工领域的影响、非法承包、偷工减料"豆腐渣"工程等成为近年重大施工质量事故的首要原因。

2）违背基本建设程序

违背基本建设程序主要有两种情况：①无立项、无报建、无开工许可、无招投标、无资质、无监理、无验收的"七无"工程；②边勘察、边设计、边施工的"三边"工程。

3）勘察设计的失误

勘察设计的失误主要包括勘察报告不准确，致使地基基础设计采用不正确的方案；结构设计方案不正确，计算失误，构造设计不符合规范要求等。

4）施工的失误

施工的失误主要包括施工管理人员及实际操作人员的思想、技术素质差；缺乏业务知识，不具备技术资质，瞎指挥，施工盲干；施工管理混乱，施工组织、施工技术措施不当；不按图施工，不遵守相关规范，违章作业；使用不合格的工程材料、半成品、构配件；忽视安全施工，发生安全事故等。

5）自然条件的影响

市政施工露天作业多，恶劣的天气或其他不可抗力都可能引发施工质量事故。

8.4.3　市政工程质量事故的预防

找出了市政工程事故发生的原因，便可"对症下药"，采取行之有效的预防市政工程质量事故的对策。

1）增强质量意识

无论是工程建设单位，还是工程设计、施工单位，其负责人应首先树立"质量第一、预防为主、综合治理"的观念，并对职工定期进行质量意识教育，使单位呈现出人人讲质量，时时处处讲质量的氛围。

2）建立健全工程质量事故惩处法规

进一步健全工程质量事故惩处法规，以充分发挥法规对忽视工程质量者尤其明知故犯者的震慑力。

3）加强工程设计审查

对于工程设计，应根据工程重要性采取多重审查制度。审查重点是从概念设计角度对该工程结构体系选型及构造设计的合理性做出评价，判断结构构件是否安全或过于保守以及是否有违反设计规范或无依据地突破规范的情况等。

4）重视工程施工组织设计审查

任何一项市政工程均由许多单体建筑组成，因此对一项市政工程施工组织设计的审查就是要对各单体建筑的施工组织设计进行审查。因此，审查的重点应放在各单体建筑的关键部位、关键工序的施工组织设计上。

5）加强施工现场监督

无论是大型工程还是小型工程，施工中都应设置施工现场质量检查员。实践证明，有无质检员、质检员是否称职，关系到能否保证工程质量。因此，所指派的质检员应具有较高的思想觉悟、工作责任心、原则性和建筑专业知识。

6）搞好工程验收

搞好工程验收主要包括以下几方面内容：

（1）应根据工程的规模及重要性组成相应层次的工程验收小组，验收小组成员应是原则性强的行业专家；

（2）验收过程中要坚决抵制外界的干扰；

（3）验收结论做出后应不折不扣地执行。

8.4.4　市政工程质量事故处理

1）市政工程质量事故处理的原则及程序

《中华人民共和国建筑法》明确规定，任何单位和个人对市政工程质量事故、质量缺陷都有权向建设行政主管部门或者其他有关部门进行检举、控告、投诉。

重大质量事故发生后，事故发生单位必须以最快的方式，向上级建设行政主管部门和事故发生地的市、县级建设行政主管部门及检察、劳动部门报告，以最快的速度采取有效措施抢救人员和财产，严格保护事故现场，防止事故扩大，24h 内写出书面报告，逐级上报。重大事故的调查由事故发生地的市、县级以上建设行政主管部门或国务院有关主管部门组成调查小组负责进行。

重大事故处理完毕后，事故发生单位应尽快写出详细的事故处理报告，并逐级上报。特别重大事故的处理程序应按国务院发布的《特别重大事故调查程序暂行规定》及有关要求进行。

质量事故处理的一般工作程序如下：事故调查→事故原因分析→结构可靠性鉴定→事故调查报告→事故处理设计→施工方案确定→施工→检查验收→结论。若处理后仍不合格，需要重新进行事故处理设计及施工直至合格。有些质量事故在进行事故处理前需要先采取临时防护措施，以防事故扩大。

2）市政工程质量事故处理的依据

工程质量事故处理的依据主要有 3 个方面：质量事故的实况资料；具有法律效力的，得到当事各方认可的工程承包合同、设计委托合同、材料或设备购销合同以及监理合同或分包合同等合同文件和有关的技术文件、档案。

（1）质量事故的实况资料

质量事故的实况资料主要来自以下几个方面：

①施工单位的质量事故调查报告。质量事故发生后，施工单位有责任就所发生的质量事故进行周密的调查、研究以掌握情况，并在此基础上写出调查报告，提交监理工程师和业主。

在调查报告中对质量事故有关的实际情况做详尽的说明，其内容应包括以下几点：

a. 质量事故发生的时间、地点。

b. 质量事故状况的描述。

c. 质量事故发展变化的情况。

d. 有关质量事故的观测记录，事故现场状态的照片或录像。

②监理单位调查研究获得的第一手资料。其内容大致与施工单位调查报告中有关内容相似，可用来与施工单位所提供的情况对照、核实。

（2）有关合同及合同文件

①所涉及的合同文件可以是工程承包合同，设计委托合同、设备与器材购销合同、监理

合同等。

②有关合同和合同文件在处理质量事故中的作用是：确定在施工过程中有关各方是否按照合同有关条款实施其活动，借以探寻产生事故的原因。

（3）有关的技术文件和档案

①有关的设计文件。

如施工图纸和技术说明等，它是施工的重要依据。在处理质量事故中，一方面可以对照设计文件，核查施工质量是否符合设计的规定和要求；另一方面可以根据所发生的质量事故情况，核查设计中是否存在问题或缺陷。

②与施工有关的技术文件、档案和资料主要包括以下几项：

a. 施工组织设计或施工方案，施工计划。

b. 施工记录、施工日志等。

c. 有关建筑材料的质量证明资料。

d. 现场制备材料的质量证明资料。

③质量事故发生后，对事故状况的观测记录、试验记录或试验报告等。

④其他有关资料。

上述各类技术资料对于分析质量事故原因，判断其发展变化趋势，推断事故影响及严重程度，考虑处理措施等都起着重要的作用是不可缺少的。

8.5　南沙明珠湾区跨江隧道工程项目质量管理案例

南沙明珠湾区跨江隧道工程质量总体要求如下：

①质量总体要求

满足现行国家和地方的法律、法规、规范以及相关行业标准的要求；满足相关管理单位的质量管理体系。

②设计质量目标

勘测设计成品合格率 100%，优良品率不低于 95%。设计成品 100% 满足规范强制要求。

③采购质量目标

采购的设备和材料满足技术规范的要求，现场验收合格率 100%；供方材料按时提交，提交及时率 100%；设备、材料准时到货，到货及时率 100%。

④施工质量目标

广东省建设工程优质奖；单位工程验收合格率为 100%；分部分项工程合格率为 100%。

8.5.1　施工质量管理总则和措施

1）施工质量管理总则

根据《沉管法隧道设计标准》（GB/T 51318—2019）和《水运工程质量检验标准》（JTS 257—2008）的要求，对南沙明珠湾区跨江隧道工程进行单位工程、分项工程、分部工程的划分，施工时对各检验批、分项工程、分部工程逐级进行检查控制、验收和评定，以确保工程质量全部合格。同时，遵循《广州市南沙新区明珠湾开发建设管理局建设工程质量管理办法》和《明珠湾管理局关于进一步加强工程原材料、半成品及构配件质量管理的通知》实施现场施工作业。

2）质量管理措施

（1）设立质量管理点

项目管理中心要求各施工单位，对工程主要部位，影响质量的关键工序或材料作为重点控制对象，即以质量管理点加以控制管理；施工前按设计要求、规范、标准等制定相应的技术措施、检查手段、工具、方法，并制定成文件。

（2）质量检验流程

本项目采取三检制度；自检、互检、专检。施工单位先自检，检查合格后进行互检，最后质检工程师完成专检程序，并提出意见。

（3）首件样品申报制度

对于南沙明珠湾区跨江隧道工程的主要建筑材料，如沉管混凝土、河底基础垫层材料、沉管钢筋等，项目管理单位要求施工单位工程开工前，提前申报材料信息，包括但不限于：尺寸、大小、数量、生产厂家、合格证明等，确保所有施工材料符合相关规范规定的要求。首件样品得到监理人、发包人审批合格后，方可全面开始该工程的批量生产。

（4）计量设备校正

用于工程测量、试验的仪器和设备、各种计量器具按照我国计量法规规定的周期由指定的检验机构进行检验，取得合格证书后方能使用，以确保计量精度达到规定的要求；项目管理单位将不定期抽查施工单位的各类仪器设备，确保属于正常使用状态。

（5）施工工艺质量管理

对于南沙明珠湾区跨江隧道工程的施工重点，例如航道疏浚、基槽及碎石基床回淤控制、管节预制、浮运沉放、管节浮运安装等，要求施工单位编写施工工序质量控制措施并严格按照措施施工；施工单位需要对重点施工对象进行文字、图片；影像视频记录，施工完成提交相应的施工报告。

8.5.2 工程质量控制工作程序

南沙明珠湾区跨江隧道工程质量控制工作程序包括设计阶段质量控制工作程序、材料设备质量控制工作程序、施工过程质量控制工作程序、竣工验收阶段质量控制工作程序，具体内容如下：

1）设计阶段质量控制工作程序

南沙明珠湾区跨江隧道工程设计阶段质量控制工作涉及建设单位和设计单位，主要包括编制设计任务委托书或方案设计竞赛文件、批准初步设计、施工过程中及时处理设计变更和竣工验收等，具体如图 8.1 所示。

2）材料设备质量控制工作程序

南沙明珠湾区跨江隧道工程材料设备质量控制工作程序主要包括确定材料设备的质量管理、样品封样、项目管理见证封样送检和批量合格进场等，具体如图 8.2 所示。

3）施工过程质量控制工作程序

南沙明珠湾区跨江隧道工程施工过程质量控制工作程序主要包括检验批验收、分项工程验收、分部工程验收、单位工程验收等，具体如图 8.3 所示。

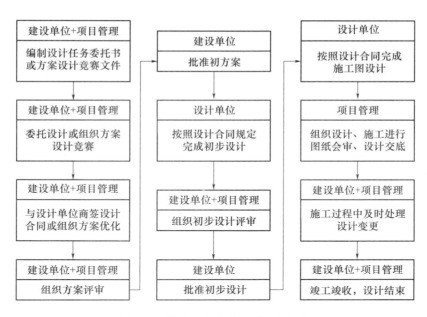

图 8.1　设计阶段质量控制工作程序

图 8.2　材料设备质量控制工作程序

4）竣工验收阶段质量控制工作程序

南沙明珠湾区跨江隧道工程竣工验收阶段质量控制工作程序主要包括提出验收申请报告、审查及现场检查、初验、提出整改意见、竣工验收申请、编写质量评估报告、组织综合验收和编制验收报告等，具体如图 8.4 所示。

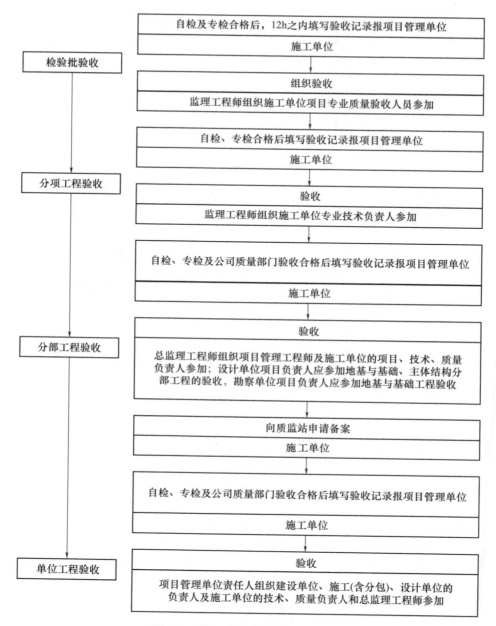

图 8.3 施工过程质量控制工作程序

8.5.3 工程质量控制方法

1）事前预控

对工程建设各阶段各环节制定具体的管理制度、工作程序和三方统一用表等。在第一次例会上对那些需要建设三方共同执行的管理办法、工作程序和统一表式等内容向建设各方作详细介绍，并协商后取得一致，且提供样本以便各方执行，确保实现施工管理的制度化、程序化、标准化和规范化。

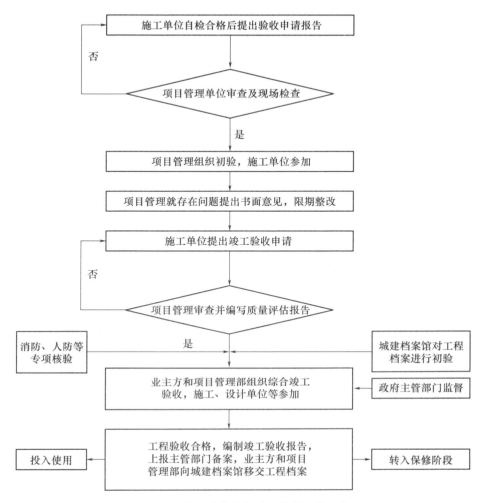

图 8.4　竣工验收阶段质量控制工作程序

审核承包单位建立的质量保证体系及管理制度等有关文件，确保施工管理的科学化、规范化、标准化。

审核各分包单位（含材料、设备供应单位）的技术资质证明文件，确认合格的分包单位。

审核承包单位的开工报告，适时下达开工令，避免盲目开工造成的质量隐患。

审核承包单位的施工组织设计和施工方案，确保工程质量有可靠的技术保障措施。

审核进场材料、半成品、构配件的质量检验报告等质量证明文件，防止不合格品用于工程。对于需要监理见证取样送样的关键材料，安排符合资格要求的人员参与全程采样送样，并做好相应台账。

组织好图纸会审和设计交底，尽量把问题消灭在桌面上，预防施工变更和对设计理解不清所造成的质量缺陷。

通过审核承包单位的工序交接检查记录、现场质量签证、分项分部工程质量检查报告、质量事故处理报告、质量统计报表等资料，掌握施工质量动态，及时采取预防措施。

2）事中控制

（1）检查核实、签认与审批

对承包商所报送的各类报表和质量数据进行检查核算和进行现场核实，并逐一检查、核实，签认与审批。

（2）检测与测量

加强测量工作的检查、复核，对放线所依据的基准点、导线点要进行严格检查，并随时检查承包单位的测量记录，对重要工程的测量工作进行复查，如隧道工程的轴线、高程及几何尺寸、路基路面的线形、高程等组织复核。督促承包单位做好基准桩的保护工作，将测绘复核工作做到施工全过程中。

按规定的标准、方法对中间产品、成品进行检查验收，并做好成品保护和竣工初验，检查质量验收报告及有关技术资料、竣工图，并及时整理归档。

（3）抽检试验

按照确定的现场检验项目、检验标准和检验工作计划，督促和监督承包单位按照计划委托有资质的检测单位如期进行现场检验。

（4）旁站监督

根据南沙明珠湾区跨江隧道工程制定的旁站计划对施工过程进行现场定期、不定期的巡回检查和施工全过程旁站监理，利用目测视觉检查或量测工具，对开工准备、工序交接、隐蔽工程、已完的分项分部工程等进行现场检查、量测、记录、对比分析，及时了解施工实际情况，及时发现施工偏差和质量隐患，及时采取纠正措施和预防措施。

（5）工地检查巡视

项目监理机构人员定期和不定期地到工地检查巡视，对施工过程中存在问题和监理人员工作方面存在的问题做到心中有数和及时处理。做好施工过程的巡视记录，并建立巡视档案，保留巡视过程中的电子照片备查验。

（6）签发指令文件

若发现质量隐患或施工问题按权限范围下达书面预防指令、限期整改指令或停工指令，并对每一项指令要进行过程跟踪逐项落实，且要求施工单位对每一条监理指令的处理结果要书面给以答复。质量问题按期不整改或整改不彻底的，要求继续整改，拒不整改的，上报上级主管部门，并拒绝验收。

（7）加强与相关部门的联系

配合设计单位做好设计变更及技术核定的处理工作。对工程施工中出现工程质量事故监理部及时处理，若承包单位对监理指令不予执行时，采取监理报告业主，并邀见承包商法人代表进一步强调说明和限期整改，否则监理工程师有权拒绝签发工程款支付证明书和实施处罚措施。

（8）建立质量监理日志，确保施工质量情况有据可查。

3）事后控制

（1）对施工场地进行全面检验验收，组织单位、单项工程竣工验收；并保存场地接收的原始资料，以便消除质量、安全和周边环境纠纷的隐患，及为工程计量提供有关依据。

（2）组织对工程项目进行质量评定。

（3）审核竣工图及其他技术文件资料、办理备案管理。

（4）整理工程技术文件资料并编目建档。

4）保修阶段的质量控制

（1）审核承建商的工程保修证书。

（2）检查、鉴定工程质量状况和工程使用状况。

（3）对出现的质量缺陷，确定责任者。

（4）督促承建商修复质量缺陷。

（5）在保修期结束后，检查工程保修状况，移交保修资料。

参考文献

[1] 包建平，朱伟，闵佳华．中小河道治理中的清淤及淤泥处理技术［J］．水资源保护，2015（1）：56-62，68.

[2] 中华人民共和国住房和城乡建设部，中华人民共和国国家质量监督检验检疫局．给水排水管道工程施工及验收规范：GB 50268—2008［S］．北京：中国建筑工业出版社，2009.

[3] 陈超，陈晓．数字化测量技术在道路勘测中的应用［J］．交通建设与管理，2021（1）：84-85.

[4] 陈梁擎，樊宝康．水环境技术及其应用［M］．北京：中国水利水电出版社，2017.

[5] 杜栋．市政工程绿色施工技术措施的探究［J］．工程建设与设计，2018（24）：112-113.

[6] 冯辉红．工程项目管理［M］．北京：中国水利水电出版社，2016.

[7] 郭汉丁，马辉．工程项目管理［M］．北京：化学工业出版社，2017.

[8] 河海大学河长制研究与培训中心，李轶．水环境治理［M］．北京：中国水利水电出版社，2018.

[9] 黄春蕾，李书艳．市政工程施工组织与管理［M］．重庆：重庆大学出版社，2021.

[10] 黄银颖．山区河道治理中的生态型防洪治理技术方案［J］．珠江水运，2021（21）：27-28.

[11] 计艺帆，王少军，左延田，等．浅谈GIS技术在燃气管道检验中的应用［J］．化工装备技术，2017（5）：54-56.

[12] 中华人民共和国交通部．公路工程集料试验规程：JTG E42—2005［S］．北京：人民交通出版社，2005.

[13] 中华人民共和国交通部．公路沥青路面施工技术规范：JTG F 40—2004［S］．北京：人民交通出版社，2004.

[14] 中华人民共和国交通部．公路路面基层施工技术细则：JTG/T F20—2015［S］．北京：人民交通出版社，2015.

[15] 中华人民共和国交通部．公路水泥混凝土路面施工技术细则：JTG/T F30—2014［S］．北京：人民交通出版社，2014.

[16] 康拥政．市政工程施工管理与技术［M］．石家庄：河北人民出版社，2012.

[17] 李继业，刘廷忠，高勇．道路工程施工实用技术手册［M］．2版．北京：化学工业出版社，2018.

[18] 李瑞鸽，杨国立．市政工程施工［M］．北京：化学工业出版社，2023

[19] 李亚东．桥梁工程概论［M］．成都：西南交通大学出版社，2020.

［20］李云霞．市政工程施工中节能绿色环保技术探析［J］．工程建设与设计，2022（3）：73-75.

［21］刘泽俊，周杰．工程项目管理［M］．南京：东南大学出版社，2019.

［22］卢少勇．黑臭水体治理技术及典型案例［M］．北京：化学工业出版社，2019.

［23］师卫锋．土木工程施工与项目管理分析［M］．天津：天津科学技术出版社，2018.

［24］中华人民共和国水利部．水工隧洞安全监测技术规范：SL 764—2018［S］．北京：中国水利水电出版社，2018.

［25］中华人民共和国住房和城乡建设部．防洪标准：GB 50201—2014［S］．北京：中国计划出版社，2015.

［26］孙卿．盐碱土壤改良措施与效益分析［J］．农业与技术，2022（15）：78-81.

［27］谈勇，万榆，邱丘．黑臭水体治理和水环境修复［M］．北京：中国水利水电出版社，2017.

［28］唐学云．市政工程建设管理要点及管理体系的完善对策探究［J］．工程建设与设计，2023（7）：242-244.

［29］田洪波，姜波，武建宏．SCADA系统在长输管道的应用和发展［J］．石油化工自动化，2008（4）：10-12.

［30］王云江，陈爱朝．管道非开挖修复技术原位固化法CIPP［M］．北京：化学工业出版社，2015.

［31］肖灿明，李咏梅，杨晓克．城市渠道整治工程中生态挡墙的施工技术研究［J］．四川建材，2020（1）：106-108.

［32］许兴．脱硫废弃物改良盐碱地原理及施用技术研究［M］．银川：阳光出版社，2013.

［33］杨岚．市政工程基础［M］．北京：化学工业出版社，2020.

［34］张国栋．盐碱地稻作改良［M］．济南：山东科学技术出版社，2019.

［35］张永生．市政工程安全文明施工管理方法［J］．工程建设与设计，2020（1）：301-302，305.

［36］赵其国．盐土农业［M］．南京：南京大学出版社，2019.

［37］赵时勇．国内建筑垃圾再生资源化利用现状［J］．企业科技与发展，2020（5）：129-131.

［38］中国地质大学．城镇排水管道非开挖修复更新工程技术规程：CJJ/T 210—2014［S］．北京：中国建筑工业出版社，2014.

［39］中国电建集团华东勘测设计研究院有限公司，魏俊，陆瑛，等．城市水环境治理理论与实践［M］．北京：中国水利水电出版社，2018

［40］中华人民共和国交通运输部．公路桥涵施工技术规范：JTG/T 3650—2020［S］．北京：人民交通出版社股份有限公司，2020.

［41］周国辉．成型方法对水泥稳定碎石强度的影响［J］．甘肃科技纵横，2020（8）：56-58.